同步辐射软 X 射线光束线及其应用

赵　佳　崔明启　著

国防工业出版社

·北京·

内容简介

本书着重介绍同步辐射软 X 射线光束线及其应用，全书共 8 章。第 1 章是同步辐射光源概述。第 2 章在理论上系统阐述了同步辐射光的性能特点及 3 种光源的辐射特性。第 3 章从 X 射线与物质相互作用的角度，分析了软 X 射线波段的光学特性。第 4 章是同步辐射光束线设计的理论基础，包括光束线结构、主要光学系统及特点等。第 5~8 章是作者自身的研究经历和成果总结，主要涉及三大部分内容。一是系统介绍了建造中能 X 射线光束线的全过程，包括理论设计、安装调试、性能诊断、束流位置监测系统的研制、真空保护系统的修正、KTP 分光晶体的性能研究。二是介绍北京同步辐射装置的软 X 射线光学实验平台的硬件设施及其研究方法。三是基于该平台的应用研究成果。

本书旨在使读者对同步辐射软 X 光学及光束线的基本理论、工程实践和应用研究有较全面的了解，可供从事该领域研究的研究生和工程技术人员阅读，也可供以同步辐射装置为实验平台的各领域研究人员参考。

图书在版编目（CIP）数据

同步辐射软 X 射线光束线及其应用/赵佳，崔明启著. —北京：国防工业出版社，2017.9
    ISBN 978-7-118-11342-6

Ⅰ. ①同… Ⅱ. ①赵… ②崔… Ⅲ. ①同步辐射—放射线发光 Ⅳ. ①O482.31

中国版本图书馆 CIP 数据核字（2017）第 162222 号

※

*国防工业出版社*出版发行

（北京市海淀区紫竹院南路 23 号　邮政编码 100048）
北京京华虎彩印刷有限公司印刷
新华书店经售

*

开本 787×1092　1/16　印张 12¼　字数 323 千字
2017 年 9 月第 1 版第 1 次印刷　印数 1—1200 册　定价 96.00 元

（本书如有印装错误，我社负责调换）

国防书店：（010）88540777　　　　发行邮购：（010）88540776
发行传真：（010）88540755　　　　发行业务：（010）88540717

关于开展同步辐射软X光波段应用的调研报告

冼鼎昌

科学的进展，是基于对客观世界的观测上的。科学发展史，就是对更宏观及更微观的对象，在更极端的条件下的更多的观测手段和更强大的观测本领的发展史。在科学发展史中，光作为一种观测手段，起了极为重要的作用。

人类认识世界，以通过可见光和自己的眼睛来观察大地山川、日月星辰开始。伽里累的望远镜和雷文虎克的显微镜，把人对自然的认识带到更遥远的太空和更微小的世界。近一百年来，人类对自然的观测手段有了空前的发展，光虽然不再是唯一的，但仍然是十分重要的手段，而且随着科学技术的进步，光源和探测技术也有着日新月异的发展。波长往更长方向扩展的一个例子是射电天文望远镜，把我们的认识带往更广袤，更复杂的太空；而波长往更短方向扩展的一个例子是X光谱学，它对人类认识原子和分子整个层次的物质起了关键性的

冼鼎昌院士手稿-1

作用。每一种新光源的出现，都大，有助于人类对自然的认识，激光和同步辐射光源便是两个很好的例子。

在北京高能物理所的正负电子对撞机（BEPC）上，正在建造一个同步辐射光源。这个光源，提供从X线波段直到可见光及红外波段的频谱连续的电磁辐射，其中包括软X光，它有着通量高、准直性好、频谱连续、极化度高、环境洁净等独特的优点，受到国内科学技术界的高度重视。BEPC 按照工作的需要，在电子从1.55－2.8 GeV 的能区间以兼用或专用两个模式运行。X光由图1可见，X光波段的同步辐射通量受贮存环电子能量影响很大，而波长比较软X线波段（$100 Å — 10 Å$）为长的同步辐射的通量受贮存环电子能量影响甚小，因此，这个波段同步辐射应用的开发，应当予以相当的重视。

由于材料的多重吸收、真空环境的要求、合适的单色器制作的困难、聚焦问题的有待解决等科、原因，软X光应用的开发较硬X光及

冼鼎昌院士手稿-2

015

图1 在不同电子能量下BEPC的同步辐射能谱与其他一些同步辐射源的比较。注意到在不同上能下，这么大比较大的能为长的同步辐射峰涉及进去太。

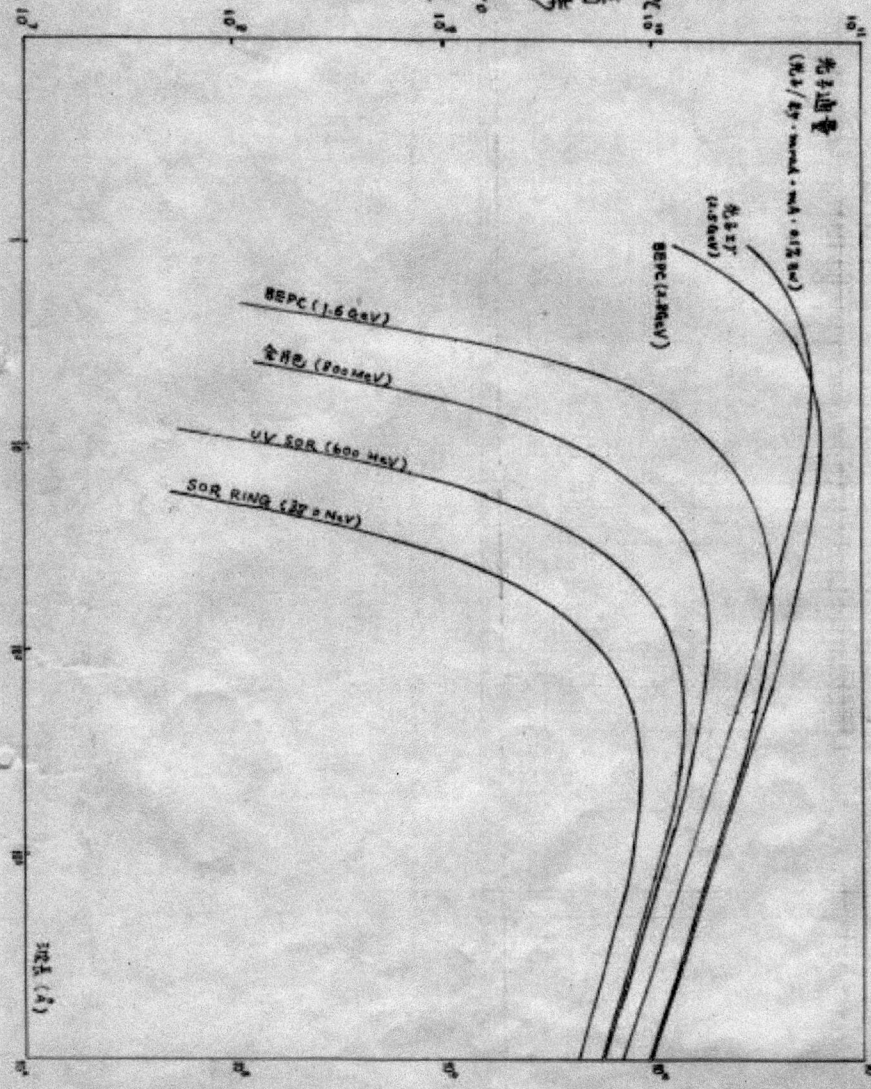

冼鼎昌院士手稿-3

及真空紫外应用的开发为难，但在最近几年中，随着同步辐射光源的出现及料材科学与技术的进步，这方面正在起着重大的改变，性能优良的同步辐射软X光源为许多学科及技术提供一个新的、强有力的研究手段。

在生物科学及医学科学中，现有的显微术：可见光显微术、电子显微术，取得了很大的成功，在一定范围和一定条件下是很优异的成象手段，但是，它仍有着自身固有的局限性。举个例子说，生物细胞一般大小是几个到十个微米，但它包含很多尺度小于 1/4 微米的结构，它仍不能被提为晶体，可见光不能观测它们，以往只能靠依仗电子显微镜来成象。构成细胞的主要组份蛋白质、碳水化合物、酶、核酸等主要由氢、碳、氧、氮四种元素构成，而且活着的细胞主要就是水。一个理想的显微镜应当具备足够短的波长来分辨我们研究的对象的最小尺度 应当能于活着在自然的状态下 ，对细胞各个组份成对于水的背景的高反差的象，而且尽量减低对研究对象产生的损害。

冼鼎昌院士手稿-4

无论用光学显微镜或电镜，往々需要染色、脱水、冷冻、切片，才能得到衬度反差的像。不过，经过这些处理后的细胞，就不是自然状态下的细胞了。电子显微镜是生物科学及医学科学的十分重要的手段，它使用的电子的德布洛意波长还小于 100 Å，对于研究生物对象细微小尺度是足够的，但电子在这个波长范围内却和上述四种元素的相互作用截面大致相同（图2），因此成像的反差不佳，而且电子在物质上的多次散射，影响像的分辨率，加上电镜要求的真空环境，都是电镜的先天性缺陷。

对于软 X 光，由图2可见，它的散射截面比吸收截面至少要小三个数量级，这样，多次散射不致影响成像的分辨率，特别重要的是波长在碳的 K 吸收边（43.7 Å）电氧的 K 吸收边（23.4 Å）之间的软 X 光，被水吸收的截面还小于被其他两种元素吸收的截面，形成所谓的"水窗口"，使我们有可能应用这个波长范围的软 X 光来对自然状态下的生物、医学样品进行成像。

近年来软 X 成象法的研究方向及成就与向

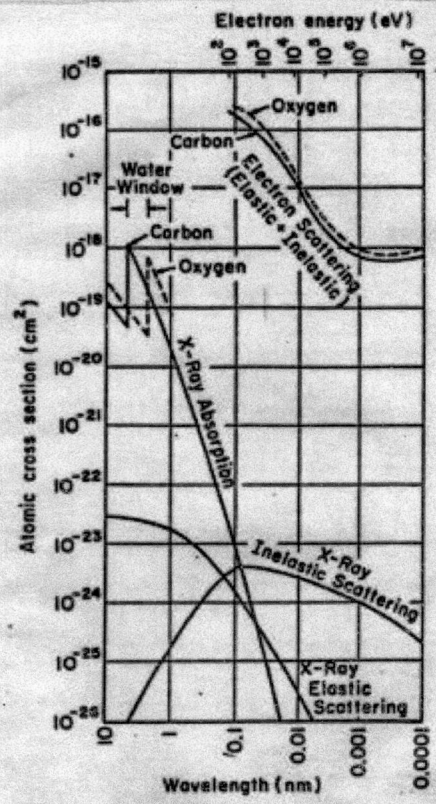

图2. X光 及电子在碳（实线）及氧（虚线）上的相
互作用截面。注意低能X波较X光吸收截面这
比散射截面为大，以及在C及O上电子制散射
截面的相近。

题见下表1。

表1. 软X射线成像法研究的现状（δ为分辨深度）

方法	预期成象率	象元率	实象的分辨率(%)	目前状况	进一步改进
接触法	δ~50Å	三维 薄膜法,时间长,照片放大倍数要大	2	成功 目前几乎停留	三维 方法改进
投影法	δ~100~200Å	三维 超多的分辨率高度	0.3	5~600Å比较好 内已完成的工作	达到合理波长,提高的象元,减了 焦斑改位
投影全息 扫描相位	δ~100~200Å 收集集物体的波长 ~5行扫描未使用	主要为三维 (但是,观路少)	0.3	δ~300Å 一个时时的曝光	减弱能量不好解, 也到δ,主要靠 ~S显示分子结构稳定
傅持叶型 全息	δ~几百Å P应全三维 高速	对粒子多参与速	无	对δ~3μm无 图场为的高速星 理论性的探讨	也到δ
全息照相术	三三维 δ~几百Å	慢	0.1	对δ~1μm一定范 围的弱能更注入的特殊 检查术	要有合适δ,更线切 曝光时响应,仍又 是三维靠的要
实时显相术 脉冲法	三维时 δ~几百Å	慢 局域法	0.3	方案记忆下所叙	中次曝光多,时 像三维要是

这些成就，加上有了很快地在左旋及右旋两种偏振状态间变换的可能性，利用圆偏振的分散射截面可以测量生物系统中聚合物的高阶结构。可以说，同步辐射软X光波段的开发，为在自然状态下生物科学及医学科学的研究开拓了一个广大的领域。

在微电子学中，随着大规模集成电路的发展，要求在硅片上加工的线宽越来越小。目前的紫外光刻法，在加工线宽小于 $1\mu m$ 时遇到严重的困难。

一个很基本的困难是紫外光的波长带来的。如果要刻的线宽是 $0.5\mu m$ （$5000\overset{\circ}{A}$），这已经是在紫外光波长的范围（$3800-4500\overset{\circ}{A}$）中了，这时衍射效应十分显著，使光刻的分辨率严重降低。当然，减短使用的光波长可以避免这个困难，不过如果使用波长短的X光，掩模及光刻胶对它来说都几乎是透明的，这又同达不到光刻的目的。只有合适波长的软X光（$8-15\overset{\circ}{A}$），其波长远小于线宽，但又能被掩模阻挡和被光刻胶吸收，才能做合用的光源。

　　在光刻技术中，光刻胶或掩摸上的一颗小灰尘，在图形上就会形成一个缺陷，对于亚微米光刻，一颗中 $0.5\,\mu m$ 的灰尘落在两根线条之间的结果可以是灾难性的。但这些灰尘一般是由低原子序数的元素——如 C, Si, O 等组成，在直径不大的情况下可以被软 X 光穿透，这样，软 X 线光刻，可以大幅减轻在亚微米光刻术中对超净厂房的要求。

　　另外，由于软 X 线被光刻胶的吸收特性与同步辐射的高通量及良好的準直性，使它能刻出良好的图形的纵宽比及放宽掩摸与硅片之间的距离，大幅加长了掩摸的使用寿命。

　　嫌于以上的各种原因，同步辐射软 X 线光刻技术，目前受到世界各国微电子工业界的高度重视，特别是在西欧、日本和美国之间，展开了激烈的竞争。1987 年，美国 IBM 公司宣布签定了制造一个使用超导磁铁的微型光刻专用同步辐射装置的合同，标志着软 X 线光刻术的一个新阶段的开始。

冼鼎昌院士手稿-9

　　在原子分子物理学中，研究自由的原子及分子的诸种细微的性质，是物理学家多年以来努力追求的目的。也只有高通量，特别是高亮度的同步辐射光源的实现，才使得对由自由原子及分子组成的稀疏靶物质的研究成为可能。例如，对多重态、振动能级等细微的结构，需要藉仗光源的高分辨率及在相当宽于的软 X 能区内光频的可调性来进行研究。

　　近年来，用同步辐射进行了由激光激发的原子的光电离现象，闭壳层原子的光截面、分枝比、角分布、角分布不对称参量的研究，开展了对高原子序数元素的光电离现象 和对高电离态的光反应截面的研究，特别是后者，对于控热核反应的实现 有着根本性的意义。有许多细微、深入的性质 的研究，如通过双光电离测量对 多体相互作用的性质，通过阈附近的内壳层电离对多粒子相互作用及区分开激发及退激发的二步模型，以及碰撞后相互作用的性质，也是近年来很活跃的研究课题。

冼鼎昌院士手稿-10

　　<u>軟X光的吸收譜</u>，是研究在含量稀少的原子周圍的定域結構的重要的方法，对表面科学及材料科学有很重大的价值。特别是周期表上第一及第二行元素（C，N，O，…Al，Si，P，S）的K吸收边了延X光吸收精细结构（EXAFS），有助于对諸如有机分子在催化过渡金屬表面的化学吸付性质、晶格馳豫、澱积（Precipitation）、团聚（clustering）、半导体衬底上金屬原子的金屬——绝缘体的过渡等許多重要问题的研究。

　　在与表面性质有关的研究中，大量的工作集中于化学吸附于表面的C、O、S原子或分子的K吸收边的能区（40—3.5Å）中，通过激发芯空穴的非輻射复合的弹性或非弹性俄歇电子�额的监測来進行。这样的方法，可以达到表面浓度为 5×10^{14} 原子/cm² 或相应地 1/4 单原子层的精度。

　　为了提高信噪比，减低由于衬底激发所不可避免地产生的弹性或非弹性电子的背景，软X光的吸收边还須需要与激发芯空穴的輻射复合道的荧光亍额作为光子能量的函数的測量往

冼鼎昌院士手稿-11

合起来。把这些手段都结合起来，目前对表面杂质原子测量的精度已低可四到高到 2×10^{13} 原子/cm^2、体精度也 2×10^{17} 原子/cm^3 的水平，这对于 precursor state，氧化、中毒、过渡金属催化剂上的化学反应与现象的研究，是十分有力的手段。

软X线散射法，是研究比原子尺度为大的物质结构的重要方法。在过去，研究物质的原子结构，通常使用 $\sim\text{Å}$ 左右波长的X光对样品作大角度散射进行分析，而研究生物、化学的大分子结构，物质的大尺度结构（如相分离 phase separation），则通过X光的小角度散射来进行。在过去，由于缺乏合适的软X光源，使得许多工作难以开展。

同步辐射软X光源的出现，根本改变了这种情况。特别是由于(1)对于给定的结构尺度，可以选择最合适的波长的软X光，(2)可以达到更低能量的K吸收边，(3)放宽小角度散射的限制和(4)有可能在低原子序数元素上作反常散射这几点原因，使得软X线散射方法在近年来十分引人瞩目，开拓了很多新领域的领究，其中包括键间关联（inter-chain relation）、相分离的聚合物混合态等。

在生物学上，由于生物细胞的结构是非晶态的，用软X射线散射的方法来进行成像，也许比显微术或全息术较易实现，因此眉不少这方面的工作在开展中。

另外一个重要的应用领域是用掠入射衍射法（Grazing Incidence Diffraction）法来研究表面现象，如表面粗造度的水平及垂直关联，表面上的大分子，表面上的团及区（cluster & island）等。

在建立软X光波段的国家标准中，由于同步辐射的频谱可以精确计标，而且同步辐射光源是一个环境洁净的光源，所以从它诞生之日起，便受到各国计量部门的高度注意，试图用它来作为软X—真空紫外能区波段的辐射标准。

在这方面开展工作最早的是美国的国家标准局，从60年代起即在SURF II 上做这个能区的辐射标定工作。英国在 Daresbury 同步辐射加速器上的工作开始于74年。苏联于76年用卡

冼鼎昌院士手稿-13

型同步加速器的辐射作为标准光源建成 50 nm － 250 nm 的光谱辐度标准。西德自 76 年起用同步辐射与 350-600 nm 范围的常规光谱辐射标准进行了对比，77 年应用 DESY 的同步辐射光源与已建立的光谱辐射亮度的传递标准——钨带作了比对，并在 165-340 nm 波段中标定了氢灯辐亮度的不确定度。日本的原子能所、电总研（ETL）与东京大学合作，在东大的 SOR 贮存环上作了辐射的标定，法国则在 ORSAY 的 ACO 贮存环上，作了同步辐射及其他光源（包括氩离子辐射源）的光谱辐亮度的比对。

　　我国 BEPC 同步辐射装置的建成，将为从紫外到软 X 波段这一困难的范围内建立光学计量标准提供有力的手段。

　　由以上的调研可以看到，软 X 线应用的开发，是当前世界上科学研究及技术开发的重要新课题。对北京 BEPC 同步辐射装置的软 X 线波段光源的应用，必须予以高度的重视。为达到此目的，需要做一系列的预研工作，其中

包括:

软 X 光监测器的制作及调试;

各种光刻胶灵敏度的测试及对比;

固导变色膜的测试;

软 X 光探测技术;

软 X 光光学元件(如波带片等)的测试;

软 X 光成象性的初步探讨;

软 X 光荧光光谱分析

等.所有的这些,都需要有一台实验室用的软X光源。由于这种光源的功率一般都不大,必需有细聚焦的功能才能提高功率密度,这样才有实际的使用价值。

在1986年,我们曾查到国外至82年使用500W软X线点光源的报导,在国内只有长春光机所制造过功率为1KW的Henke型线光源的经验,这方面的技术资料十分缺乏。86年6月份,我在美国 Brookhaven 国家实验室参观,了解到他和一群 (应该是他们一群) 工作的一个组拥有的 EG2 蒸发源的电子枪,可以改造为软X线细聚焦光源。当即要到该电子枪的资料,带回国内,与有关

的技术人员研究参考此种类型电子枪自行制造
有较大功率的细聚焦软X线光源的可行性。

参考文献

[1] "X-Ray Microscopy", Eds G. Schmahl & D. Rudolph, Berlin (1987).
    D. Dern et al. SPIE Proc. 447, 207(1983).

[2] Report of the workshop on an Advanced Soft X-Ray and Ultraviolet
    Synchrotron Source, PUB-5154, December 1985, LBL.

[3] F. Cerrina, H. Guckel & J. D. Wiley, J. Vac. Science Tech. B3, 227 (1985).

[4] Workshop on Compact Synchrotron Radiation Technology Application to
    Lithography, BNL Mar 4-5, 1986.

[5] Planning Study for advanced national Synchrotron Radiation Facilities.
    (1984)

冼鼎昌院士手稿-16

前　言

同步辐射是相对论性带电粒子在电磁场的作用下沿弯曲轨道向前沿切线方向发出的电磁辐射，可产生从红外至 X 射线能区的连续谱。同步辐射光源具有宽光谱、高亮度、高准直性、高度极化、高稳定性、脉冲时间结构、频谱可精确计算等一系列优异特性，是常规光源无法比拟的最佳人工光源。同步辐射光源可用于物理学、材料科学、生命科学、环境科学、信息科学、化学、地质等多学科的前沿基础研究以及微电子、医药、石油、化工、生物工程等高技术的开发应用的实验研究，是众多科学技术领域进行前沿和创新研究不可或缺的研究平台。自 20 世纪 60 年代以来，同步辐射装置的发展经历了 3 个阶段，目前全世界正在运行的同步辐射设施多达 60 余台。

不同的实验对同步辐射光的能量、通量、单色性、偏振度、光斑尺寸等要求不同。光束线连接着储存环和实验站，起到将选择和加工后的同步光安全、稳定、高效地传输到实验站的作用。在同步辐射装置上，硬 X 射线能区的研究时间较长而且深入，如医学成像、生物大分子晶体衍射、材料的扩展 X 射线吸收精细结构谱学等。但在真空紫外到软 X 射线能区，尽管应用前景十分诱人，但该能区存在着大量原子的共振吸收线，所有材料对这个能区的光都有很强的吸收，光学系统设计以及光学元件的制造因为真空技术水平等因素的制约，光束线和实验站的建立均具有相当的难度。

本书的主要内容是同步辐射软 X 射线光束线及其应用，是在崔明启研究员的鼓励与指导下完成的。全书共分为 8 章，赵佳撰写了本书的第 1~7 章，崔明启执笔第 8 章和附录部分，核定了全书的篇章结构并审核了全部书稿。

书中文前插页"关于开展同步辐射软 X 光波段应用的调研报告"，是 1986 年崔明启请冼鼎昌院士为"细聚焦软 X 射线光源科技档案归档"而作。此文从理论和实验两方面对在软 X 射线波段开展应用研究做了系统的概括和分析。冼鼎昌院士是中国同步辐射应用的开创人。本书中将原稿刊登出来，一方面是深切缅怀冼鼎昌院士，另一方面也藉此表达对冼先生的感激之情，感激他对软 X 光学组的引领、关心和指导！

同步辐射涉及的领域和知识面非常广，受到作者自身学术水平限制，书中言辞未必严谨和规范，也难以避免错误和不当之处，恳请广大读者和专家批评指正！

作者

2017.1

目　录

第 1 章　同步辐射光源概述

同步辐射是速度接近光速的电子或其他带电粒子在做曲线运动时沿轨道切线方向发出的辐射。同步辐射并不是两个词意的组合，而是一个合成词，其由来与同步辐射光源的发现历史有关。1947 年 4 月 24 日，在美国纽约州斯克内克塔迪（Schenectady）通用电气（GE）实验室里的一台 70MeV 电子同步加速器上，F.R. Elder 等人首次观察到了做回旋运动的电子发出的电磁辐射。由于是在同步加速器上观察到的，故这种电磁辐射被命名为同步加速器辐射（Synchrotron Radiation，SR），简称同步辐射[1]。但人们对同步辐射的研究与认识远远早于它的发现并经历了长期的过程。

1.1　同步辐射的发展

1.1.1　同步辐射理论的发展[1-9]

1873 年，麦克斯韦（Maxwell）出版了科学名著《电磁理论》，该书系统、全面、完美地阐述了电磁场理论，指出改变电荷密度和电流都将导致电磁场向外辐射。

1886—1888 年，亥姆霍兹（Helmholtz）的学生赫兹（Hertz）通过一系列实验验证了麦克斯韦的电磁学理论，证明了这种辐射电磁波的存在。

1897 年，由约瑟夫·拉莫尔（Joseph Larmor）爵士研究了有线性加速度的带电粒子的电磁辐射。

1898 年，法国的阿尔弗雷德·李纳（Alfred Liénar）研究了带电粒子圆周运动有向心加速度时的电磁辐射，提出了推迟势的概念，大大简化了理论分析的繁琐程度，这是理论分析方面迈出的第一大步。在此之前，加速运动带电粒子和变化电流产生辐射的基本理论极其复杂，起初的表述方程写满了好多页，远非代数式那样能简洁地概括出来。1898 年，他发表了具有历史意义的论文①，提出了同步辐射的基础理论，给出了电子在圆形轨道上运动时其能量损失率的公式，此式与目前同步辐射论文中关于能量损失的表达式完全一致。德国地球物理学家维谢尔（Wiechert）对李纳的工作进行了补充，这就是今天教科书上经常见到的李纳—维谢尔势。

1908 年，英国数学家萧特（Schott）发表了题为电磁辐射（Electromagnetic Radiation）的论文，这是同步辐射理论发展历程中的一个重大事件。在长达 327 页的论文中，他阐述了同步辐射最基本的理论，并将其用于所有单电子的运动或各种电子束团的运动。萧特推导出了同步辐射的一些特性，如验证了李纳的结论——能量损失与电子能量的 4 次方成正比，导出了辐射的角分布和偏振状态，研究了频率分布并给出了辐射谱的表达式。但他的辐射谱公式中包含了通常查不到的高阶贝塞尔函数，阻碍了他进一步深入研究辐射谱的特征。

---

① 论文发表在《电发光》(L'Éclairage Électrigue)杂志上，题目为 Electric and Magnetic Field Produced by an Electric Charge Concentrated at a Point and Traveling on an Arbitrary Path。

赫兹、拉莫尔、李纳和萧特等人的出色工作，奠定了加速运动带电粒子电磁辐射的经典理论基础，大大超前于粒子加速器的发展。粒子加速器的研究始于20世纪20年代，但发展缓慢，致使对同步辐射理论的研究停滞了30余年。直到20世纪40年代，物理学的新兴分支——宇宙线和加速器物理的发展，再次引起了对同步辐射研究的热潮，但研究的动机是围绕着探讨加速粒子所能达到的极限或者与地球磁场有关的宇宙线现象。苏联的科学家在这方面做了先行性的工作。

1939年，苏联列宁格勒大学物理研究所的理论物理学家Pomeranchuk发表了"在地面上测到的宇宙线电子能量上限"，指出由于宇宙线的电子在进入地球磁场后会因辐射而失去能量，所以宇宙线原始电子的能量要大于10^{16}eV；电子在加速器中沿着圆形轨道运动时丢失的能量随电子本身能量的4次方增加，当得失相等时，便得到电子能量的上限。1944年，Ivanenko和Pomeranchuk合作发表了"电子回旋加速器可能达到的最大能量"一文；1945年，Arzimovich和Pomeranchuk在苏联的物理学杂志上发表了一篇重要的理论文章[①]，从推导能量损失和辐射角分布入手，解决了辐射谱的一般特性问题，如指出辐射峰值波长反比于电子能量的3次方。

1947年，第一篇详尽论述同步辐射性质的论文是我国物理学家朱洪元院士发表在《英国皇家学会会刊》上的文章，题为"论高速粒子在磁场中的辐射"。当时，朱洪元院士是英国曼彻斯特大学在读研究生，他的导师提出了一个问题：宇宙线中的高能电子在进入地球大气层前，由于地球磁场的影响，已经放出辐射，在经过地球大气层后，是否会在地球表面产生一个特大范围的光电簇射？朱洪元研究的结果，得到了同步辐射的能谱、角分布和极化表达式，指出由于辐射集中在一个沿电子瞬时速度方向的锥角内，不会产生特大范围的光电簇射，还讨论了宇宙线中的不同能量的高能电子进入地球磁场后发射的辐射强度问题。

1949年，施温格（J. Schwinger）发表了On the classical Radiation of Accelerated Electrons一文[②]，此文以优美的表述形式描述了在任意轨道上运动的电子的辐射性质。该文结合数学技巧，推导出了前人所有关于同步辐射的研究结论，并将人们的注意力从前人推导模式中转移出来。施温格的一个重要贡献是他注意到了所做的推导与Airy积分函数之间的关系，把公式归纳为列表函数的形式。这一决定性的工作，使得同步辐射光源的设计者可以精确地预言将要运行的光源的辐射特性。此文至今仍被广泛引用。朱洪元院士与施温格的文章乃是同步辐射研究早期的基础文献，同属全面性的理论工作。

1.1.2　同步辐射技术的发展[3,4,10,11]

从实验上观察同步辐射现象需要电子做曲线运动时的能量高达兆电子伏特（MeV）乃至吉电子伏特（GeV），如此高能带电粒子需要由加速器产生。所以，同步辐射技术的发展是与粒子加速器技术的发展紧密联系的，这也是同步辐射的实验观察比理论研究晚了半个世纪的原因[③]。

1. 加速器的三大系列

纵观带电粒子加速器的发展，可以按照其原理和结构的不同分成三大系列。

第一大系列是高电压型加速器，即用一高电压产生的电场直接加速带电粒子。静电型（1928年）、回旋型（1929年）、倍压型（1932年）等不同设想的加速器几乎在同一时期提出，但它

---

① 文章题目: The Radiation of Fast Electron In the Magnetic Feild。
② 文章发表在 *Phys. Rev.*杂志上，题为 On the Classical Radiation of Accelerated Electrons。
③ 从理论上讲，除正负电子外，其他荷电粒子也可以发射同步辐射，只是它们都较电子重得多，加速它们的能量也要高许多，在同样的条件下，质子的同步辐射比电子的要弱13个量级。故目前实际上都是用电子或正电子产生同步辐射。

们加速粒子的能量受高压击穿所限，大致在 10MeV 量级。

第二大系列是感应型加速器，即利用交变磁场产生的涡旋状感生电场来加速电子。图 1-1 所示为电子感应加速器中粒子轨迹示意图。上、下两磁极为圆柱形电磁铁，其间夹有一环形真空盒。电磁铁受交变电流激发，在两极间产生一个由中心向外逐渐减弱、并具有对称分布的交变磁场，这个交变磁场又在真空室内激发涡旋状的感生电场，若用电子枪把电子沿切线方向射入环形真空室，电子将受到环形真空室中的感生电场 E 的作用而被加速，同时，电子还受到真空室所在处磁场的洛伦兹力的作用，使电子在半径为 R 的圆形轨道上运动。

1940 年，克斯特（D.W.Kerst）根据 2∶1 定理[①]建成了第一台电子感应加速器，把电子加速到 2.3MeV。由于电子沿曲线运动时其切线方向不断放射的电磁辐射造成能量的损失，电子感应加速器的能量提高受到了限制，极限约为 100MeV。

第三大系列是谐振型加速器。与感应加速器发展同时期，瑞典科学家奈辛（G.Ising）和挪威的维德罗（E.Wideroe）分别于 1924 年和 1928 年提出了谐振加速的原理，即在高压加速器的基础上，在漂移管上再加上高频电压的直线加速器，原理如图 1-2 所示。多个中空的金属圆筒有间隙地排列在一直线上，高压高频交变电源间隔地耦合到各圆筒上，圆筒间的高压相位依次反相。从左侧入射（注入）的电子，经第一间隙时，若有合适的相位则被加速。进入第二个圆筒后，由于金属圆筒的屏蔽作用，电子在其间自由漂移通过，恰好用时为交变电压的 1/2 周期，则电子在经过第二间隙时再次被加速……由于电子速度越来越快，圆筒的长度要相应加长。能量越高，加速器越长，除非场的频率也增加，但在高频时（约兆赫量级），这种开放式漂移管的效率越来越低。

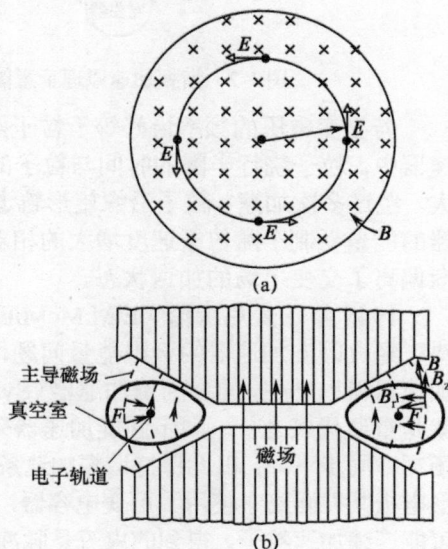

图 1-1　电子感应加速器中粒子轨迹示意图

劳伦斯（E.O.Lawrence）受奈辛和维德罗的启发，于 1930 年提出回旋加速器理论，1932 年研制成功，为此获得了 1939 年的诺贝尔物理奖。图 1-3 所示为回旋加速器结构示意图。圆柱形的电磁铁两极之间形成大致均匀的恒定轴向磁场，极间的真空室内有两个半圆形的金属电极（D 形盒），隔开相对放置，左、右 D 形盒上加高频交变电压，在其间隙处产生交变电场。带电粒子在间隙处被高频电场加速，在 D 形盒内，受洛伦兹力作用，在垂直磁场平面内做圆周运动。

设 q 为带电粒子的电量，m 为粒子的质量，B 为磁场磁感应强度的大小，ρ 为粒子轨道的回转半径，则有

$$qvB = m\frac{v^2}{\rho} \quad \Rightarrow \quad \rho = \frac{mv}{qB} \tag{1-1}$$

相应的回旋运动的旋转频率为

$$f = \frac{v}{2\pi\rho} = \frac{qB}{2\pi m} \tag{1-2}$$

---

① 平面轨道上的主导磁感应强度随时间的增长率应为轨道所包围面积内的平均磁感应强度增长率的一半。满足 2∶1 条件的轨道为平衡轨道。1923 年，挪威学生维特洛伊在实验室的日志中记下了"神秘的 2∶1 定律"，用以解决电子轨道的稳定性问题，遗憾的是他没有将其公布，而且也未坚持钻研下去。

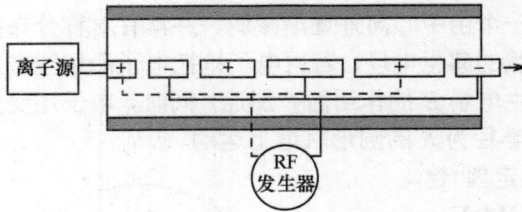

图 1-2 谐振加速原理示意图

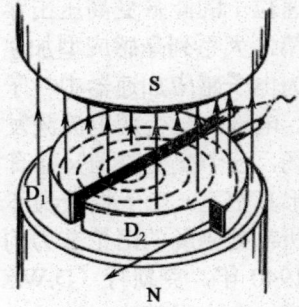

图 1-3 回旋加速器的结构示意图

若交变电压的频率恰好等于粒子圆周运动的频率，则粒子在每个间隙处均被加速。回旋加速器中，粒子绕行半圈的时间与粒子的速度无关，而绕行半径随粒子运动速率的增加而线性增大。经过多次加速，粒子沿螺旋形轨道从 D 形盒边缘引出，能量可达几十兆电子伏。回旋加速器的能量受制于随粒子速度增大的相对论效应，粒子的质量增大，粒子绕行周期变长，从而逐渐偏离了交变电场的加速状态。

1945 年，麦克米伦（E.M.McMillan）和维克斯列尔（V.I.Veksler）提出自动稳相原理，解决了经典回旋加速器的极限能量问题，这是加速器发展史上的一次重大革命，导致一系列新型加速器得以产生，同步回旋加速器（Synchrotron-Cyclotron, 又称调频回旋加速器或稳相加速器）就是重要代表之一。同步回旋加速器采用调频技术，在加速过程中，使粒子回旋频率与加速电场频率同步下降，以此保持谐振加速条件。它与经典回旋加速器在结构上的主要区别是，它在 D 形电极共振回路中使用了可变电容器，实现了频率的调变。其不足之处：一是采用频率调变不再可能连续加速粒子，得到的束流是脉冲束，平均流强较低；二是"整块磁铁"结构，使粒子的极限能量受限于磁场和磁铁的大小。最大的回旋加速器主磁铁重达几千吨，再提高能量已不现实。

由式（1-1）、式（1-2）可知，若让粒子轨道半径 ρ 保持不变，则有

$$B = B(t) = \frac{m(t)v(t)}{q\rho} \tag{1-3}$$

$$f_R = f_R(t) = \frac{v(t)}{2\pi\rho} \tag{1-4}$$

即磁感应强度和高频场的频率都要随时间按一定规律同步变化，粒子在加速过程中走固定的圆环形轨道，而不走渐开螺旋线的轨道，这就是同步加速器的基本思想。

同步加速器在结构上不再用整块 D 形电极和磁极，而是在弯转段上采用 C 形磁铁，如图 1-4 所示。许多分离的 C 形磁铁排列成环状，在磁铁中部安装环形真空盒，在直线段上有提供加速电场的射频谐振腔，电子就在真空盒内，在磁铁的作用下做环行运动。当满足谐振加速条件时，粒子每次经过高频腔时都得到加速，能量不断提高，同时使 C 形磁铁产生的约束磁场同步改变，以保证加速后的电子以相同的半径做环形运动。同步加速器的最大特征是被加速粒子在加速过程中，轨迹基本上始终是"弯转圆弧+直线"的似圆周轨道，只有弯转段才需用磁场约束。

2．同步辐射的发现

1947 年，人类用肉眼直接观察到了同步辐射光[①]。当年，波拉克（Herb Pollock）和助手 Robert Langmuir、Frank Elder 及 Anatole Gurewitsch 为美国通用电气公司建成了一台 70MeV 同

---

① 早在 1945 年，Blewett 从理论上预言[2]，若用他们 100MeV 的电子感应加速器来测出辐射损失，辐射频率将表现为大量 50MHz 的谐波成分。但遗憾的是，Blewett 等人使用的电子感应加速器的真空腔体不透明，实验中，他们将探测器的测量范围提高到 1000MHz 时仍没有探测到辐射光。

步加速器。同步加速器的真空腔体是透明结构，目的之一是监视高频电极间是否会放电，产生电弧。为此，他们在防护墙内迎着电子束的方向放了一面大镜子，想在防护墙后通过镜子观察真空盒里的部件是否打火。1947年4月24日调试时，机械师Floyd Haber首先看到了弧光。Pollock和Langmuir仔细观察后发现，这个奇妙的亮光很有规律：总是在迎着电流的方向时观察到，而且其颜色会发生变化。当电子被加速到20MeV时光亮很微弱，30MeV时呈红色、40MeV时为黄色……随着能量的升高，变成很亮的蓝白色光点。在一番仔细观察和讨论之后，Pollock等终于恍然大悟：这就是多少学者预言过的高速电子在做圆周运动时发出的辐射，这里第一次真正观察到了神秘的电磁辐射！在图1-5所示的实物照片上可清晰地看到同步辐射的光斑。

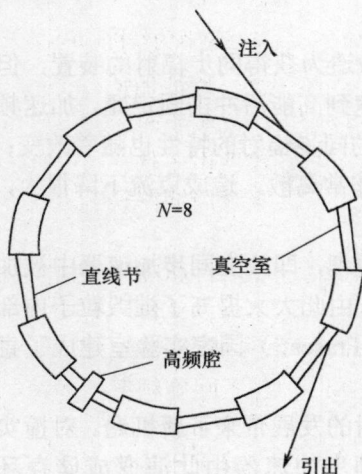

图1-4　同步加速器C形磁铁环状　　　　图1-5　美国通用电气公司的70MeV电子同步加速器
　　　　布局示意图　　　　　　　　　　　　（图中心偏左下方可见清晰的同步辐射光斑）

3. 电子加速器演变为电子储存环

同步加速器中运动粒子的辐射要比粒子做直线加速运动时的辐射强得多，尤其是电子加速器。同步辐射使高速电子损失能量，影响高能物理实验，增添了加速器的设计难度。所以，同步辐射的发现，最初对高能物理学家来说是一个负面消息。

1952年，美国科学家柯隆（E.D.Courant）、利文斯顿（M.S.Livingston）和施耐德（H.S.Schneider）提出了强聚焦原理，不仅使加速器的真空盒尺寸和磁铁的造价大大降低，而且加速器有了向更高能量发展的可能。20世纪50年代，高能物理迎来了发展的黄金时期，世界各国建成了一个又一个高能加速器，粒子能量越来越高。

早期建造的强聚焦加速器都是采用组合型磁铁，一块磁铁同时产生两种磁场——使粒子聚焦的梯度磁场和使粒子转弯的均匀磁场；后来改进为分离型磁铁，便于磁铁加工，弯转作用和聚焦作用的磁场分别由两种磁铁独立完成。20世纪70年代后建造的大型加速器基本采用分离型磁铁。弯转磁铁（又称二极磁铁）产生的均匀磁场引导粒子的运动方向；聚焦磁铁（也称四极磁铁），产生沿径向的梯度场（磁场值在中心轨道上为0，沿半径方向线性增长或下降），依靠磁铁极性的改变，产生聚焦力或散焦力。二极磁铁安装在轨道的弧区，四极磁铁（聚焦和散焦）则按一定的方式交替地安置在轨道的直线区。

借助高能同步加速器，科学家们对同步辐射的性质进行了研究。虽然研究的目的是为了弄清和掌握加速器的性能，但却证明了许多理论预言，为后来同步辐射的发展打下了基础。也有几位有远见的物理学家提出同步辐射可以作为真空紫外和软 X 射线光源,把电子同步加速器中的同步辐射运用到非核物理的领域中去,但在当时这个意义深远的建议并未受到关注。

20 世纪 60 年代初期开始了同步辐射应用的可行性研究,美国科学院还专门设置了一个评估委员会。美国国家标准局的 180MeV 电子同步加速器上系统地用真空紫外波段的同步光研究稀有气体的吸收,发现了很有价值的自电离结构;欧洲的同步辐射研究也在汉堡大学的电子同步加速器上开展;日本的研究工作结果极为令人鼓舞等。1965 年,唐波列安(Tombonian)和汉特曼(Hartman)首先提出了利用同步辐射进行光谱学研究的可能性。一系列的研究成果终于使人们认识到同步辐射是一种极好的紫外光和软 X 射线的光源,其性能远优于一般的实验室光源。

20 世纪 60 年代,许多能量在几百 MeV 的同步加速器被改造为获得同步辐射的装置,但它们产生的同步辐射光性能并不理想。同步加速器是将电子加速到高能后冲击固定靶,加速频率约为每秒数十次。其效果一方面是电子能量不断改变,发射的同步辐射的特性也随着改变;另一方面是每一次加速后,电子能量提高很快,但电子束强度非常离散,造成束流下降很大,使同步辐射的强度也相应离散,并不适合进行精密实验。

1960 年,意大利科学家陶歇克(B.Touschek)提出了对撞原理,即改变同步加速器中被加速粒子的碰撞模式,将其原来打固定靶变为两个粒子迎头相撞,由此大大提高了摧毁粒子内部结构的"有效作用能"。同年,陶歇克在意大利的弗拉斯卡第(Frascati)国家实验室建成了直径约 1m 的 AdA 对撞机,验证了此原理,对撞机应运而生。

对撞机的出现,开辟了加速器发展的新纪元,也为同步辐射的发展带来了新机遇。对撞实验要求粒子束以不变的能量稳定运行相当长的一段时间,同步加速器由此演变成储存环(Storage Ring)。储存环的粒子轨迹、物理原理和结构特点都与同步加速器相同或相似,但磁场和射频电场频率都保持不变,所以粒子在储存环中是以一定的能量做稳定的回转运动,能长时间、稳定地发射一定性能的同步辐射。1965 年,世界上首批电子储存环先后在法国奥赛(Orsay)和意大利的 Frascati 投入运营。最初作为高能物理研究的副产物的同步辐射应用规模很小,直到 1974 年,美国斯坦福直线加速器中心(Stanford Linear Accelerator Center, SLAC)在其正负电子对撞机(SPEAR)上建立了一个专用同步辐射实验室,建有 9 条光束线和 5 个实验站,开展了物理、化学、生物学方面的研究。从此以后,人们确认高能物理中用于对撞实验的电子储存环是更适合的同步辐射源。现代的高能加速器基本都以对撞机的形式出现,对撞机已经能把产生高能反应的等效能量从 1 太电子伏特(TeV)提高到 10~1000TeV。几乎所有高能电子同步加速器上都建造了同步辐射光束线和各种应用同步光的实验装置。

1.2　同步辐射光源

同步辐射应用的大发展时期始于 20 世纪 70 年代,目前,同步辐射装置的建造及相应的研究和应用,经历了三代的发展。

1.2.1　同步辐射光源的演变[3,9,12-15]

20 世纪 70 年代中期,第一代同步辐射装置的数目迅速增加,但都运行于"寄生工作模式",即在为高能物理研究建造的储存环周围空地上,建造光的引出设备和实验站,储存环中的正负电子依然在对撞点上发生碰撞，当电子循环运动到弯转磁体时，就在引出口通过光束线把同步辐射光引向实验站，如美国 SLAC 的正负电子对撞机 SPEAR、德国汉堡的 DORIS、意大利的 ADONE 等。然而，对储存环性能的要求，高能对撞实验与同步辐射的应用研究存在着矛盾。前者要求电子储存环的自然发射度比较大，为几百纳米·弧度（nm·rad），以避免光束对撞时产生过大的自由振荡频移给储存环运行造成困难；后者要求光的高亮度，则电子束流发射度应尽可能小（几到几十纳米·弧度），束流强度尽可能高（200～300mA）。解决二者矛盾的通常做法是设置专用光时间段，即在一段时间内停止高能物理实验，根据同步辐射的要求调整储存环的参数，改善光束性能，实现"专用工作模式"。专用模式下的机时非常有限，而且储存环参数的调整范围也十分有限，所以光源性能并不理想。因而，寄生工作模式的同步辐射光源满足不了应用研究的需要。

尽管如此，但同步光的高强度和宽光谱（从远红外到硬 X 射线）仍然具有强大的优势——很短的数据采集时间、连续可调的波长变化和高的能量分辨率等，使许多研究领域曾经梦寐以求的一些探索目标成为现实。例如，在固体和液体中某些特定元素的近邻环境的研究、微电子学中的软 X 射线光刻技术，甚至对许多成熟的领域，如 X 射线晶体学、光与物质相互作用后的二次发射的谱学等，都因同步辐射光源的应用带来新的活力和新的机遇。而且，在这些第一代光源上还展示了一些非常重要的工业及社会应用的可行性，如使用同步辐射 X 射线的亚微米光刻、非插入性的心血管造影等。很快地，不仅物理学，而且化学、生物学、冶金学、材料科学、医学等几乎所有的学科的基础研究及应用研究者们，都从这个新出现的光源看到了巨大的机会。随着同步辐射用户队伍的快速扩大，对机时的需求、对光源性能的要求，使建造专用的同步辐射光源（第二代光源）势在必行。

第二代同步辐射光源的标志性特点是采用了却斯曼—格林阵列（Chasman-Green Lattice），即为了减小储存环的发射度，美国布鲁克海文实验室（Brookhaven National Laboratory, BNL）的两位加速器物理学家彻斯曼（R.Chasman）与格林（K.Green）发明了一种把加速器上的各种使电子起弯转、聚焦、散焦等作用的磁铁按特殊序列组装的方法，这种组装序列称为却斯曼—格林阵列，简称 DBA 磁聚焦结构。具体说来，磁聚焦结构指将一定数量的二极磁铁、四极磁铁按一定方式排列形成一个磁聚焦结构单元。DBA 结构是低自然发射度磁聚焦结构，由两块二极磁铁和一块四极聚焦磁铁组成的对称消色散单元，其中 D 表示两块、B 表示弯铁、A 表示系统。如聚焦结构中使用 3 块或 4 块弯铁，则称为 TBA 或 QBA 结构。一般同步加速器中采用的 FODO 结构，自然发射度较大，其中 F 表示聚焦四极磁铁、D 表示散焦四极磁铁、O 表示自由空间。许多组磁聚焦结构单元按圆周轨道排列，称为 Lattice 结构。

世界上大部分第二代同步辐射源都是在 20 世纪 80 年代前后建成的，其中著名的有美国布鲁克海文国家实验室的 NSLS、日本高能物理所的光子工厂 PF、英国达累斯堡的 SRS 等。它们的发射度约为 100nm·rad，可提供的光亮度为 $10^{13}\sim10^{16}$[光子数/（mm^2·$mrad^2$·0.1%BW）][①]，比第一代高出 2～3 个量级。第二代同步辐射源的使用加快了同步辐射实验技术和应用的发展，刺激了科技研究与工业应用。随着研究的深入，对光源的空间分辨、时间分辨、能量分辨的性能要求也越来越高。这些更高要求的前提是提高光源亮度。于是，第三代光源的建造应运而生。

第三代同步辐射光源的特征是为大量使用插入件（Insertion Devices）而设计的低发射度储

---

① 亮度：在光源的每单位面积上，每秒钟向每单位立体角发出的波长范围在 0.1% 的频谱内的光子数目，用于精确描述光强。BW 为带宽（Band Width）的缩写。

存环。插入件是一组磁性沿轴向交替周期排列的磁铁组件，安装在储存环的直线节真空盒的上下方，当电子束沿轴向通过它时，会在插入件内部做横向近似正弦曲线的蛇行扭摆运动，但电子通过插入件后并不改变其方向和位置，犹如没有经过插入件一样，不会干扰电子在环中的稳定运动。若磁铁的磁场较强，则电子通过时偏转幅度较大，产生的辐射光能量较高，这种磁铁称为扭摆器（Wiggler）；若磁铁的磁场较弱，电子通过时偏转幅度较小，在每个周期中发出的辐射光会因相干而在某些频率上极大地增强，并且集中在一个很小的锥束里，这种磁铁称为波荡器（Undulator）。3 种磁铁结构如图 1-6 所示。

电子束在插入件内部做曲线运动，沿轴向前方会发生同步光的相互叠加，因而从插入件中可以引出亮度高得多的同步辐射光。插入件的使用，使储存环的发射度只有几纳米·弧度或几十个纳米·弧度，亮度为 $10^{16} \sim 10^{20}$ [phs/（s·mm^2·mrad^2·0.1%BW）]，比第二代光源亮度又提高了 2～4 个量级。

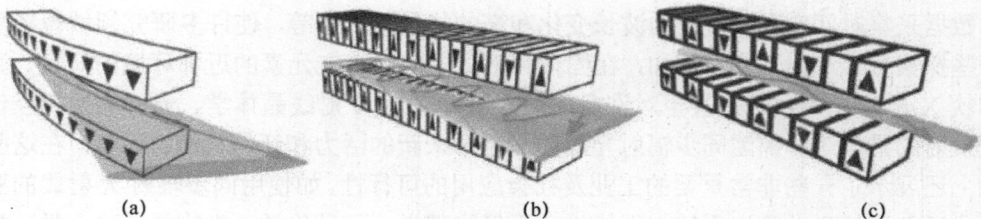

图 1-6 3 种磁铁结构发出的同步辐射光
（a）弯转磁铁；（b）扭摆器；（c）波荡器。

第三代同步光源对工程技术的要求非常苛刻[1]，都是尖端技术，但也是成熟技术，只要有精密机械加工的保证并在设计、测试、安装、施工、监控等方面进行严格把关，都能够达到要求。1994 年，欧洲同步辐射光源（European Synchrotron Radiation Facility, ESRF）正式投入使用，为世界首座第三代高能同步辐射光源。ESRF 共建成 40 条光束线/站，电子束能量 6 GeV，流强 100mA。2005 年，提高流强至 200mA。目前已经建成并在运行的第三代光源已超过 20 个，正在设计并建造的有 10 余台。

表 1-1 对三代同步辐射源主要性能指标进行了比较。第三代同步辐射光源不仅在亮度方面具有绝对优势，而且可以灵活地选择光子的能量和偏振性，使得同步辐射的应用研究发生了质的飞跃——从过去静态的、在较大范围内平均的手段扩展为动态的、高空间分辨率和快时间分辨率的手段。

表 1-1 三代同步辐射源主要性能指标的比较

代别	第一代	第二代	第三代
储存环工作方式	兼用	专用	专用
电子能量	<30GeV 由高能物理决定	1GeV 左右，产生真空紫外及软 X 射线 1～3GeV，产生硬 X 射线	低能 1GeV 左右 中能 1～3.5GeV 高能 6～8GeV

---

[1] 以美国劳伦斯伯克利国家实验室的先进光源(Advanced Light Source , ALS)为例，其插入件里的电子束的截面是椭圆形的，水平方向的长度是 335μm，而垂直方向的长度仅 65μm，相当于一根头发的直径。实验上要求电子束流有很高的稳定性，稳定到其截面尺度的 1/10。反映到安装精度上，就要求安装位置（在周长近 200m 的 200 个各类电磁铁的中心）对设计位置的偏离小于 150μm。对插入件的要求更高，在 5m 的长度上，每个磁极的位置安装精度要小于 20μm，而且这个精度在 40tf 的磁力作用下仍能保持稳定。其他对磁铁的加工精度、电源的稳定度、地基的抗振能力、磁场分布的精度等的要求，甚至对整幢建筑在一天中由于天气温差引起屋顶、墙壁的尺度变化控制，同样都是十分苛刻的。在这些精度都达到后，还需要有巧妙的电子束流监控系统和反馈系统，随时监测电子束流的位置并给予必要的校正，以保证束流位置的稳定。

代别	第一代	第二代	第三代
电子束发射度/nm·rad	几百	40~150	5~20
同步辐射亮度/[phs/ （s·mm²·mrad²·0.1%BW）]	10^{13}~10^{14}	10^{15}~10^{16}	10^{17}~10^{20}
发光元件	二极弯转磁铁	二极弯转磁铁为主，少量插入件（扭摆器、波荡器）	波荡器为主
光的相干性	无	少数	部分空间相干
技术开发年代	20 世纪 60 年代中	20 世纪 70 年代末	20 世纪 90 年代初

1.2.2 同步辐射的特点及优势 [6,14,16-19]

同步辐射光为现代科学研究的诸多领域解决了一大批常规光源无法解决的问题。与常规光源相比，同步辐射具有以下诸多优异性能。本节只作定性介绍，理论分析详见第 2 章。

1. 频谱范围宽

图 1-7 所示为同步辐射连续谱分布范围，是从远红外到 X 光范围内的连续光谱。原子、分子、固体和生物体系统的电子性质的信息是理解它们物理和化学性质的关键。恰好在这个长度范围内，包含原子、分子和蛋白质的尺度，也包括化学键和晶体的原子间距，所以利用单色仪从中选出所需波长的单色光，就可以研究固体、分子和生物体的结构。另外，远红外到硬 X 射线范围内对应的光子能量是几电子伏到 10^{5}eV，这也恰好对应于原子、分子、固体和生物体中电子的束缚能。束缚电子包括共价电子、化学键电子和芯电子等，同样，同步光的光子能量也可以用来检测上述电子及其化学键的性质。

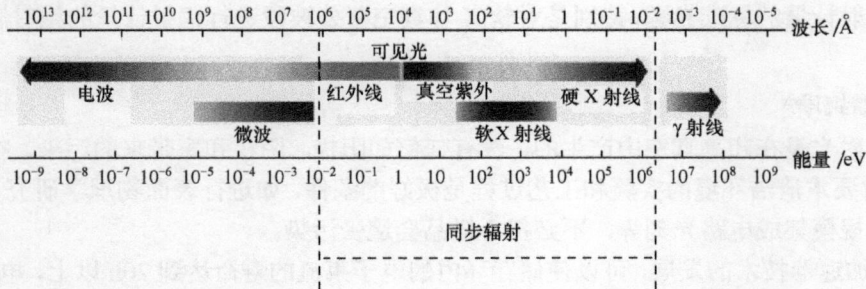

图 1-7　同步辐射连续谱分布范围

2. 高亮度

同步辐射光集中在沿圆形轨道切线方向上很小的立体角内，其亮度比通常实验室用的最好的 X 射线亮 1 亿倍以上。图 1-8 是同步辐射光源与常规 X 射线谱亮度的对比。高强度，一方面大大缩短了实验的数据采集时间；另一方面使极端条件（超高压、超高温、超高场强）下研究物质形态成为可能（在极端条件下，样品尺寸极小，必须光强极高才能有足够的光子照射到样品上）。

3. 高度极化且极化可调

同步辐射具有偏振特性，一般说来，在电子轨道面上，同步光是 100%线性偏振，偏离电子轨道面（轨道面上或下）则是椭圆偏振。利用同步光的偏振特性，可以研究物质空间对称性谱学、晶体结构测定、微量元素含量检测以及 X 射线光学等。此外，偏振特性也是研究磁性材料的利器，巨磁阻（GMR）现象已成为当今异常活跃的研究领域。

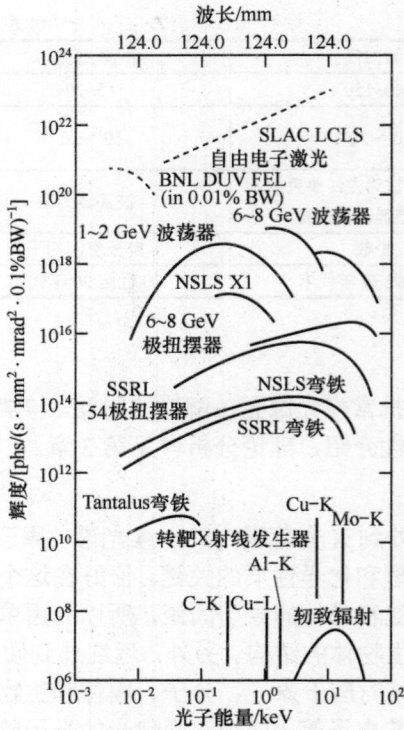

图 1-8　同步辐射与常规 X 光源的亮度对比

4. 脉冲时间结构

同步辐射是由在加速器里做回转运动的电子沿切线方向发出的，而电子又以束团（Bunch）形式存在，因此同步光具有特定的脉冲时间结构。脉冲的宽度为 ns 量级，脉冲间隔为 μs 量级。这种高亮度的短脉冲光是人类揭示生命过程、化学动力学过程、大气环境污染过程和材料结构变化过程的强大武器。

5. 准直性高

GeV 量级的电子存储环发射的同步辐射沿电子前进方向的张角小于 1 mrad，通常可以近似看成是准平行光。准平行光的好处：①光源的面积小，因而光束的通量高；②准直性好，可以使样品与探测器的距离增大，方便在样品台上安装各种附加设备，如环境室，同时进行热处理、磁场、应力等实验。

6. 频谱可以精确计算

同步辐射的亮度、角分布等都可以精确计算（见第 2 章）。这对于分析实验数据是很重要的；也常用作辐射计量的标准光源，特别是对软 X 和真空紫外波段进行辐射计量的绝对测量和标定意义重大。

7. 光谱纯净

同步辐射光是在超高真空中产生的，没有任何如阳极、阴极和窗带来的污染。在真空环境里传播，这对要求清洁环境的实验和工艺过程是极好的条件，如进行表面物理学研究、微量元素测定、超大规模集成电路光刻等，不必担心样品会遭受污染。

此外，加速器技术的发展，可以使储存环内的电子束流的寿命达到 20h 以上，电子束能量、流强、轨道位置等可以自动跟踪控制，从而使同步辐射发光点的位置及光强度保持高度稳定，这是进行高分辨率（空间分辨率、角分辨率、能量分辨率和时间分辨率）实验最理想的光源。

1.3　同步辐射装置

1.3.1　同步辐射光源结构[4,20,21]

同步辐射装置主要由注入器和电子储存环两大部分构成。注入器除有发生电子的电子枪外，一般还有一台直线加速器（Linear Accelerator，Linac）和一台电子同步加速器（又称增强器，Booster）两个部分。注入器的功能是将电子加速到同步辐射要求的额定能量，然后将它们注入电子储存环；电子储存环的作用是让具有一定能量的电子在其中做稳定回转运动并发出同步辐射。

同步辐射装置的构造大体相同，图 1-9 是上海同步辐射光源（Shanghai Synchrotron Radiation

Facility，SSRF）装置构造示意图。直线加速器和增强器放在储存环内，储存环的外围是安装各种实验装置的实验大厅，再外面是实验室和用户办公室。为防止各种辐射对人体的伤害[①]，环绕直线加速器、增强器和储存环，从顶部到地坪都设置了相当厚的水泥屏蔽墙，使用硬 X 射线的实验站都必须建有屏蔽小屋，以防止辐射外泄。

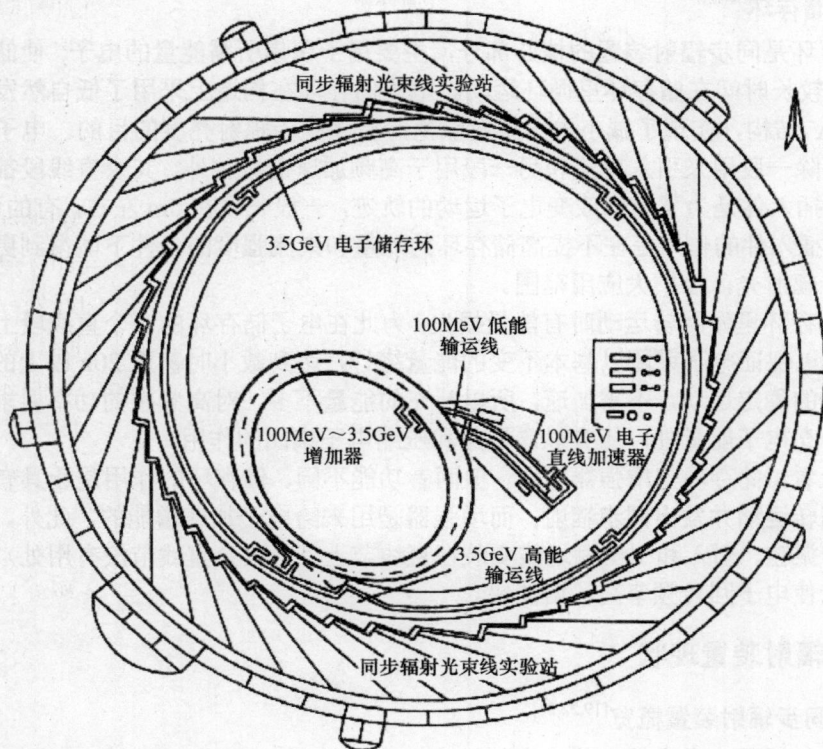

图 1-9 上海同步辐射光源装置构造示意图

1. 注入器

电子枪发射电子后，作为前级注入器的直线加速器通常使用盘荷波导（高频电场的谐振加速装置）来加速电子。直线加速器可以把电子加速到很高的能量，但装置会很长，所以在同步辐射源中一般用它将电子加速到数百兆电子伏后就送入同步加速器继续加速。

同步加速器的作用是把直线加速器出来的电子束继续加速到所需的能量，同时使束流强度和束流品质得到改善。由于起二级加速作用，故称为增强器，也是主加速器。电子加速是通过高频加速腔来实现的，并在固定频率下工作。为了与高频电场的相位匹配，电子枪发射的电子是断续的，形成一个个电子束团，所以，在圆轨道上还安装有磁聚焦结构。由于二极磁铁和四极磁铁制造和安装都会偏离设计要求，引起理想封闭电子轨道的畸变，除二、四极磁铁外，还会安装六极磁铁，起校正轨道的作用。两个磁聚焦结构之间的间隙是直线段，为了引入和引出电子束，还需在直线节中安装引入和引出输运线。

例如，美国阿贡国家实验室（Argonne National Laboratory，ANL）的先进光子源（Advanced

[①] 由于在加速器和储存环中运行电子产生的同步辐射很强，特别是电子束团在加速、传输和放弃时，偏离轨迹的电子将与其他物质碰撞而产生的辐射，辐射成分中的硬 X 射线穿透力很强。

Photon Source，APS）的直线加速器首先将阴极发射电子加热至约 1100℃，然后经高压交变电场加速到 450MeV，此时电子以接近光速的速度运行（光速的 99.999%，即 299792458m/s），之后将电子注入增强器中，在 4 个高频腔提供的电场作用下，电子在 0.5s 内从 450MeV 被加速到 7GeV（相比之下，照亮电视屏幕的电子束仅有 0.025MeV），以光速的 99.999999% 运行。

2．电子储存环

电子储存环是同步辐射装置的核心部分，主要用于积累所需能量的电子，使储存的电流到达要求值，并较长时间在储存环里循环运动。电子储存环在构造上采用了低自然发射度磁聚焦结构——DBA 结构，实现了减小电子束发散角，提高同步辐射亮度的目的。电子储存环中的直线节部分，除一段用来引入束流和另一段用于高频加速谐振腔外，其余直线段都可用来安放各种插入件。插入件是为了局部改变电子运动的轨迹，一般长度在 5m 左右，有的可达几十米。前面已介绍，插入件的作用是在不提高储存环的能量和束流强度的条件下能得到更短波长和更高通量的同步辐射光，以扩大应用范围。

电子在储存环里做回转运动时有能量损失，为此在电子储存环的一个直线段上要安装高频加速谐振腔，以保证电子束团以基本不变的能量绕行，达到数小时甚至 20h 以上的寿命。因为只需维持电子的稳定运动，不需加速，所以补充的能量不多，对高频腔的功率要求较低。其高频高压除了补充电子能量外，还有纵向聚焦和压缩电子束团的作用。

从结构上看，储存环与增强器相似，但两者功能不同。储存环的作用是让具有一定能量的电子做稳定回转运动并发出同步辐射；而增强器是用来给电子加速增能的。此外，同步加速器中，除高频谐振腔、引入和引出输运线安装在直线节上外，其余直线节没有用处，故一般都设计得较短，以使电子回转频率高、增能快。

1.3.2　同步辐射装置现状

1．世界同步辐射装置概览[19,22,23]

同步辐射装置是一个庞然大物，周长可达 1～2km，建造周期长，投资巨大。上海光源建设总共投资 14.34 亿元人民币，耗时 52 个月。但鉴于同步辐射光源的优异性能，使各国政府不惜斥巨资投入建设。目前，全世界有 21 个国家拥有或即将拥有加速器驱动的大型同步辐射源，主要分布在欧洲、美国、日本和俄罗斯。有 49 台运行装置（其中第Ⅲ代、第Ⅱ代、第Ⅰ代光源、自由电子激光（Free-Electron Laser，FEL）装置分别为 16、23、7、3 台），19 台在建装置（其中第Ⅲ代、第Ⅱ代光源、FEL 装置分别为 6、2、11 台）。此外，第Ⅳ代装置已成为发展的主攻方向。表 1-2 列出了世界上部分同步辐射光源的状况和所在地[①]。

表 1-2　世界主要同步辐射光源

国家	光源	所在地、实验室	能量/GeV	状况	代别
中国	BEPC（BSRF）	北京，高能物理研究所	2.5	运行	Ⅰ
	HFSRF	合肥，国家同步辐射实验室	0.8	运行	Ⅱ
	SSRF	上海，张江高科技园区	3.5	运行	Ⅲ
	SRRC	台湾，同步辐射研究中心	1.3～1.5	运行	Ⅲ
	TPS	台湾	3.0	建成	Ⅲ
韩国	PLS	汉城，浦项同步辐射光源	2.0	运行	Ⅲ
巴西	LNLS-1	里约热内卢	1.15	运行	Ⅱ
	LNLS-2		2.0	建设	Ⅲ

---

① 详细信息请参见文献[4]的 P241、附录 1 以及 www.lightsourses.org。

国家	光源	所在地、实验室	能量/GeV	状况	代别
印度	INDUS-1	新德里，高科技中心	0.45	运行	II
	INDUS-2		2.0	建设	III
美国	NSLS-1	布鲁克海文国家实验室	0.75, 2.58	运行	II
	NSLS-2		3.0	运行	III
	ALADIN	威斯康星同步辐射中心	0.8～1.0	运行	II
	TANTALUS		0.25	运行	II
	SURF2	盖斯堡，国家标准局	0.3	运行	II
	SURF3		0.4	运行	II
	SPEAR-III	斯坦福直线加速器中心	3～3.5	建设	III
	PEP		5～15	兼用	I
	CESR（CHESS）	康奈尔高能同步辐射光源	5.5	运行	I
	CAMD	Baton Rouge	1.2	运行	II
	APS	芝加哥阿贡国家实验室	7.0	运行	III
	ALS	劳伦斯·贝克莱国家实验室	1.5～2.0	运行	III
	FELL	达勒姆市，杜克大学	1.0～1.3	运行	FEL
日本	TRANSTAN MR	筑波，高能物理研究所	6～30	兼用	I
	TRANSTAN AR		6.5	运行	I
	PF	筑波，高能物理研究所	2.5～3	运行	II
	TEMS（TERAS）		0.8	运行	II
	NIJI-4	筑波，电工技术实验室	0.5	计划	FEL
	NIJI-2		0.6	运行	
	TSSR	仙台，Tohoku 大学	1.5	建议	I
	SOR（TSL）	九州，九州大学	1.8	建议	III
	UVSOR	冈崎分子科学所	0.75	运行	II
	UVSOR Ⅱ		1.0		
	SOR Ring	东京大学	0.38	运行	II
	HBLS（ISSP）		2.0	建设	II
	Sping-8	西播摩，同步辐射研究所	8.0	运行	III
	NewSUBARA		1.5	建设	III
	KANSAISR	大阪	2.0	建议	II
西班牙	LSB	巴塞罗那	2.5	设计	III
德国	ELSA	波恩大学	1.5～3.0	运行	I
	ROSY Ⅱ	德累斯顿	3.2	建议	III
	DORIS-3	汉堡，DESSY or DESY	4.5～5.0	运行	I
	PETRA-2		7.0～13	兼用	I
	BESSY-1	柏林，物理技术所	0.8	运行	II
	BESSY-2		1.5～2.0	运行	III
	DELTA	多特蒙德	1.5	运行	FEL
	ANKA	卡尔斯鲁	2.5	运行	III
法国	ESRF	格勒诺布尔	6.0	运行	III
	Super AC0		0.8	运行	III
	SOLEIL	奥赛	2.75	建设	III
	DCI	的里亚斯特	1.8	运行	II
意大利	ADONE	弗拉斯卡蒂	1.5	运行	I
	DAΦNE		0.5	运行	I
	ELETTRA	的里亚斯特	2.0	运行	III
瑞典	Max-1	隆德大学	0.55	运行	II
	Max-2		1.5	运行	III

国家	光源	所在地、实验室	能量/GeV	状况	代别
瑞士	SLS	Villigem	2.0	运行	III
英国	DAPS	达累斯堡	0.5~1.2	建议	III
	SRS		2.0	运行	II
	DIAMOND		3.0	运行	III
丹麦	ASTRID	奥尔胡斯	0.6	运行	I
	ASTRID II		2.0	设计	III
加拿大	CLS	萨斯卡通茨温大学	2.9	设计	III
荷兰	AmPS	阿姆斯特丹	0.9	运行	I
	EVTERPE	因特荷温	0.4	运行	I
俄罗斯	VEPP-2M	新西伯利亚核物理所	0.7	运行	I
	VEPP-3		2.2		I
	VEPP-4		5~7		I
	Sibern-SM		0.8		II
	Siberia-1	莫斯科，原子能所	0.45	运行	II
	Siberia-2		2.0		II
	TMK-1	莫斯科，绿城问题所	0.45	运行	II
	TMK-2		1.6	运行	II
	SIRIUS	托姆斯科	1.36	运行	I
	S-60	莫斯科	0.6	运行	I
乌克兰	N-100（KPI）	哈尔科夫	0.1	运行	I
	HP-2000		2.0	运行	II
	ISI-800		0.8	建议	III
亚美尼亚	ARUS	埃里温	6.0	运行	II
	CANDCE		3.0	建设	III
澳大利亚	LSB	Boomerang	3.0	建议	III

2．我国同步辐射装置

目前，我国有 4 台同步辐射装置，分别介绍如下。

1）国家同步辐射实验室[24-26]

国家同步辐射实验室（National Synchrotron Radiation Laboratory, NSRL）坐落在安徽合肥中国科技大学西校园，建有我国第一台以真空紫外和软 X 射线为主的专用同步辐射光源（简称"合肥光源"）。NSRL 为第二代光源，一期工程总投资 8040 万元人民币，1989 年建成出光，1992年开始运行，建有 5 个光束线/站。1999-2004 年的二期工程由国家全额投资兴建，总投资额 11800万元人民币，增建 8 条光束线和相应的 8 个实验站，并安装了一台 6T 的扭摆器。每年运行约 7000h，供束约 6000h，运行流强约 250mA，垂直方向束流轨道漂移稳定在±30μm。2010—2014年，为产生亮度更高、稳定性更好的高质量同步光，合肥光源进行了重大维修改造项目（简称HLS II），使可以安装波荡器的直线节数目增加到 8 个（增加 6 个），直线节长度占储存环的 38%。储存环自然束流发射度小于 40nm·rad，注入流强达 300mA，光源稳定性明显改善。接近第三代同步辐射光源水平。目前，合肥光源拥有 10 条光束线及实验站，包括 5 条插入元件线站，分别为燃烧、软 X 射线成像、催化与表面科学、角分辨光电子能谱和原子与分子物理光束线和实验站；以及 5 条弯铁线站，分别为红外谱学和显微成像、质谱、计量、光电子能谱、软 X 射线磁性圆二色光束线和实验站。

2）北京同步辐射装置[27]

北京同步辐射装置（Beijing Synchrotron Radiation Facility, BSRF）依托于北京正负电子对撞机（Beijing Electron Positron Collider, BEPC）国家实验室，1988 年建成出光，1991 年对用户开放。BSRF 属第一代光源，每年只有约 2000h 的同步辐射专用机时，同步辐射光的利用上受到很大限制。2007 年 6 月，北京正负电子对撞机重大改造工程（BEPCII）完成，电子能量为 2.5GeV，实现准恒流运行（Top-up Injection），束流流强控制在 250mA ± 0.1mA，达到了国际先进水平，硬 X 光的强度提高了 10 倍。BSRF 拥有 14 条光束线、15 个实验站，能区范围覆盖从真空紫外到硬 X 射线波段，提供 X 射线形貌术、X 射线成像、X 射线衍射、X 射线小角散射、漫散射、物大分子结构、X 射线荧光微分析、X 射线吸收精细结构、光电子能谱、圆二色谱、软 X 射线刻度和计量、中能 X 射线光学、高压结构研究、LIGA[①]和 X 射线光刻等实验技术。

3）上海同步辐射光源[28]

上海同步辐射光源（Shanghai Synchrotron Radiation Facility, SSRF），简称"上海光源"，总投资 14.34 亿元人民币，2009 年 5 月一期 7 条光束线建成，正式对用户开放。上海光源是一台高性能的中能第三代同步辐射装置，在能量上仅次于 3 台高能装置[②]。

SSRF 主体包括 1 台能量为 150MeV 的电子直线加速器，1 台周长为 180m、能量为 3.5GeV 的增强器，1 台周长为 432m、能量为 3.5GeV 的电子储存环。储存环最小自然发射度 3.9nm·rad；流强 200~300mA。上海光源具有建设 60 余条光束线的能力，预计安装 26 条插入件光束线、36 条弯铁光束线和若干条红外光束线，可以同时向上百个实验站提供从红外到硬 X 射线的各种同步辐射光，性能优化在 0~40 keV 的 X 射线能区。首批线站包括 X 射线衍射、生物大分子晶体学、X 射线吸收光谱精细结构、硬 X 射线微聚焦及应用、X 射线散射、X 射线成像与生命医学应用、软 X 射线谱学显微和 X 射线光刻。

4）台湾同步辐射装置[22]

台湾同步辐射研究中心（Synchroton Radiation Research Center, SRRC）的同步辐射装置为亚洲第一台第三代同步光源，1993 年 10 月启用，1994 年 4 月对用户开放。该装置包括 1 台能量为 50MeV 的电子直线加速器，1 台周长为 72m、能量为 1.5GeV 的增强器，1 台周长为 120m、能量为 1.5GeV 的电子储存环。储存环最小自然发射度 25nm·rad；最大流强 300mA，具有 38 条光束线。2010 年 2 月 7 日，SRRC 在现有的园区内，动工建设 3GeV 的低发散度的第三代台湾光子源（Taiwan Photon Source, TPC），且于 2014 年建成。

1.3.3　同步辐射光源的发展

随着科学发展，高端的前沿研究对光源相干性、单色光亮度提出了极高要求。美国能源部的相关研究机构就科学发展对先进光源的需求开展了研究，发表了《未来光源的科学和技术》白皮书[29]。简单地说，当前高端前沿研究对光源性能的要求为[30]：波长短到 0.1nm，能够在原子尺度上解析物质结构；小于 0.1ps 的超短脉冲，以拍摄分子运动的动态图像；高平均通量和超高亮度，保证以极快的速度获得衍射数据，研究物质在极端条件下的表现；空间相干性，以获得如单一纳米颗粒甚至生物大分子的高分辨率成像。

---

① LIGA 是德文 Lithogrsphie（光刻）、Galvanoformung（电铸成型）和 Abformung（塑铸成型）3 个字的字头，它由深层同步辐射光刻、电铸成型和塑铸成型这 3 个工艺过程组成。
② 3 台高能装置分别为电子能量 8GeV 的日本超级光子环（Super Photon ring-8 GeV, Spring-8）、7GeV 的美国的先进光源 APS 和 6GeV 的欧洲同步辐射装置（European Synchrotron Radiation Facility, ESRF）。

所以无论哪一代光源，都在运行中不断改进，不断提升光源的性能，所追求的目标可以概括为"更亮、更强、更稳定"。"更亮"指提高光源的亮度，增大光子在相空间密度；"更强"指提高运行束流强度，增大光子总数及光通量；"更稳定"包含诸多方面，如保持束流轨道及其他参数高度稳定、克服束流不稳定性、保持光源的最佳运行状态等[4]。同步辐射光源发展主要可以概括为以下几个方面。

1. 同步辐射光源的升级改造

位于法国格勒诺布尔的欧洲同步辐射装置 ESRF 本已是世界三大高能光源之一，但为了保持 X 射线束的可用性、稳定性和领先性①，满足各国用户对高亮度、高精度 X 射线束的需求，特别是对纳米级光束线的需求，于 2008 年启动了一项雄心勃勃的 10 年（2009—2018 年）升级改造计划[31]，并将改造计划和愿景写进了紫皮书。一期工程（2009-2015 年）投资 1.8 亿欧元，2010 年已实现束流增强至 300mA 的目标。此次改造工程，实验大厅将扩展至 1.8 万 m^2，13 条光束线站升级，其长度将由现在的 60～80m 延长至 120m，甚至 250m。将安装更多、更长的波荡器②，特别是纳米级超细 X 射线站实验室的建成将为科学研究开辟新的道路。

又如，英国第二代同步辐射光源（Synchrotron Radiation Source，SRS）是 1980 年建造的，能量为 2GeV。2008 年 8 月 4 日，经过 28 年 200 万小时运行的 SRS 退役，取而代之的是 DIAMOND 光源[32]（3GeV）③④。

美国 BNL 的同步辐射光源（National Synchrotron Light Source，NSLS）有大、小两个储存环，分别建于 1984 年和 1986 年，小环为真空紫外环（0.8GeV），约有 25 条光束线；大环为 X 光环（2.5GeV），约有 60 条光束线。经过 20 年的不断改进，NSLS 的性能已达到极限。从 2005 年开始设计第三代同步辐射光源（3GeV）NSLS-II，2008 年开始建造，2012 年投入运行[33]。NSLS-II 的亮度比 NSLS 高 10000 倍，提供的光峰值亮度大于 10^{21} phs/（s·mm^2·$mrad^2$·0.1%BM）。

2. 新技术的发展

同步辐射光源的升级改造总与新技术的发展有关。值得注意的新技术有准恒流运行技术、使束流轨道保持高度稳定的技术、与插入件元件相关的利用波荡器辐射高次谐波的技术、微型波荡器技术和超导波荡器技术，还有从超导弯转磁铁引出光束线的技术等[4]。

例如，注入模式的改变。电子束的补充几十年来的做法是：注入→电子束流衰减到一定程度→打掉束流→再注入。这样一来，一方面实验过程必须周期性地停止；另一方面束流的衰减使光学元件和样品上的热负载变化，影响实验精度。2006 年 12 月 7—8 日召开了东方科技论坛第 86 次学术研讨会的议题为"第三代同步辐射光源束流轨道稳定性问题"，日本同步辐射研究所的 Kouichi Soutome 博士报告了 SPring-8 在 Top-up 注入模式下，储存环内总的电流稳定性控制在 0.1%以内，各束团的流强不一致性也控制在 10%以内[34]；2011 年 3 月 16 日，法国的 ESRF 创造了一项新纪录：连续 33.1d（795.5h）保持无束流损失的用户运行模式[31]；2015 年 7 月 14 日，BSRF 成功实现准恒流注入运行，束流强度控制在 250mA ± 0.1mA[35]内。

---

① ESRF 取得了许多重要成果，占全世界科研成果的 20%，文章几乎见诸于每期的 *Science* 和 *Nature* 杂志，每年发表论文 1500 多篇。
② 对于很长（10～20m）的插入件，由于磁铁缝隙很小，因而要求储存环电子束的发散度很小，以保证电子束通过插入件时不丢束。目前，已可以设计和建造的储存环电子束发散 10^{-9}mrad 级量级。在某种程度上，它导致周长达数千米的储存环诞生。细电子束结合波荡器技术减小光束发散度，可使光亮度比 20 世纪 80 年代初弯铁出射的亮度高 10^6 倍[26]。
③ DIAMOND 与上海光源 SSRF（3.5 GeV）、法国 SOLEIL 光源（2.75 GeV）、西班牙 ALBA 光源（3GeV）同属目前世界上性能最好的第三代中能同步辐射光源。
④ ALBA 在西班牙语中是"黎明"之意；SOLEIL 在法语中是"太阳"之意；DIAMOND 在英语中是"钻石"的意思，都赋予同步辐射光源极美的命名。

准恒流注入不仅有效地提高了束流轨道和同步辐射光斑的稳定性能，而且装置能始终运行在高流强，使得平均光亮度和光通量明显提高，大大提高了实验效率。100%可用性的优质光源为科学研究的成功提供了强有力的工具和保障。

3．高能同步辐射光源计划[27]

世界上已有的同步辐射装置的电子能量大致分为 3 个能段：第一段 800 MeV~2GeV，主要工作在真空紫外（VUV）和低于 20keV 的 X 射线能区；第二段 3GeV 左右，主要工作在软 X 射线和高至 40keV 的硬 X 射线能区（40keV 以上光源的亮度急剧下降）；第三段是高能环，目前世界上只有 4 台，即 ESRF（6GeV）、APS（7GeV）、SPring-8（8GeV）以及最近开始运行的 PETRA-III（6GeV），它们的能区可以扩展到 100keV 以上[36]。

40keV 以上的 X 射线称为高能 X 射线，高能 X 射线具有穿透能力较强、动量较高、厄瓦尔德（Ewald）球曲率较大等优势，使真实工件的高精度微观结构研究成为可能，如高能射线衍射、高 Z 元素的谱学极端条件下的实验、高密度和/或大尺度样品成像等。这些实验技术涉及材料科学、物理学、环境科学、地球科学、生物医学、工程物理、工程学等广泛领域中的许多重要研究工作，其中许多属于国家重大需求[37-39]。

当前，已经提出一些性能更为先进的第三代同步辐射光源计划，有的已开始建设。如我国目前已开展高能同步辐射光源（High Energy Photon Source, HEPS）的建设[27,28]。HEPS 计划在"十三五"时期建设，采用能够达到更低发射度的 48 周期的 7-弯转磁铁消色散结构（7BA），周长约为 1300m，拟采用 48 个 6m 的直线节。储存环电子能量为 6GeV，发射度为 0.05nm·rad，电子束流强度为 200mA，从波荡器上获得的辐射光的亮度高于 10^{22} [phs/(s·mm^2·mrad^2·0.1%BW)]，弯铁的特征能量能够达到 11.4keV，具有建设 80 条以上高性能线站的能力。

HEPS 的设计指标保证了它在亮度上高于目前世界上所有正在运行、建设以及规划中的同步辐射装置，图 1-10 所示为 HEPS 与其他光源的亮度比较。

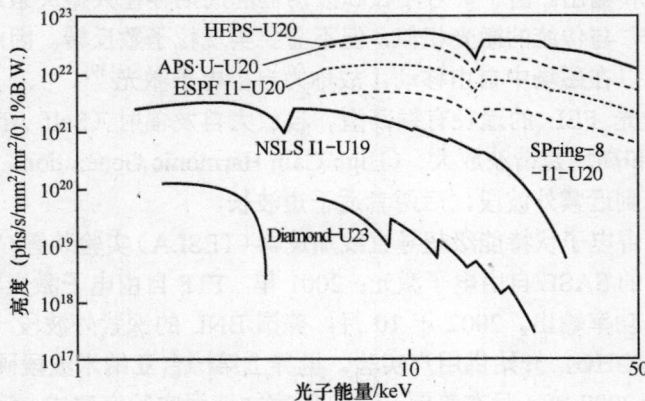

图 1-10　HEPS 与其他光源的亮度比较

HEPS 作为强大的科学研究支撑平台，可提供以下能力。

（1）提供能量可高于 300keV 的高性能同步辐射 X 射线，满足国家安全及工程材料方面的特殊需求。硬 X 射线可以穿透 cm 量级的金属材料，极高的亮度将提高对真实材料在真实环境和工作状态下结构精细变化的检测能力。

（2）为谱学和成像研究提供 nm 量级的聚焦光斑，直接观察纳米尺度上的结构变化。具有结构探测和谱学功能的 nm 级硬 X 射线探针（短工作距离约 1nm，长工作距离约 10nm），可进行单个纳米颗粒的表征。

（3）微束（小于 5μm×10μm）、10^{-7}（好于 1meV@10keV）能量分辨率、$0.1nm^{-1}$ 动量分辨的硬 X 射线非弹性散射实验；

（4）高能量分辨率（$1×10^{-5}$）和高空间分辨率（1μm）硬 X 射线（高达 100keV）吸收实验，可以为锕系元素研究提供重要的实验能力。

（5）达到 ps 量级的时间分辨能力，研究物质（生命物质和非生命物质）结构变化的动力学过程，为实现物质调控奠定基础。

（6）高压、高温、低温、强磁场等极端条件下的衍射、谱学和成像实验。

HEPS 首批建议线站包括工程材料、硬 X 射线微/纳米探针、X 射线时间分辨、相干 X 射线衍射和 X 射线光子相关谱学、非弹性 X 射线散射、高压极端条件、硬 X 射线多功能显微成像、X 射线吸收谱、表面界面衍射/散射、蛋白质晶体学、高通量小角 X 射线散射、超高分辨纳米电子结构、中能谱学、X 射线医学成像诊断等共 14 条。

4. X 射线自由电子激光项目 [4,22]

亮度和相干性都是光源性能的重要指标。基于电子储存环的同步辐射光源，由于辐射的量子效应，限制了束流能散度和发射度的减小，从而限制了同步光性能的进一步提高。近期新建储存环的设计思想是通过改善长插入件磁场的均匀性来提高相干性。此外，也可通过在储存环或电子直线加速器上建造自由电子激光器 FEL 来改善相关性。

自由电子激光是电子加速器产生的相对论性电子束团在波荡器中振荡产生的相干辐射。电子在弯转轨道上运动发出的同步辐射光比电子运动快，辐射光将追上前面的电子，对其运动施加影响。这种影响反复施加的结果，使得电子束团密度在运动中重新分布——群聚。群聚后的电子束团产生的辐射波长和引起群聚的同步辐射波长一致，因此引起群聚的初始辐射光被放大，如此往返直至饱和输出。由于辐射波长和波荡器的周期存在共振关系，波荡器各周期上产生的辐射光是相干的，与传统的激光相似，但不需要实现粒子数反转。因此，这种激光不依赖于受激辐射，电子可以在磁场中自由移动，故称为自由电子激光[39]。

实现自由电子激光 FEL 的途径有振荡型、自放大自发辐射（Self Amplified Spontaneous Emission，SASE[①]）和高增益谐波放大（High Gain Harmonic Generation，HGHG[②]）型，振荡型适用于红外、可见到近紫外波段，后两者适于短波长。

2000 年，德国的吉电子伏特能级超导直线加速器（TESLA）实验装置（TESLA Test Facility，TTF）实现了 109nm 的 SASE 自由电子激光；2001 年，TTF 自由电子激光器在 100~85nm 紫外波段获得饱和 SASE 功率输出。2002 年 10 月，美国 BNL 的深紫外波段（DUV）自由电子激光器实现了 266nm HGHG，开始供用户实验。世界上第一台亚纳米波段硬 X 射线自由电子激光（HXFEL）装置于 2009 年 4 月在美国 SLAC 国家加速器实验室建成，简称 LCLS。LCLS 利

---

① SASE 是短波长自由电子激光原理，即电子在波荡器中运动，各谐振模式相互竞争，最后有一个胜出，并放大强化。此原理最初的模式起源于电子束团纵向分布的微涨落，必然导致较差的纵向相干性，并且稳定性也不是很好。

② HGHG 是为了克服 SASE 的缺点提出的基于种子激光的辐射倍频原理。该原理采用种子激光预调制电子束团分布，经调制过的束团经过波荡器时会放大种子激光信号，同时产生高次谐波。HGHG 的优点是辐射完全纵向相干，输出能量稳定，波长可控，但高次谐波只能到 3~6 级，更高次谐波能量太弱无法利用。由传统激光提供的种子激光波长范围有限，因此要得到放大的 X 射线自由电子激光，需要级联 HGHG，在技术上有难度。最近发展的共鸣原理（Echo Enhanced Harmonic Generation，EEHG），用两束激光对电子束团进行密度调制，其密度分布为种子激光的高次谐波，可以一次性地将高次谐波（理论上高次谐波可以到 100 以上）推进到深紫外和软 X 射线波段。该原理已在上海深紫外自由电子激光器上获得原理性实验的成功[40]。

用 1km 长的直线加速器将电子束团加速到 13.6GeV，然后通过 130m 的超长波荡器产生 X 射线。光脉冲长度 150fs，可发射波长不短于 0.15nm 的硬 X 射线飞秒激光脉冲，峰值亮度达到 10^{33}[phs/（s·mrad^2·mm^2·0.1%BW）]，为迄今为止人们获得的最亮的 X 射线。

除美国的 LCLS 外，日本也于 2011 年 6 月宣布其 HXFEL 装置（命名为 SACLA）可发射出波长仅 0.12nm 的激光；欧盟正在兴建更强的 HXFEL，德国 TESLA 的 XFEL 近期可望投入使用；瑞典和韩国的装置也正在筹建。近年来，国际上已建成两台硬 X 射线、两台软 X 射线 FEL 用户装置，另有 4 台硬 X 射线、5 台软 X 射线 FEL 装置处于在建和预研中，还有多台 XFEL 在建议和设计中。我国的自由电子激光光源也在蓬勃发展，如中国科学院大连化学物理研究所的大连相干光源（极紫外—软 X 射线波段）、中国科学院上海应用物理研究所的软 X 射线自由电子激光光源均在建设中，可望 2017 年投入运行。

同步辐射和激光技术结合，开辟了光源发展的前景，因此也有人称 FEL 为第四代光源。X 射线自由电子激光具有超高亮度（其峰值亮度比第三代同步辐射源提高近 10 个量级，平均谱亮度提高 3~5 个量级）、飞秒级脉冲时间结构（脉冲宽度比第三代同步辐射源缩短 2~4 个数量级，窄至几百到几十飞秒）、完全时空相干性和波长可调谐性，与第三代同步辐射光源相比，是更强有力的多学科研究支撑平台，预示着人们可以用亚纳米量级的空间分辨能力研究飞秒时间的超快动力学过程，它的出现将会给物质科学、生命科学等领域带来一系列重大变革。

近期，由 20 多名科学家组成的国际团队，利用美国斯坦福大学的硬 X 射线自由电子激光器，有效地创造了一种新的晶型，该研究成果已发表在 Science Advances 杂志上[41]，虽然它只存在了极短时间，但仍然观察到了样品的物理、光学和化学特性以及它从原始形态开始发生的变化。该研究结果给持续了 100 年的晶体学科学开辟了一个新的方向。目前，晶体学主要被生物学家和免疫学家作为探测生命机体内蛋白质分子机体内部运作的一种工具，如果能够以新的方式看到这些结构，将有助于了解人体内的相互作用，并为药物开发开辟新的途径。

如何用尽可能小的输入能量在尽可能短的波长上产生高增益 X 射线激光，是当今各科技大国在该领域竞争的主要焦点。此外，能量回收直线加速器光源的技术研发在加快推进，衍射极限光源的建设开始筹划[42,43]。

参 考 文 献

[1] Blewett J P. Synchrotron Radiation – Early History [J]. J. Synchrotron Rad., 1998, 5:135–139.

[2] Schott G A. Electromagnetic Radiation [M]. London: Cambridge University Press, 1912.

[3] 马礼敦, 杨福家. 同步辐射应用概论[M]. 上海: 复旦大学出版社, 2000.

[4] 刘祖平. 同步辐射光源物理引论[M]. 合肥: 中国科学技术大学出版社, 2009.

[5] 冼鼎昌. 同步辐射光源史话[J]. 现代物理知识, 1992, (1): 38-41.

[6] 麦振洪. 同步辐射讲座第四讲同步辐射光 50 年[J]. 物理, 2002, 31(10): 670-675.

[7] 谢希德. 应用广泛的同步辐射光源[J].科学, 1996, (4): 50-52.

[8] Schwinger. On the Classical Radiation of Accelerated Electrons [J]. Phys. Rev., 1949,75(12): 1912-1925.

[9] 冼鼎昌. 同步辐射的现状和发展[J]. 中国科学基金,2005, (6)：321-325.

[10] Blewett J P. Radiation Losses in the Induction Electron Accelerator [J]. Phys. Rev.,1946, 69: 87-95.

[11] 方守贤, 梁岫如. 神通广大的射线装置——带电粒子加速器[M]. 北京: 清华大学出版社, 2001.

[12] 唐福元. 同步辐射的发现、特性及其应用领域的开拓[J]. 物理与工程, 2004,14(3):34-38.

[13] Winick H. Synchrotron radiation sources-present capabilities and future directions [J]. J. Synchrotron Rad., 1998, 5: 168-175.

［14］赵小凤,徐洪杰. 同步辐射光源的发展和现状[J]. 核技术, 1996, 19(9): 568-576.

［15］贺占军, 彭子龙. 上海同步辐射光源[J]. 中国科学院院刊, 2009, 24(4):441-444.

［16］何建华.上海同步辐射光源[J].中国科学:物理学 力学 天文学, 2011, 41(1):1.

［17］Kunz. Synchrotron Radiation-Technique and Radiations[M]. Springer-Verlag Berlin Heidelberg New York, 1979:1-23.

［18］朱润生. 同步辐射与同步辐射装置：近代实验物理讲义[M]. 中国高能物理学会编印,1986:4-5.

［19］赵屹东. SR 软 X 射线光束线输出特性研究及探测器性能研究[D]. 北京:中国科学院高能物理研究所, 2002.

［20］杨传铮, 程国峰, 黄月鸿. 同步辐射的基本知识[J]. 理化检验：物理分册, 2008, 44(1): 28-32.

［21］李浩虎, 余笑寒, 何建华. 上海光源介绍[J]. 现代物理知识, 2010, 22(3):14-19.

［22］麦振洪. 同步辐射发展六十年[J]. 科学, 2013, 66(6): 16-21.

［23］（日）渡边诚, 佐藤繁. 同步辐射科学基础[M]. 丁剑, 乔山, 等译. 上海: 上海交通大学出版社, 2010.

［24］刘祖平, 王秋平, 胡胜生, 等. 国家同步辐射实验室二期工程的建设、竣工及意义[J].中国科学技术大学学报, 2007, 37(4-5): 333-344.

［25］周得洋. 合肥光源升级改造工程高程控制网建立与精度评定[D]. 合肥：中国科学技术大学，2013.

［26］国家同步辐射实验室(NSRL)[EB/OL].http://www.nsrl.ustc.edu.cn/Installation/cch/.

［27］姜晓明, 王九庆, 秦庆, 等. 中国高能同步辐射光源及其验证装置工程[J]. 中国科学:物理学力学 天文学, 2014, 44: 1075-1094.

［28］马礼敦. 同步辐射装置：上海光源及其应用[J]. 理化检验：物理分册, 2009, 45(11):717-732.

［29］ANL, BNL, LBNL, SLAC. Essential New X-Ray Capabilities.Science and Technology of Future Light Sources. A white paper, 2008:11-14.

［30］杨宇峰, 陆辉华, 葛锐, 等. 自由电子激光——从星球大战的利器到打开新科学大门的钥匙[J]. 现代物理知识, 2012, 24(6) :1-12.

［31］欧洲同步辐射光源 ESRF（European Synchrotron Radiation Facility）[EB/OL]. http://www.ihep.cas.cn/kxcb/zmsys/201107/t20110711_3307252.html.

［32］英国"钻石"同步辐射光源（DIAMOND）[EB/OL]. http://www.ihep.cas.cn/kxcb/zmsys/201008/t20100810_2919062.html.

［33］布鲁克海文国家实验室(BNL) [EB/OL]. http://www.ihep.cas.cn/kxcb/zmsys/BNL/201012/t20101222_3048066.html.

［34］日本大型同步辐射光源 SPring-8[EB/OL]. http://www.ihep.cas.cn/kxcb/zmsys/201103/t20110331_3104999.html.

［35］北京同步辐射装置成功实现恒流注入模式（Top-up）运行[EB/OL]. http://www.ihep.cas.cn/xwdt/gnxw/2015/201507/t20150719_4395432.html.

［36］Bei M, Borland M, Cai Y, et al. The potential of an ultimate storage ring for future light sources[J]. Nucl Instrum Methods Phys. Res. A, 2010, 622: 518-535.

［37］Liss K D, Bartels A, Schreyer A, et al. High energy X-rays: A tool for advanced bulk investigations in materials science and physics[J]. Textures Microstruc, 2003, 35(3-4): 219-252.

［38］Staron P, Fischer T, Lippmann T, et al. In Situ experiments with synchrotron high-energy X-rays and neutrons[J]. Adv. Eng. Mater, 2011, 13: 658-663.

［39］Mezouar M, Crichton W A, Bauchau S, et al. Development of a new state-of-the-art beamline optimized for monochromatic single-crystal and powder X-ray diffraction under extreme conditions at the ESRF.[J] Synchrotron Rad, 2005, 12: 659–664.

［40］姜伯承, 邓海啸. 自由电子激光[J]. 科学, 2012, 64(1):13-16.

［41］Abbey B, Dilanian R A, Darmanin C, et al. X-ray laser–induced electron dynamics observed by femtosecond diffraction from nanocrystals of Buckminsterfullerene[J]. Science Advances, 2016, 2(9):1601186.

［42］傅恩生. 第四代衍射极限 X 射线光源计划——MARS[J]. 激光与光电子学进展, 2003, 40(2):21-23.

［43］Cai Yunhai, Bane Karl, Hettel Robert, et al. An Ultimate Storage Ring Based on Fourth-order Geometric Achromats[J], Physical Review Special Topics-Accelerators and beams, 2012, 15(5).

20

第 2 章　同步辐射理论基础

本章从麦克斯韦方程组出发,首先介绍运动电荷激发的电磁场,之后分别讨论直线加速器和同步辐射加速器中运动电荷的辐射特点及同步辐射光的性能,最后分别阐述弯转磁铁、扭摆器和波荡器的同步辐射机理和各自的同步辐射光的特性。

2.1　运动电子辐射的电磁波[1-3]

2.1.1　运动点电荷产生的电磁场

运动电荷会使其周围空间电磁场发生变化,由此引起电磁波在空间的传播。描述电磁场最基本的理论是麦克斯韦方程组。麦克斯韦方程可表示为

$$\nabla \cdot \boldsymbol{D} = \rho \tag{2-1}$$

$$\nabla \cdot \boldsymbol{B} = 0 \tag{2-2}$$

$$\nabla \times \boldsymbol{E} = -\frac{\partial \boldsymbol{B}}{\partial t} \tag{2-3}$$

$$\nabla \times \boldsymbol{H} = -\frac{\partial \boldsymbol{D}}{\partial t} + \boldsymbol{J} \tag{2-4}$$

式中:$\boldsymbol{E}(r,t)$ 和 $\boldsymbol{H}(r,t)$ 分别为真空中的电场和磁场强度;$\boldsymbol{D}(r,t)$ 和 $\boldsymbol{B}(r,t)$ 为电位移矢量和磁感应强度矢量,$\boldsymbol{D} = \varepsilon_0 \boldsymbol{E}$,$\boldsymbol{B} = \mu_0 \boldsymbol{H}$;$\boldsymbol{J}$ 和 ρ 分别为电流密度和电荷密度;ε_0、μ_0 分别为真空中的介电常数和真空中的磁导率。

如果引进标势 $\varphi(r,t)$ 和矢势 $\boldsymbol{A}(r,t)$,则可以得到场和势之间的关系,即

$$\boldsymbol{E} = -\frac{\partial \boldsymbol{A}}{\partial t} - \nabla \varphi \tag{2-5}$$

$$\boldsymbol{B} = \nabla \times \boldsymbol{A} \tag{2-6}$$

只要求出标势 $\varphi(r,t)$ 和矢势 $\boldsymbol{A}(r,t)$,就可以由式(2-5)和式(2-6)计算出电磁场 $\boldsymbol{E}$ 和 $\boldsymbol{B}$。在运动物体电动力学中,采用相对于惯性坐标系的转换具有不变性的洛伦兹规范条件为

$$\nabla \cdot \boldsymbol{A} + \frac{1}{c^2}\frac{\partial \varphi}{\partial t} = 0 \tag{2-7}$$

式中:$c = 1/\sqrt{\varepsilon_0 \mu_0}$。则麦克斯韦方程组可化为标准的、对称的达朗伯(d'Alembert)方程,即

$$\nabla^2 \varphi - \frac{1}{c^2}\frac{\partial^2 \varphi}{\partial t^2} = -\frac{\rho}{\varepsilon_0} \tag{2-8}$$

$$\nabla^2 \boldsymbol{A} - \frac{1}{c^2}\frac{\partial^2 \boldsymbol{A}}{\partial t^2} = -\mu_0 \boldsymbol{j} \tag{2-9}$$

即矢势 A 和标势 φ 满足波动方程，并分别以 j 和 ρ 为源。两方程的数学形式相同，只要解其中一个即可。φ 和 A 方程的意义也非常明显：电荷产生标势波动，电流产生矢势波动，离开电荷电流分布区域后，矢势和标势都以波动的形式在空间传播，由它们导出的电磁场 E 和 B 也以波动形式在空间传播。式（2-7）~式（2-9）与麦克斯韦方程组等价，且求解更方便。

达朗伯方程在无界空间的一个特解为

$$\begin{cases} \varphi(r,t) = \dfrac{1}{4\pi\varepsilon_0} \displaystyle\int \dfrac{\rho(r',t')}{r}\mathrm{d}V' \\[4mm] A(r,t) = \dfrac{\mu_0}{4\pi} \displaystyle\int \dfrac{j(r',t')}{r}\mathrm{d}V' \end{cases} \tag{2-10}$$

式（2-10）的物理意义也非常直观（图 2-1），因为电磁场只能以光速 c 传播，所以在 t' 时刻放置在"发光位置" r' 点的电荷、电流源产生的势，经过 $t-t'=R/c$ 时间后才出现在观察点 r，故称为推迟势。即 r 点 t 时刻测量到的电磁场是由电荷电流分布在不同时刻激发的，只与 t' 时刻电荷的位置、速度和加速度有关。

对一个沿任意轨道 l 运动的带电粒子来说，$j=\rho v(t')$、A 只依赖于粒子运动速度而不依赖于加速度。在 t' 时刻，电荷 q 有确定的速度 $v(t')$ 和位置 $r'(t')$，于是式（2-10）可写为

$$\begin{cases} \varphi(r,t) = \dfrac{1}{4\pi\varepsilon_0 R(t')} \displaystyle\int \rho\left(r',t-\dfrac{R(t')}{c}\right)\mathrm{d}V' \\[4mm] A(r,t) = \dfrac{\mu_0 v(t')}{4\pi R(t')} \displaystyle\int \rho\left(r',t-\dfrac{R(t')}{c}\right)\mathrm{d}V' \end{cases}$$

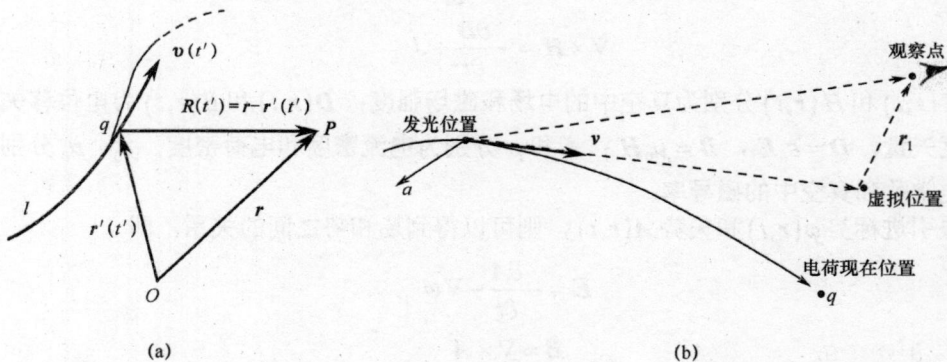

图 2-1　运动电荷的发光位置、虚拟位置和电磁波的观察点的位置关系

用上式进行积分计算时会遇到困难，因为电荷总是占据一定体积，由于电荷运动时存在纵向洛伦兹收缩，而且电荷各部分推迟时刻也不一样，故上式的积分并不等于电荷的总电量。李纳—维谢尔两人用洛伦兹变换巧妙解决了此问题[①]，即

$$\begin{cases} \varphi(r,t) = \dfrac{e}{4\pi\varepsilon_0} \left[\dfrac{1}{R(1-n\cdot\beta)} \right]_{\text{ret}} \\[4mm] A(r,t) = \dfrac{e}{4\pi\varepsilon_0 c} \left[\dfrac{\beta}{R(1-n\cdot\beta)} \right]_{\text{ret}} \end{cases} \tag{2-11}$$

---

① 详见参考文献[1].P320。

这就是著名的运动点电荷的李纳—维谢尔势，将式（2-11）代入式（2-5）和式（2-6），运算涉及复合函数求导。式（2-5）和式（2-6）对空间、时间求导的算符运算公式[①]为

$$\begin{cases} \dfrac{\partial}{\partial t} = \dfrac{\partial t'}{\partial t} \cdot \dfrac{\partial}{\partial t'} = \dfrac{1}{1 - \boldsymbol{n} \cdot \boldsymbol{\beta}} \dfrac{\partial}{\partial t'} \\[3mm] \nabla = \nabla_{t'=\text{const}} + \nabla t' \dfrac{\partial}{\partial t'} = \nabla_{t'=\text{const}} - \dfrac{\boldsymbol{n}}{c(1 - \boldsymbol{n} \cdot \boldsymbol{\beta})} \dfrac{\partial}{\partial t'} \end{cases} \tag{2-12}$$

把式（2-11）代入式（2-5）和式（2-6）中，并应用算符关系式（2-12），得到任意运动点电荷激发的电磁场 $\boldsymbol{E}$ 和 $\boldsymbol{B}$ 为

$$\begin{cases} \boldsymbol{E} = \dfrac{e}{4\pi\varepsilon_0} \left\{ \dfrac{(\boldsymbol{n} - \boldsymbol{\beta})(1 - \beta^2)}{R^2 (1 - \boldsymbol{n} \cdot \boldsymbol{\beta})^3} + \dfrac{\boldsymbol{n} \times \left[(\boldsymbol{n} - \boldsymbol{\beta}) \times \dot{\boldsymbol{\beta}} \right]}{cR(1 - \boldsymbol{n} \cdot \boldsymbol{\beta})^3} \right\}_{\text{ret}} \\[4mm] \boldsymbol{B} = \dfrac{1}{c} \left[\boldsymbol{n} \times \boldsymbol{E} \right]_{\text{ret}} \end{cases} \tag{2-13}$$

式中 e 为电子点电荷；c 为光速；$\boldsymbol{\beta} = \boldsymbol{v}(t')/c$，其中，$\boldsymbol{v}$ 为电子的运动速度；$\dot{\boldsymbol{\beta}} = \dot{\boldsymbol{v}}(t')/c$，其中，$\dot{\boldsymbol{v}}$ 为电子运动的加速度；$\boldsymbol{R} = \boldsymbol{r} - \boldsymbol{r}_e(t')$，其中，$\boldsymbol{R}$ 为从发光位置（t' 时刻电荷所在位置）指向观察点的矢径；$\boldsymbol{n} = \boldsymbol{R}/R$，为 $\boldsymbol{R}$ 方向的单位矢量；"ret" 指取 $t' = t - R(t')/c$ 时刻的值。

式（2-13）虽然复杂，但物理意义非常明确。运动电荷激发的电磁场可以分为两项。第一项只与速度有关，相当于匀速飞行的电荷的场，在"观察时刻"它该到的位置应是"虚拟位置"，图 2-1（b），其电场 $\boldsymbol{E}$ 在从虚拟位置指向观察点的矢径 $\boldsymbol{r}_1$ 的方向上，且随 $1/R^2$ 变化，是库仑场或似稳场，不辐射能量，它形成的电磁能量流包裹着电荷并随之向前飞行。从远处看其电磁场迅速衰减，称为"近场"。第二项与加速度有关，即速度大小或方向改变时才存在，其电场 $\boldsymbol{E}$ 的大小与加速度 $\dot{\boldsymbol{v}}$ 成正比，方向垂直于从发光位置指向观察点的矢径 $\boldsymbol{R}$，与 $\dot{\boldsymbol{v}}$ 和矢径 $\boldsymbol{r}_1$ 共面，是典型的辐射场，且随 $1/R$ 变化。辐射场的能量流与矢径 $\boldsymbol{R}$ 同方向，由发光位置指向任何观察点，源源不断地向远方输送，故这部分电磁场称为"远场"。在一定距离外，只能"看到"远场。由此可知，在真空中匀速运动的电荷不产生辐射而加速运动的电荷一定产生辐射。两项各有相关的磁场 $\boldsymbol{B}$，各自垂直于其自身的电场 $\boldsymbol{E}$。

2.1.2　加速运动电子的辐射

1. 辐射功率角分布

电子加速运动而产生的电磁辐射称为韧致辐射（Bremsstrahlen）。韧致辐射的电磁场沿 $\boldsymbol{R}(t')$ 方向的能流密度，即坡印亭（Poyinting）矢量 $\boldsymbol{S}$ 为

$$[\boldsymbol{S} \cdot \boldsymbol{n}]_{\text{ret}} = \frac{1}{\mu_0} \left[(\boldsymbol{E} \times \boldsymbol{B}) \cdot \boldsymbol{n} \right]_{\text{ret}} = \frac{e^2}{16\pi^2\varepsilon_0 c} \left\{ \frac{\left| \boldsymbol{n} \times \left[(\boldsymbol{n} - \boldsymbol{\beta}) \times \dot{\boldsymbol{\beta}} \right] \right|^2}{(1 - \boldsymbol{n} \cdot \boldsymbol{\beta})^6 R^2} \right\}_{\text{ret}} \tag{2-14}$$

此能流于 t' 时刻在 $\boldsymbol{r}'(t')$ 发射出来，并于 t 时刻到达观察点 $\boldsymbol{r}$。由于电子的运动，t 时刻在场点 P 接收的功率并不等于 t' 时刻发射的功率。设从 $t_1' = T_1$ 到 $t_2' = T_2$ 期间加速运动电子所辐射的能量相应时刻 $t_1 \sim t_2$ 到达接收器，则

[①] 证明过程见参考文献[2].P228。

$$\int_{T_1+R(T_1)/c}^{T_2+R(T_2)/c}[S \cdot n]_{\text{ret}}\,\mathrm{d}t = \int_{T_1}^{T_2}(S \cdot n)\frac{\partial t}{\partial t'}\,\mathrm{d}t'$$

式中：$(S \cdot n)\dfrac{\partial t}{\partial t'}$ 意味着用电子自身的时间来表示每单位面积沿方向 n 的辐射能流。所以，运动电荷在 t' 时刻辐射到立体角 $\mathrm{d}\Omega$ 内的功率为

$$\mathrm{d}P(t') = (S \cdot n)\frac{\partial t}{\partial t'}R^2\mathrm{d}\Omega$$

所以，加速运动电子向每单位立体角辐射的功率为

$$\frac{\mathrm{d}P}{\mathrm{d}\Omega} = R^2\left(S \cdot n\frac{\mathrm{d}t}{\mathrm{d}t'}\right) = R^2(S \cdot n)(1 - n \cdot \beta) = \frac{e^2\left|n\times\left[(n-\beta)\times\dot{\beta}\right]\right|^2}{16\pi^2\varepsilon_0 c(1 - n \cdot \beta)^5} \tag{2-15}$$

式（2-15）是运动电子在 t' 时刻的辐射功率的空间角分布，并非在场点观察者所测量的分布，式中各量都是 t' 时刻的，故取消"ret"。$(S \cdot n)$ 为 t 时刻在观察点测到的电子在 t' 时刻发射的单位面积的辐射功率。

2．辐射总功率

1）非相对论近似的拉莫尔（Larmor）公式

低速运动的粒子 $v \ll c$ 有加速度 $\dot{v}$ 时，由于 $\beta \ll 1, n-\beta \approx n, 1 - n \cdot \beta \approx 1, R \approx r$，其辐射的电磁场由式（2-13）和式（2-15）改写为

$$\begin{cases} E = \dfrac{e}{4\pi\varepsilon_0 c^2 r}\left[n\times(n\times\dot{v})\right]_{\text{ret}} = \dfrac{1}{4\pi\varepsilon_0 c^2 r}\left[n\times(n\times\ddot{p})\right]_{\text{ret}} \\ B = \dfrac{1}{c}\left[n\times E\right]_{\text{ret}} \end{cases} \tag{2-16}$$

$$\frac{\mathrm{d}P}{\mathrm{d}\Omega} = \frac{e^2\dot{v}^2}{16\pi^2\varepsilon_0 c^3}\sin^2\theta \tag{2-17}$$

式（2-17）称为拉莫尔公式，其中 θ 是加速度方向 $\dot{v}$ 与 n 之间的夹角[①]。把式（2-17）对 $\mathrm{d}\Omega$ 积分，得到低速运动电荷的辐射总功率的拉莫尔公式为

$$P = \int\frac{\mathrm{d}P}{\mathrm{d}\Omega}\mathrm{d}\Omega = \frac{e^2\dot{v}^2}{6\pi\varepsilon_0 c^3} \tag{2-18}$$

2）相对论性的李纳公式

相对论性带电粒子的辐射总功率公式，需要满足条件：①因功率是洛伦兹（Lorentz）不变量，故公式必须满足洛伦兹不变；②$\beta \ll 1$ 时，可简化为拉莫尔公式；③公式中必须仅含有 β 和 $\dot{\beta}$ 项。满足以上条件的相对论带电粒子的辐射总功率公式为[②]

$$P = \frac{2}{3}\frac{e^2}{m^2 c^3}\left(\frac{\mathrm{d}p_\mu}{\mathrm{d}\tau}\right)^2 \tag{2-19}$$

式中：$\mathrm{d}\tau = \mathrm{d}t/\gamma = \sqrt{1 - \beta^2}$，$\tau$ 为固有时间或原时；p_μ 为带电粒子的动量—能量四矢量，

[①] 有人把低速运动带电粒子加速时激发的辐射也称为电偶极辐射。因为电子瞬时电偶极矩可用 $p = er'$ 表示，于是 $\ddot{p} = e\dot{v}$，该式与电偶极子辐射公式非常相似，辐射功率角分布也具有 $\sin^2\theta$ 特征。但这两种辐射还是有本质区别的：以 ω 振荡的电偶极振子辐射是单色波，而非相对论性电子加速运动所辐射的是连续谱。

[②] 此为高斯单位制（CGS）。由国际单位制（SI）转换为高斯单位制，需要在 e^2 处乘以 $4\pi\varepsilon_0$。

$p_\mu = \left(\boldsymbol{p}, iE/c\right)$，其中 $\boldsymbol{p} = \gamma m \boldsymbol{v}$ 为粒子的动量，$E = \gamma mc^2$ 为粒子的总能量；mc^2 为粒子静止能量；$p_\mu p_\mu = p_\nu p_\nu$ 具有相对论不变性。故式（2-19）可写为

$$P = \frac{2}{3}\frac{e^2}{m^2 c^3}\left[\left(\frac{\mathrm{d}\boldsymbol{p}}{\mathrm{d}\tau}\right)^2 - \frac{1}{c^2}\left(\frac{\mathrm{d}E}{\mathrm{d}\tau}\right)^2\right] = \frac{2}{3}\frac{e^2}{m^2 c^3}\left(\frac{E}{mc^2}\right)^2\left[\left(\frac{\mathrm{d}\boldsymbol{p}}{\mathrm{d}t}\right)^2 - \frac{1}{c^2}\left(\frac{\mathrm{d}E}{\mathrm{d}t}\right)^2\right] \qquad (2\text{-}20)$$

将能量、动量表达式代入式（2-20），运算得到对任意速度电荷都有效的李纳辐射公式，即

$$\begin{cases} P = \dfrac{e^2}{6\pi\varepsilon_0 c}\gamma^6\left[\dot{\boldsymbol{\beta}}^2 - \left(\boldsymbol{\beta}\times\dot{\boldsymbol{\beta}}\right)^2\right] \text{(SI)} \\[3mm] P = \dfrac{2}{3}\dfrac{e^2}{c}\gamma^6\left[\dot{\boldsymbol{\beta}}^2 - \left(\boldsymbol{\beta}\times\dot{\boldsymbol{\beta}}\right)^2\right] \text{(CGS)} \end{cases} \qquad (2\text{-}21)$$

2.2 直线加速器中的辐射[1-3]

从式（2-15）可以看出，$\boldsymbol{\beta}$ 和 $\dot{\boldsymbol{\beta}}$ 之间的空间相对位置关系决定了角分布的形式。当由带电粒子的静止参考系变换到观察者的参考系时，相对论效应明显由分母中因子 $(1 - \boldsymbol{n}\cdot\boldsymbol{\beta})$ 控制，其决定了角分布的变换。

2.2.1 电荷辐射角分布特点

直线加速器中，被加速的带电粒子的加速度与速度平行，即 $\dot{\boldsymbol{\beta}}\,/\!/\,\boldsymbol{\beta}, \dot{\boldsymbol{\beta}}\times\boldsymbol{\beta} = 0$，式（2-15）可写为

$$\begin{cases} \dfrac{\mathrm{d}P}{\mathrm{d}\Omega} = \dfrac{e^2(\dot{v})^2\sin^2\theta}{16\pi^2\varepsilon_0 c^3\left(1 - \beta\cos\theta\right)^5} \xrightarrow{\beta\ll 1} P_0\sin^2\theta \\[3mm] P_0 = \dfrac{e^2(\dot{v})^2}{16\pi^2\varepsilon_0 c^3} \end{cases} \qquad (2\text{-}22)$$

式中：θ 为辐射方向 $\boldsymbol{n}$ 与 $\boldsymbol{\beta}$ 之间的夹角。式（2-22）的非相对论近似结果与拉莫尔公式相同，即在垂直于速度方向的辐射最强。当 β 增大时，分母中的 $(1 - \beta\cos\theta)^5$ 因子随 θ 降低迅速减小，辐射最强方向逐渐向粒子运动方向靠近，前冲的辐射分布越来越强，相对论效应使电子辐射的角分布将收缩于电子速度方向非常小的角度范围内，如图 2-2 所示。

对式（2-22）进行变换，当 $v \approx c$、$\beta \to 1$、$\theta \to 0$ 时，有

$$\cos\theta = 1 - \frac{\theta^2}{2!} + \frac{\theta^4}{4!} - \cdots$$

$$1 - \beta^2 = (1+\beta)(1-\beta) \xrightarrow{\beta \to 1} 2(1-\beta)$$

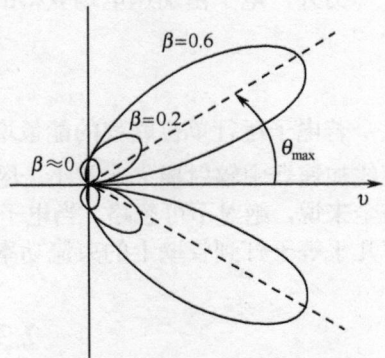

图 2-2　直线加速运动电子电磁辐射角分布示意图

则

$$1 - \beta\cos\theta \approx 1 - \beta\left(1 - \frac{\theta^2}{2}\right) \approx \frac{1-\beta^2}{2} + \frac{\theta^2}{2} \approx \frac{1}{2}\left(\frac{1}{\gamma^2} + \theta^2\right) = \frac{1}{2\gamma^2}\left(1 + \gamma^2\theta^2\right) \qquad (2\text{-}23)$$

代入式（2-22），得

$$\frac{\mathrm{d}P}{\mathrm{d}\Omega} = \frac{2e^2(\dot{v})^2}{\pi^2\varepsilon_0 c^3}\gamma^8 \frac{(\gamma\theta)^2}{(1+\gamma^2\theta^2)^5}\tag{2-24}$$

式中：$\gamma\theta$ 为无量纲数，因此 γ^{-1} 是自然角单位。

对式（2-24）求极值，令 $\dfrac{\mathrm{d}}{\mathrm{d}\theta}\left(\dfrac{\mathrm{d}P}{\mathrm{d}\Omega}\right)=0$，可得峰值出现在 $\gamma\theta=1/2$ 处，即辐射最强方向的方向角为

$$\theta_{\max} = 1/2\gamma\tag{2-25}$$

可见，最强辐射功率及对应的最大方向角决定于电荷的速度 β。

2.2.2　一维运动电荷辐射总功率

由式（2-21）可得一维运动的辐射总功率[1] 为

$$P = \frac{e^2}{6\pi\varepsilon_0 c}\gamma^6\dot{\beta}^2 = \frac{e^2\dot{v}^2}{6\pi\varepsilon_0 c^3\left(1-\beta^2\right)^3}\tag{2-26}$$

根据力的定义式，电子所受外力 $\boldsymbol{F}$ 为

$$\boldsymbol{F} = e\boldsymbol{E}_{\mathrm{acc}} = \frac{\mathrm{d}\boldsymbol{P}}{\mathrm{d}t} = \frac{\mathrm{d}}{\mathrm{d}t}(\gamma mv) = \frac{\mathrm{d}}{\mathrm{d}t}\left(\frac{mv}{\sqrt{1-\dfrac{v^2}{c^2}}}\right) = \gamma^3 m\dot{v}$$

则式（2-26）改写为

$$P = \frac{e^2 F^2}{6\pi\varepsilon_0 m^2 c^3} = \frac{e^4 E_{\mathrm{acc}}^2}{6\pi\varepsilon_0 m^2 c^3}\tag{2-27}$$

式（2-27）表明，在直线加速器中，电子辐射功率只取决于加速电场 $\boldsymbol{E}_{\mathrm{acc}}$，而与电子能量（$\gamma mc^2$）、动量（$\boldsymbol{P}=\gamma mv$）、速度 v 无关。在 $\boldsymbol{E}_{\mathrm{acc}}$ 为定值时，辐射功率为常量。

另外，电子由加速电场获得的功率为 $P_{\mathrm{加}} = eE_{\mathrm{acc}}v \approx eE_{\mathrm{acc}}c$，二者之比

$$\frac{P}{P_{\mathrm{加}}} = \frac{e^3 E_{\mathrm{acc}}}{6\pi\varepsilon_0 m^2 c^4}\tag{2-28}$$

若电子运行单位路程的能量增益 $\mathrm{d}\varepsilon/\mathrm{d}x = E_{\mathrm{acc}} = 10\mathrm{MV/m}$，则 $P/P_{\mathrm{加}} = 3.7\times10^{-14}$。即在高能直线加速器中辐射损失非常小。尽管辐射损失相对值可以忽略不计，但其绝对辐射剂量对人体安全来说，绝对不可忽略。当电子打到束流管壁上时，会产生很强的 X 射线轫致辐射，辐射功率几乎等于打到管壁上的束流功率，这是直线加速器不能完全避免的。

2.3　同步辐射的性能[1-3,7]

2.3.1　同步辐射的发射度

1．电子的本征发散角

在同步辐射加速器中，电子做匀速圆周运动，加速度与速度方向垂直，$\dot{\beta}\perp\beta$，如图 2-3（a）所示。选取图 2-3（b）所示的坐标系及速度、加速度方向,利用公式 $\boldsymbol{A}\times(\boldsymbol{B}\times\boldsymbol{C}) = (\boldsymbol{A}\cdot\boldsymbol{C})\boldsymbol{B} - (\boldsymbol{A}\cdot\boldsymbol{B})\boldsymbol{C}$，

---

① 注意：不能认为当 $\beta\to1$ 时，式(2-26)辐射总功率 $P\to\infty$。由于相对论效应，当 $v\to c$ 时，加速度 $\dot{v}\to0$，辐射功率很小。

将式（2-15）的分子可改写为

$$\left| \boldsymbol{n} \times \left[(\boldsymbol{n} - \boldsymbol{\beta}) \times \dot{\boldsymbol{\beta}} \right] \right|^2 = \left[(\boldsymbol{n} - \boldsymbol{\beta})(\boldsymbol{n} \cdot \dot{\boldsymbol{\beta}}) - \boldsymbol{n} \cdot (\boldsymbol{n} - \boldsymbol{\beta}) \dot{\boldsymbol{\beta}} \right]^2$$

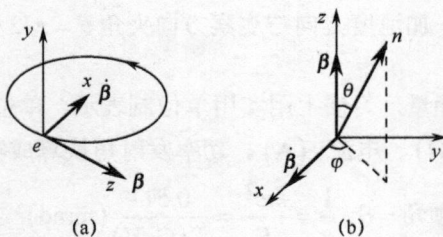

图 2-3　电子轨道与观察方向的坐标关系

参照图 2-3（b），有 $\boldsymbol{n} \cdot \dot{\boldsymbol{\beta}} = \dot{\beta} \sin\theta\cos\varphi, \boldsymbol{n} \cdot \boldsymbol{\beta} = \beta\cos\theta, \boldsymbol{\beta} \cdot \dot{\boldsymbol{\beta}} = 0$，代入式（2-15）（忽略系数）得

$$\frac{\left| \boldsymbol{n} \times \left[(\boldsymbol{n} - \boldsymbol{\beta}) \times \dot{\boldsymbol{\beta}} \right] \right|^2}{(1 - \boldsymbol{n} \cdot \boldsymbol{\beta})^5} = \frac{\left[(\boldsymbol{n} - \boldsymbol{\beta}) \dot{\beta}\sin\theta\cos\varphi - (1 - \beta\cos\theta)\dot{\boldsymbol{\beta}} \right]^2}{(1 - \beta\cos\theta)^5}$$

$$= \frac{(1 - \beta\cos\theta)^2 \dot{\beta}^2 - 2(1 - \beta\cos\theta)\dot{\boldsymbol{\beta}} \cdot (\boldsymbol{n} - \boldsymbol{\beta})\dot{\beta}\sin\theta\cos\varphi + (\boldsymbol{n} - \boldsymbol{\beta})^2 \left(\dot{\beta}\sin\theta\cos\varphi \right)^2}{(1 - \beta\cos\theta)^5}$$

$$= \frac{(1 - \beta\cos\theta)^2 \dot{\beta}^2 - (1 - \beta^2)\dot{\beta}^2 \sin^2\theta\cos^2\varphi}{(1 - \beta\cos\theta)^5}$$

$$= \frac{\dot{v}^2}{c^2} \frac{1}{(1 - \beta\cos\theta)^3} \left[1 - \frac{\sin^2\theta\cos^2\varphi}{\gamma^2 (1 - \beta\cos\theta)^2} \right]$$

所以，式（2-15）以标量形式写为

$$\frac{\mathrm{d}P}{\mathrm{d}\Omega} = \frac{e^2 \dot{v}^2}{16\pi^2 \varepsilon_0 c^3 (1 - \beta\cos\theta)^3} \left[1 - \frac{\sin^2\theta\cos^2\phi}{\gamma^2 (1 - \beta\cos\theta)^2} \right] \tag{2-29}$$

利用式（2-23），式（2-29）可进一步改写成

$$\frac{\mathrm{d}P}{\mathrm{d}\Omega} = \frac{e^2 \dot{v}^2}{2\pi^2 \varepsilon_0 c^3} \frac{\gamma^6}{\left(1 + \gamma^2\theta^2 \right)^3} \left[1 - \frac{4\gamma^2\theta^2\cos^2\varphi}{\left(1 + \gamma^2\theta^2 \right)^2} \right] \tag{2-30}$$

储存环中，电子运动速度接近光速，在相对论极限下，在电子轨道平面上，$\theta = 0, \pi$，将出现辐射极大值。$\theta = 0°$ 正是电子运动的速度方向，有

$$\frac{\mathrm{d}P}{\mathrm{d}\Omega}\bigg|_{\max} \rightarrow \frac{e^2 \dot{v}^2}{2\pi^2 \varepsilon_0 c^3} \gamma^6 \tag{2-31}$$

在电子轨道平面（$\theta = 0°$）看，辐射为 0 的条件显然是 $\gamma^2\theta^2 = 1$。由此定义同步辐射发射角[①]（Intrinsic Angular Divergence），即在理想轨道平面中的平衡轨

[①] 严格地讲，θ 是观察方向与 z 轴之间的夹角，不是与水平面之间的夹角 $\hat{\theta}$，而 θ 平方的平均值 $\langle\theta^2\rangle \approx 1/\gamma^2$。因为沿圆周的所有切线方向均发出这种"锥形"辐射，故认为 $\langle\theta^2\rangle^{1/2} \approx \hat{\theta} = 1/\gamma$。后面不再严格区分 θ 与 $\hat{\theta}$。

道上运动着的一个电子所发同步辐射的角发散极限。可知，储存环中发出的同步辐射，其辐射强度显著地向电子速度方向集中，分布在一个极小的圆锥内，此圆锥的轴为圆形轨道的切线，如图 2-4（b）所示，$\theta = 1/\gamma$ 是圆锥的半顶角。由式（2-17）可以看出，一个 $v \ll c$ 的电子所发辐射在空间的分布并不均匀，加速度方向与观察方向夹角 $\theta = \pi/2$ 处辐射最强，如图 2-4（a）所示。

与电子储存环相关的物理量，习惯上用实用单位制表示，单位为电子能量 $E(\text{GeV})$、轨道半径 $\rho(\text{m})$、磁感应强度 $B(\text{kG})$、电流 $I(\text{A})$。功率发射角换算成实用单位计算，即

$$\text{半顶角} = \theta = \frac{1}{\gamma} = \frac{mc^2}{E} = \frac{0.511}{E(\text{GeV})}(\text{mrad}) \tag{2-32}$$

例如，北京正负电子对撞机 BEPC，其电子能量最高为 2.8GeV，$\gamma = 5479$，$\theta = 0.18\text{mrad}$，$\frac{\mathrm{d}P}{\mathrm{d}\Omega} = 2.2 \times 10^{23} P_0$（$P_0$ 为电偶极辐射的最大强度，见式（2-22））。可见，对于相对论性电子，因为 $\gamma \gg 1$，辐射强度极高，辐射的发射角极小，所以同步辐射光源是强度极高、准直性极好的光源。

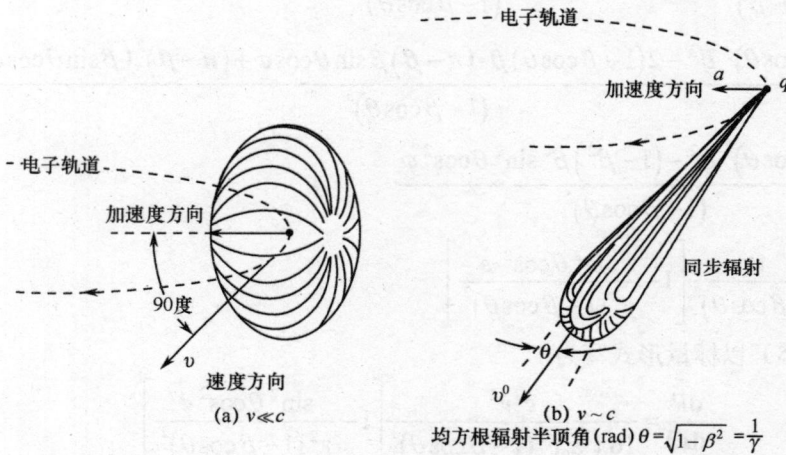

图 2-4　做圆周运动的电子的辐射角分布

2．同步光的发射度

影响同步光发射度的因素：一是发射度与所发辐射的波长有关；二是电子运动偏离理想轨道平面，包括有电子位置的偏离和电子运动方向的偏离。具体的定量关系如下。

1）光子的发射度（Emittance）ε_{ph}

光子的发射度为

$$\varepsilon_{\text{ph}} = \sigma_R \sigma_{R'} = \frac{\lambda}{4\pi} \tag{2-33}$$

式中：σ_R、σ_R' 分别为单个电子发射的光子的位置分布和角发散的标准偏差。

对一定波长的辐射，显然有发光位置 σ_R 缩小，反而会增大光束的角发散度 σ_R'。因此，ε_{ph} 称为同步辐射光源的衍射限光子束发射度。当辐射波长确定后，σ_R、σ_R' 由粒子运动方向上的光源长度 L 决定，即 $\sigma_{R'} = \sqrt{\lambda/L}$，$\sigma_R = \sqrt{\lambda L}/4\pi$。

2）电子束团的水平和垂直发射度 ε_x 和 ε_y

储存环中电子以束团形式运动，并非全在理想的轨道平面上。设电子与运动方向垂直的平面上的分布为高斯分布，在 x 和 y 两轴的标准偏差为 σ_x 和 σ_y，由半高宽为标准偏差的 2.35 倍，定义电子束截面为 $2.35^2\sigma_x\sigma_y$（图 2-5）。电子运动方向与水平方向的角偏离用标准偏差 $\sigma_{x'}$ 和 $\sigma_{y'}$ 表示。σ_x、σ_y、$\sigma_{x'}$ 和 $\sigma_{y'}$ 描述了电子束团空间相位，由这 4 个参量定义电子束的水平和垂直发射度 ε_x 和 ε_y，即

$$\varepsilon_x = \sigma_x\sigma_{x'}, \quad \varepsilon_y = \sigma_y\sigma_{y'} \tag{2-34}$$

ε_x 和 ε_y 与电子的运动无关。同样 σ_x 和 $\sigma_{x'}$ 成反比；σ_y 和 $\sigma_{y'}$ 成反比。此外，ε_x 和 ε_y 还可以写成 $\varepsilon_x = \varepsilon/(1+\eta)$、$\varepsilon_y = \eta\varepsilon/(1+\eta)$，其中 ε 为电子储存环的自然发射度，η 为电子束发射度的耦合度，二者是储存环的物理参数。

3）电子束流发出的同步辐射的发射度

电子束流发出的同步辐射的发射度定义为上述电子束团的 4 个对应参量与单个电子衍射限光子发射度的卷积，用均方根值（rms）表示。令 Σ_x、Σ_y、$\Sigma_{x'}$、$\Sigma_{y'}$ 分别为两个平面内光子尺度和角发散的标准偏差，则有

$$
\begin{cases}
\Sigma_x = \left(\sigma_x^2 + \sigma_R^2\right)^{\frac{1}{2}} \\[6pt]
\Sigma_y = \left(\sigma_y^2 + \sigma_R^2\right)^{\frac{1}{2}} \\[6pt]
\Sigma_{x'} = \left(\sigma_{x'}^2 + \sigma_{R'}^2\right)^{\frac{1}{2}} \\[6pt]
\Sigma_{y'} = \left(\sigma_{y'}^2 + \sigma_{R'}^2\right)^{\frac{1}{2}}
\end{cases}
\tag{2-35}
$$

发射度是描述同步辐射性质的一个重要指标，因为它既给出了辐射源的尺度又反映了辐射的发散情况，与辐射的亮度密切相关。同步辐射的发射度是很小的，由初期的数百 nm·rad 降低到现今的 10nm·rad 以下，是一种近似平行光，非常有利于科学技术上的运用。

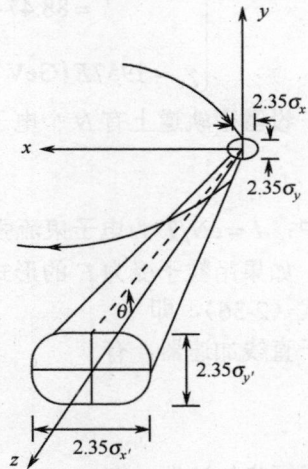

图 2-5 辐射源尺寸和角发散示意图

2.3.2 同步辐射功率

电子在储存环的磁场中做匀速率圆周运动，所受向心力为洛伦兹力。设电子轨道半径为 ρ，磁感应强度大小为 B，电子电量为 e，则洛伦兹力可表示为 $evB = \gamma mv^2/\rho$。因为 $v \approx c$，所以电子在磁场中的运动方程为

$$E_e = ecB\rho$$

又因为速度与加速度方向垂直，所以 $\left|\dot{\boldsymbol{\beta}} \times \boldsymbol{\beta}\right| = \dot{\beta}\beta$，由式（2-21）得

$$P = \frac{e^2\dot{v}^2}{6\pi\varepsilon_0 c^3}\gamma^4 = \frac{e^2 c\beta^4}{6\pi\varepsilon_0\rho^2}\left(\frac{E}{mc^2}\right)^4 \tag{2-36}$$

即当运行轨道 ρ 不变时，被加速的相对论性粒子辐射的能量损失和能量 4 次方成正比，可见同步光的辐射强度极高。式（2-36）说明要减小辐射损失，必须增大半径 ρ。粒子运行一周的时

间 $T = 2\pi\rho/v$，每转一周能量损失为

$$\Delta\varepsilon = \frac{2\pi\rho}{v}P = \frac{e^2\beta^3}{3\varepsilon_0\rho}\gamma^4 \tag{2-37}$$

例如，美国康奈尔（Cornell）大学电子同步加速器 $E = 10\text{GeV}$、$\rho = 100\text{m}$、$\Delta\varepsilon = 8.85\text{MeV}$，而每周射频加速能量为 10.5MeV，足见加速效率很低，高能时辐射损失很大，电子同步加速器有能量上限[①]。下面比较一下电子加速器和质子加速器的能量损失。

质子（p）：$E_{0p} = m_{0p}c^2 = 938.2\text{MeV}, E_p = 1\text{GeV} \rightarrow \gamma_p = 1.006$

电子（e）：$E_{0e} = m_{0e}c^2 = 0.511\text{MeV}, E_e = 1\text{GeV} \rightarrow \gamma_e = 1957$

可见，辐射损失对质子同步加速器可以忍受，而电子同步加速器则不然。

用实用单位表示式（2-36）、式（2-38）和 γ_e，有

$$\begin{cases} B(\text{kG})\rho(\text{m}) = 33.36E_e(\text{GeV}) \\ \Delta\varepsilon(\text{keV}) = \frac{e^2}{3\varepsilon_0\rho}\left(\frac{E}{m_0c^2}\right)^4 = \frac{1.6\times10^{-19}e}{3\times8.85\times10^{-12}}\frac{E^4(\text{GeV})}{(0.511\times10^{-3}\text{GeV})^4}\frac{1}{\rho(\text{m})} \\ \qquad = 88.47\frac{E^4(\text{GeV})}{\rho(\text{m})} = 2.562E^3(\text{GeV})B(\text{kG}) \\ \gamma_e = 1957E(\text{GeV}) \end{cases} \tag{2-38}$$

设圆形轨道上有 N 个电子，且其辐射无相干性，则 N 个电子的辐射功率[②]为

$$P = \frac{N\Delta\varepsilon}{T} = \frac{eN\Delta\varepsilon}{eT} = \frac{I\Delta\varepsilon}{e}$$

式中：$I = eN/T$ 为电子束流强度。

如果用粒子受力 F 的形式表示直线加速器和同步加速器中粒子的辐射功率，重写式（2-27）和式（2-36），即

对于直线加速器，有

$$P = \frac{e^2F^2}{6\pi\varepsilon_0m^2c^3}$$

对于同步加速器，有

$$P = \frac{e^2\dot{v}^2}{6\pi\varepsilon_0c^3}\gamma^4 = \frac{e^2\dot{v}^2m^2\gamma^2}{6\pi\varepsilon_0c^3m^2}\gamma^2 = \gamma^2\frac{e^2F^2}{6\pi\varepsilon_0c^3m^2} \tag{2-39}$$

可见，在外力相同的情况下，圆周运动比直线运动的辐射强 γ^2 倍。

2.3.3 辐射功率的角分布和频率分布

1. 同步辐射频谱连续性的定性分析

储存环中高能电子所产生的辐射，其强度主要集中在速度方向上很小的锥角内，当电子做角频率为 ω_0 的周期性运动时，这个强辐射的狭窄锥形也将随电子的运动而不断改变方向，如

---

① 对于高能同步光源，要求它的高频电源必须有足够大的功率，使每圈的能量增益大于辐射损失，这在技术保证方面非常困难。

② $P(\text{MeV}) = \dfrac{I(\text{A})\Delta\varepsilon(\text{MeV})}{1.6\times10^{-19}}$

$P(\text{W}) = P(\text{MeV})\times10^6\times1.6\times10^{-19} = 10^6I(\text{A})\Delta\varepsilon(\text{MeV})$

对于大型电子同步加速器，1μA 的电子束产生的辐射功率大于 1W。

同一个旋转着的探照灯。如将接收器置于轨道平面远处某一固定位置，接收到的是周期为 $2\pi/\omega_0$、脉冲宽度 Δt 的一系列脉冲，如图 2-6 所示。接收器在 Δt 时间内测得的辐射是电子在 $\Delta t' = \theta/\omega_0 \approx 1/\omega_0\gamma$ 时间内发出的，二者关系为[①]

$$\Delta t = \left\langle \frac{\mathrm{d}t}{\mathrm{d}t'} \right\rangle \Delta t' = \frac{1}{\omega_0\gamma^3} \tag{2-40}$$

则电子辐射临界频率为

$$\omega_{\mathrm{c}}' \approx \frac{1}{\Delta t} = \omega_0\gamma^3 \xrightarrow[\beta\rightarrow 1]{} \infty \tag{2-41}$$

由有限波列傅里叶频谱分析可知，辐射谱含有很多频率成分，即 ω_0，$2\omega_0$，$3\omega_0$，$\cdots$，$\gamma^3\omega_0$，其中，ω_0 是基频。这表明相对论性电子发出的同步辐射是频谱很宽、频率上限 ω_{c}' 很高的分立谱，如图 2-7 所示（图中 $E(\omega)$ 是电场振幅，$|E(\omega)|^2$ 与该频率辐射的辐射功率成正比）。认为同步辐射发出连续谱有两个原因：一是虽然一个电子发出的频谱不连续，但由于 $\omega_{\mathrm{c}}' \gg \omega_0$，取 $\gamma = 1000$，就有 10^9 个谐波；二是由于电子束团中有许多电子，这些电子的速度（能量）略有差异，因而辐射的频谱也略有差异。无数电子所发频谱加在一起，就构成连续平滑的频谱，覆盖能量范围很宽，从红外一直到硬 X 射线。

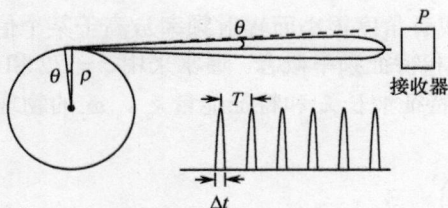

图 2-6　同步辐射的发射和观测到的电磁脉冲　　　　　图 2-7　一个电子发射的频谱

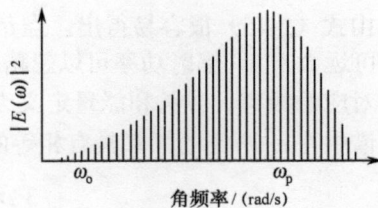

2．特征频率（特征波长、特征能量）和临界角

辐射频谱是辐射能量从时域到频域的傅里叶变换的结果。电子辐射频谱的定量计算可以按 ω_0 作傅里叶展开。由于辐射频谱是指 t 时刻在 r 处观测到的辐射功率的频率分布，可直接用推迟势的傅里叶展开来计算。

从式（2-14）的第一个等号可以得到带电粒子瞬时辐射功率的角分布（高斯制），即

$$\frac{\mathrm{d}P}{\mathrm{d}\Omega} = [\boldsymbol{S}\cdot\boldsymbol{n}]_{\mathrm{ret}}\frac{\mathrm{d}\sigma}{\mathrm{d}\Omega} = \frac{c}{4\pi}\left(|\boldsymbol{E}(\boldsymbol{r},t)|^2 R^2\right)_{\mathrm{ret}} \tag{2-42}$$

式中：E 为式（2-16）表示的辐射场。

在同步辐射情况下，有物理意义的量不是瞬时功率，而是平均功率，即

$$\frac{\mathrm{d}\overline{P}}{\mathrm{d}\Omega} = \frac{1}{T}\int_{-T/2}^{T/2}\frac{\mathrm{d}\overline{P}(t)}{\mathrm{d}\Omega}\mathrm{d}t$$

略去频谱变换过程[②]，得到单电子在单波长 $\omega = n\omega_0$、单位立体角内的辐射功率为

$$\frac{\mathrm{d}\overline{P}_n}{\mathrm{d}\Omega} = \frac{e^2(n\omega_0)^2}{6\pi^3 c\gamma^4}(1+\gamma^2\theta^2)^2\left[\beta^2 K_{2/3}^2(\xi) + \frac{\gamma^2\theta^2}{1+\gamma^2\theta^2}K_{1/3}^2(\xi)\right] \tag{2-43}$$

---

① 电子运动周期 $T = 2\pi/\omega_0 \approx 2\pi\rho/c$，用 $\langle\ \rangle$ 表示平均值，$\dfrac{\mathrm{d}t}{\mathrm{d}t'} = 1 - \boldsymbol{n}\cdot\boldsymbol{\beta} = 1 - \beta\cos\theta \approx \dfrac{1}{2}\left(\dfrac{1}{\gamma^2} + \theta^2\right) \approx \dfrac{1}{\gamma^2}$。

② 推导方式有所不同，见文献[4]附录 C 及 http://blog.sina.com.cn/s/blog_6a51b97701014ab2.html。

其中：方括号中的第一项对应于在粒子运动的轨道平面内的偏振辐射；第二项对应于垂直于轨道平面的偏振辐射。由于单个电子做圆周运动时的辐射谐波数值 n 非常大，所以可近似用连续函数表示，即 $\mathrm{d}\omega = \omega_0 \mathrm{d}n$，$\mathrm{d}n = \mathrm{d}\omega/\omega_0 = 1$，则

$$\frac{\mathrm{d}\overline{P}}{\mathrm{d}\Omega} = \int \frac{\mathrm{d}^2\overline{P}}{\mathrm{d}\Omega\mathrm{d}\omega}\mathrm{d}\omega = \sum_{n=1}^{\infty}\frac{\mathrm{d}\overline{P}_n}{\mathrm{d}\Omega} = \int \frac{\mathrm{d}\overline{P}_n}{\mathrm{d}\Omega}\frac{\mathrm{d}\omega}{\omega_0}$$

电子在单位频率间隔、单位立体角内的辐射功率，即辐射功率的角度和频率分布为

$$\frac{\mathrm{d}^2\overline{P}}{\mathrm{d}\Omega\mathrm{d}\omega} = \frac{\mathrm{d}\overline{P}_n}{\mathrm{d}\Omega}\frac{1}{\omega_0} = \frac{e^2}{6\pi^3 c}\frac{\omega^2}{\omega_0\gamma^4}(1+\gamma^2\theta^2)^2\left[\beta^2 K_{2/3}^2(\xi)+\frac{\gamma^2\theta^2}{1+\gamma^2\theta^2}K_{1/3}^2(\xi)\right] \tag{2-44}$$

式中：θ 为垂直观察角，即辐射方向与轨道平面间的夹角；ω 为光子角频率，$\omega = n\omega_0$；$K_\nu(\xi)$ 为第二类修正 Bessel 函数，其中 $\nu = 1/3, 2/3$ 为阶数，ξ 为

$$\xi = \frac{\omega\rho}{3c\gamma^3}(1+\gamma^2\theta^2)^{\frac{3}{2}} = \frac{\omega}{3\omega_0\gamma^3}(1+\gamma^2\theta^2)^{\frac{3}{2}} \tag{2-45}$$

当 $\xi \gg 1$ 时，$K_\nu(\xi)$ 按以下形式衰减，即

$$K_\nu(\xi) \xrightarrow{\xi \gg 1, \nu} \sqrt{\frac{\pi}{2\xi}}e^{-\xi} \tag{2-46}$$

由式（2-45）很容易得出：当角 θ 大于某个值或者角度很小而辐射频率 ω 高于某个值时，ξ 均可远大于 1，辐射功率可以忽略。故引入临界角和特征频率概念。通常采用 $\xi = 1/2$ 和 $\theta = 0$ 时所对应的频率、波长和能量定义为特征频率 ω_c、特征波长 λ_c 和特征能量 ε_c。ω_c 的物理意义是频谱中在 ω_c 两侧的频率具有相等的辐射功率，得

$$\omega_c = \frac{3}{2}\frac{\rho}{c}\gamma^3 = \frac{3}{2}\frac{\rho}{c}\left(\frac{E}{m_0 c^2}\right)^3 = \frac{3}{2}\gamma^3\omega_0 \tag{2-47}$$

$$\lambda_c = \frac{2\pi c}{\omega_c} = \frac{4\pi\rho}{3\gamma^3} \tag{2-48}$$

$$\varepsilon_c = hc/\lambda_c \tag{2-49}$$

换成实用单位，可以写成

$$\lambda_c(\text{Å}) = 5.59\frac{\rho(\text{m})}{E^3(\text{GeV})} = \frac{18.6}{E^2(\text{GeV})B(\text{T})} \tag{2-50}$$

$$\varepsilon_c(\text{keV}) = \frac{12.4}{\lambda_c(\text{Å})} = 2.22\frac{E^3(\text{GeV})}{\rho(\text{m})} \tag{2-51}$$

定义 $\xi = 1$ 时的 θ 角为临界角 θ_c。因 γ 很大，取 $1/\gamma^2 \approx 0$，则

$$\theta_c = \left(\frac{3\omega_0}{\omega}\right)^{\frac{1}{3}} = \frac{1}{\gamma}\left(\frac{2\omega_c}{\omega}\right)^{\frac{1}{3}} \tag{2-52}$$

在保持 $\xi \leqslant 1$ 的情况下，ω 越高，θ_c 越小；反之，θ_c 越大，如图 2-8 所示，即波长越短的辐射，发散角 ψ 越小，辐射光束越细，辐射强度下降越迅速。

2.3.4 同步辐射光源的偏振特性

光的偏振特性由其电矢量的取向决定。在圆形平面轨道上运行的电子，其所发辐射的电矢量总是在该轨道平面内指向圆心，如图 2-9（a）所示。若观察点在轨道平面内，$\theta = 0°$，则看

32

到电矢量的变化是在一根线上，即观察到的辐射是线性偏振的。由于同步辐射有一定发散角，如果观察点不在平面上，$\theta > 0°$ 或 $\theta < 0°$，则观察到的电矢量是在一个椭圆内旋转，称为椭圆偏振光，如图 2-9（b）所示。椭圆偏振说明电矢量有两个分量：一个是电矢量在轨道平面内的偏振，称为 σ 偏振；另一个是垂直于轨道平面的偏振，称为 π 偏振。规定 $\theta > 0°$ 时为右旋偏振，$\theta < 0°$ 时为左旋偏振。

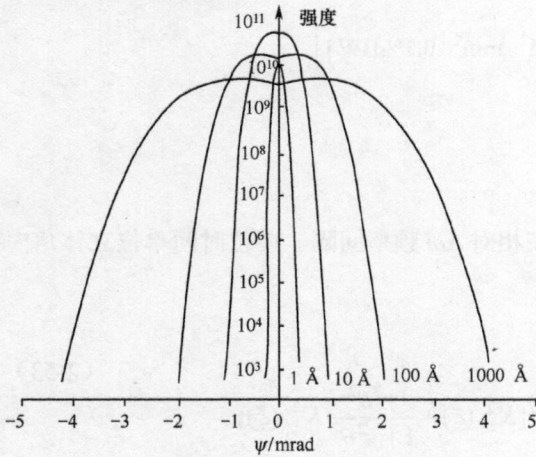

图 2-8　不同波长同步光辐射的角分布

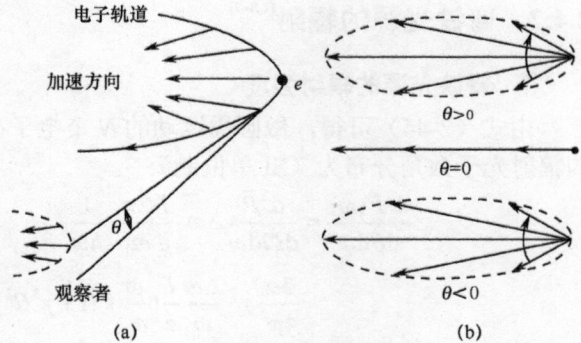

图 2-9　同步辐射偏振特性
（a）电子绕圈时电矢量的指向；（b）偏振光中电矢量的指向。

2.4　辐射强度计算

2.4.1　表示辐射强度的物理量[3,4,7]

由于同步辐射光源是一个从红外、可见光、真空紫外、软 X 射线到硬 X 射线的连续光谱的面光源，而且这种光源来自于储存环中 3 种不同的发生装置，使得同步辐射光源的强度计算比较复杂。实用频谱公式是针对强度为 I 的束流在单位时间、单位带宽内的辐射；对辐射强度的度量是光子数 N_{ph}。同步辐射光束线光学中常用来表达辐射强度的物理量有 3 个量。

1. 光子通量（Flux）

光子通量表示在一定流强下，在 0.1% 带宽及 1mrad 水平发散角范围内，光源在单位时间内发射的光子数，即

$$\frac{d^3 N_{ph}}{dt d\varphi d\lambda / \lambda} \left[phs/(s \cdot mrad \cdot 0.1\%BW) \right]$$

一些教材和资料上习惯用 F 表示光通量，即

$$\frac{dF}{d\varphi} = \frac{d^3 N_{ph}}{dt d\varphi d\lambda / \lambda} \left[phs/(s \cdot mrad \cdot 0.1\%BW) \right]$$

2. 光谱光耀度（Brightness）

光谱光耀度表示在一定流强下，在 0.1% 带宽及 $1mrad^2$ 立体角范围内，光源在单位时间内发射的光子数，即

33

$$\frac{\mathrm{d}^4 N_{\mathrm{ph}}}{\mathrm{d}t\mathrm{d}\varphi\mathrm{d}\theta\mathrm{d}\lambda/\lambda}\left[\mathrm{phs}/\left(\mathrm{s}\cdot\mathrm{mrad}^2\cdot 0.1\%\mathrm{BW}\right)\right]$$

3．光谱亮度（Brilliance）

光谱亮度表示在一定流强下，在 0.1%带宽及单位立体角、单位光源面积、光源单位时间内辐射的光子数，即

$$\frac{\mathrm{d}^6 N_{\mathrm{ph}}}{\mathrm{d}t\mathrm{d}\theta\mathrm{d}\varphi\mathrm{d}x\mathrm{d}y\mathrm{d}\lambda/\lambda}\left[\mathrm{phs}/\left(\mathrm{s}\cdot\mathrm{mrad}^2\cdot\mathrm{mm}^2\cdot 0.1\%\mathrm{BW}\right)\right]$$

2.4.2 弯铁光源的辐射[1,3-7]

1．弯铁光源的辐射强度

由式（2-44）可得，做圆周运动的 N 个电子在相对 $\Delta\omega$ 频率间隔、单位时间单位立体角内的辐射光子数角分布为（SI 单位制）

$$\frac{\mathrm{d}^2 F(\omega)}{\mathrm{d}\theta\mathrm{d}\varphi}=\frac{\mathrm{d}^2\overline{P}}{\mathrm{d}\Omega\mathrm{d}\omega}\Delta\omega\cdot\frac{I}{e}\frac{2\pi}{\omega_0}\cdot\frac{1}{\hbar\omega} \tag{2-53}$$

$$=\frac{3\alpha}{4\pi^2}\gamma^2\frac{\Delta\omega}{\omega}\frac{I}{e}(\frac{\omega}{\omega_c})^2(1+\gamma^2\theta^2)^2[K_{2/3}^2(\xi)+\frac{\gamma^2\theta^2}{1+\gamma^2\theta^2}K_{1/3}^2(\xi)]$$

式中：I 为电子束流强度，$I=Ne/T$ ；α 为精细结构常数，$\alpha=e^2/(4\pi\varepsilon_0 hc)=1/137$ ；ω 确定的光子能量为 $\varepsilon=\hbar\omega$ ；ω_c 为特征频率；$\xi=y(1+\gamma^2\theta^2)^{\frac{3}{2}}/2$ ；y 为归一化光子能量，$y=\omega/\omega_c=\varepsilon/\varepsilon_c$ 。在轨道面上（$\theta=0°$）时，式（2-53）可写成

$$\frac{\mathrm{d}^2 F}{\mathrm{d}\varphi\mathrm{d}\theta}\bigg|_{\theta=0}=\frac{3\alpha}{4\pi^2}\gamma^2\frac{\Delta\omega}{\omega}\frac{I}{e}H_2(y) \tag{2-54}$$

式中：$H_2(y)$ 为偏转磁铁辐射轴上光子通量函数，即

$$H_2(y)=y^2 K_{2/3}^2(y/2) \tag{2-55}$$

写成实用单位的形式 $\left[\mathrm{phs}/\left(\mathrm{s}\cdot\mathrm{mrad}^2\cdot 0.1\%\mathrm{BW}\right)\right]$，即

$$\frac{\mathrm{d}^2 F}{\mathrm{d}\theta\mathrm{d}\varphi}\bigg|_{\theta=0}=1.327\times 10^{13}E^2(\mathrm{GeV})I(\mathrm{A})H_2(y) \tag{2-56}$$

将式（2-53）对垂直观察角 θ 积分①，得单位水平发散角内的光子数,即光子通量为

$$\frac{\mathrm{d}F}{\mathrm{d}\varphi}=\frac{\sqrt{3}}{2\pi}\alpha\gamma\frac{\Delta\omega}{\omega}\frac{I}{e}G_1(y) \tag{2-57}$$

写成实用单位的形式 $\left[\mathrm{phs}/\left(\mathrm{s}\cdot\mathrm{mrad}^2\cdot 0.1\%\mathrm{BW}\right)\right]$，即

$$\frac{\mathrm{d}F}{\mathrm{d}\varphi}=2.457\times 10^{13}E(\mathrm{GeV})I(\mathrm{A})G_1(y) \tag{2-58}$$

式中：$G_1(y)$ 为垂直积分光子通量函数，即

$$G_1(y)=y\int_y^\infty K_{5/3}(y')\mathrm{d}y'$$

$H_2(y)$、$G_1(y)$ 随归一化光子能量 $y=\varepsilon/\varepsilon_c$ 变化的关系由应用程序软件MATLAB计算得到（图2-10）。

---

① 频谱强烈依赖于垂直观察角 θ，θ 有效取值范围有限，可以对全部 θ 积分；而 φ 可理解为轨道的水平转角，频谱并不随 φ 变化，辐射能量正比于 $\mathrm{d}\varphi$，若对 φ 从 0 到 2π 积分，得到的是电子以半径 ρ 回旋一圈辐射的能量。

函数 $G_1(y)$、$H_2(y)$ 是对数坐标下的曲线，它们分别描述全垂直角的同步辐射频谱和轨道平面上的频谱随 $y=\varepsilon/\varepsilon_c$ 的变化规律，其最大值都在 $y=1$ 附近。$G_1(y)$ 曲线可视为同步辐射源光子通量的普适曲线，只需根据束流强度 I 和电子能量 E 的具体数值上下平移、根据特征能量 ε_c 或特征频率 ω_c 的值左右平移，就能得到不同光源的光子通量曲线。$y=1$ 是辐射功率的中分点，$0.1<y<5$ 范围内的功率约占总功率的 95%。从光通量的角度，一台同步辐射源的可用频谱一般在高频方向大约截止于 $5\omega_c$，而向低频方向延伸到红外。

2. 弯铁光源的垂直发散角

前面已经直接用均方根偏差 σ_x、$\sigma_{x'}$、σ_y 和 $\sigma_{y'}$ 表示了束团的宽度、水平发散角、高度和垂直发散角。横向位置的不一致性可以用 σ_x 和 σ_y 充分反映；式（2-53）中不含水平发散角 φ，说明水平发散角的影响无需考虑，表明弯铁辐射光子通量在水平方向是均匀的；而垂直发散角复杂性比较大，所以讨论之前，还需明确对束团尺寸的定义。

1）束团尺寸的定义

以 w 代表粒子的某个状态变量，如 x、x'、y、y' 等，束流集体的状态用 $\langle w \rangle$ 和 σ_w 描述。符号 $\langle w \rangle$ 代表对束团中全部粒子 N_e 的 w 求平均，σ_w 代表 w 的均方根偏差（又称标准偏差），定义式分别为

$$\langle w \rangle = \frac{1}{N_e}\sum w, \quad \sigma_w = \sqrt{<(w-<w>)^2>} \tag{2-59}$$

在相空间中，$\langle w \rangle$ 为束团质心的坐标；σ_w 为束团在 w 方向的宽度。状态的分布用归一化密度函数 $\rho(w)$ 描述，$N_e\rho(w)\mathrm{d}w$ 表示在该变量等于 w、宽为 $\mathrm{d}w$ 的区间内的粒子个数。

高斯分布是常见的粒子状态分布，其定义为

$$\rho(w)\mathrm{d}w = \frac{1}{\sqrt{2\pi}\,\sigma_w}\exp\left(-\frac{(w-<w>)^2}{2\sigma_w^2}\right)\mathrm{d}w$$

高斯分布满足归一化条件和 σ_w 的定义式为

$$\int_{-\infty}^{\infty}\rho(w)\mathrm{d}w = 1, \quad \int_{-\infty}^{\infty}\rho(w)(w-<w>)^2\mathrm{d}w = \sigma_w^2 \tag{2-60}$$

高斯分布的峰值密度最大值在 $w=\langle w \rangle$ 处，其值为

$$\rho_{\max} = \frac{1}{\sqrt{2\pi}\,\sigma_w} \tag{2-61}$$

为简化公式表述，一般假定束团质心没有偏差，$\langle w \rangle = 0$。

2）$C(y)$ 函数

将式（2-44）对所有的频率积分，得能量角分布为

$$\frac{\mathrm{d}\overline{P}}{\mathrm{d}\Omega} = \int_0^{\infty}\frac{\mathrm{d}^2\overline{P}}{\mathrm{d}\Omega\mathrm{d}\omega}\mathrm{d}\omega = \frac{7e^2\omega_0^2}{32\pi c}\gamma^5\beta^2\left(1+\gamma^2\theta^2\right)^{-\frac{5}{2}}\left[1+\frac{5}{7}\frac{1}{\beta^2}\frac{\gamma^2\theta^2}{1+\gamma^2\theta^2}\right] \tag{2-62}$$

式（2-62）表示做圆运动的单个电子在单位立体角的平均辐射功率[①]。方括号中的第一项对应

[①] 不同文献使用的单位、单位制不同，系数就不同。此式为 CGS 制，表达内容为单位立体角的平均辐射功率，文献[1]是 SI 制，表达内容为单位立体角的平均辐射能，即

$$\frac{\mathrm{d}W}{\mathrm{d}\Omega} = \int_0^{\infty}\frac{\mathrm{d}^2W}{\mathrm{d}\Omega\mathrm{d}\omega}\mathrm{d}\omega = \frac{7}{64\varepsilon_0}\frac{e^2}{\rho}\left(\frac{1}{\gamma^2}+\theta^2\right)^{-\frac{5}{2}}\left[1+\frac{5}{7}\frac{\gamma^2\theta^2}{1+\gamma^2\theta^2}\right]$$

此类情况注意 3 个变换关系：① SI$\times 4\pi\varepsilon_0\rightarrow$CGS；② $\frac{\mathrm{d}W}{\mathrm{d}\Omega}=\frac{\mathrm{d}P}{\mathrm{d}\Omega}\times T$；③ $T=\frac{2\pi\rho}{c}$。

轨道平面内的 σ 偏振；第二项对应垂直于轨道平面的 π 偏振。在 $\theta=0°$ 附近，σ 偏振分量的强度随 θ 的分布与高斯分布极为相似，假设该分布的等效均方根偏差是 σ'_θ，则由式（2-61）可以求出该分布的最大密度和 σ'_θ 近似值之间的关系，即

$$\frac{1}{\sqrt{2\pi}\sigma'_\theta}=\frac{\mathrm{d}^2F_B}{\mathrm{d}\varphi\mathrm{d}\theta}\bigg|_{\theta=0}\bigg/\frac{\mathrm{d}F_B}{\mathrm{d}\varphi}=\frac{\sqrt{3}}{2\pi}\gamma\frac{H_2(y)}{G_1(y)} \tag{2-63}$$

式中：σ'_θ 为频率的函数（$y=\varepsilon/\varepsilon_c$）。

为了描述 σ'_θ 与频率的关系，函数 $C(y)$ 定义为

$$C(y)=\frac{\pi\times G_1(y)}{\sqrt{3}H_2(y)}$$

则

$$\sigma'_\theta=\frac{2}{\gamma\sqrt{2\pi}}C(y)=0.408\frac{C(y)(mrad)}{E(GeV)} \tag{2-64}$$

图 2-11 是函数 $C(y)$ 在对数坐标下的曲线，它反映 $\gamma\sigma'_\theta$ 随 $y=\varepsilon/\varepsilon_c$ 的变化规律，包括当 y 远小于 1 和明显大于 1 时该曲线的极限斜率。式（2-64）说明，等效均方根偏差 σ'_θ 的大小也用电子的 $1/\gamma$ 量度，又取决于 $\varepsilon/\varepsilon_c$。$C(y)$ 随 y 增大而单调下降，下降越来越快，说明光子频率越高，波长越短，辐射的垂直张角越小。

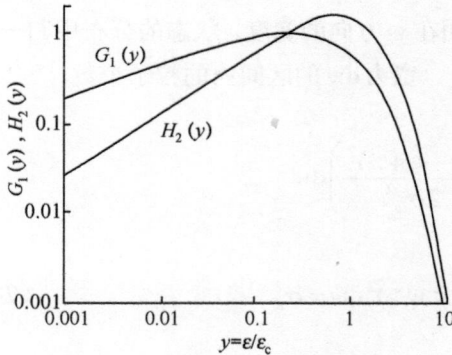

图 2-10　$H_2(y)$、$G_1(y)$ 随归一化光子能量
$y=\varepsilon/\varepsilon_c$ 变化的关系

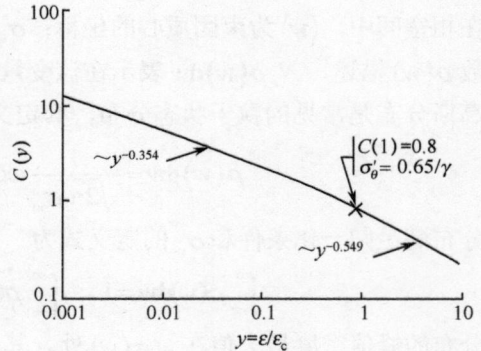

图 2-11　函数 $C(y)$ 曲线

3）弯铁光源的垂直发散度

式（2-64）仅考虑了单电子辐射情况，由于储存环中电子以束团运动，所以一电子束流发出的同步光的发散度是电子束团发散度 σ'_y 与单电子辐射发散度 σ'_θ 的卷积，即束流整体的辐射垂直角均方根偏差为

$$\sigma'_Y=\sqrt{\sigma'^2_\theta+\sigma'^2_y} \tag{2-65}$$

注意：式（2-65）中的 σ'_y 因发光点不同而异，而 σ'_θ 随 ω 变化，两者因此所占比例不同。短波辐射的 σ'_y 非常重要，应设法降低束流垂直发散角；而对于长波段，如红外线，σ'_θ 可能占统治地位。

3. 弯铁光源的亮度

光子通量与亮度有重要关系。光子状态存在于六维相空间中，光子通量是光子总数 N_{ph} 对

其中三维即时间、频率（光子能量）和水平角的微分，也是对另外三维即两个横向位置和垂直角的全数轴积分，相当于三维的光子总数。

假定几种分布都是高斯分布，光子的六维相空间峰值密度（亮度）为

$$B_r(\omega) = \frac{d^6 N_{ph}}{dt(d\omega/\omega)d\varphi \, dx \, dy \, dY'}\bigg|_{\max} = \frac{\dfrac{dF(\omega)}{d\varphi}}{(2\pi)^{3/2}\sigma_x\sigma_y\sigma_{Y'}} \tag{2-66}$$

光子通量只与电子能量及束流强度有关，与光源聚焦性能无关；亮度则取决于光源横向聚焦结构设计。低发射度光源发光点 σ_x、σ_y 和 σ_y 一般很小，亮度可以很高。

4．弯铁光源的偏振光强度

用 $I_\parallel$ 和 $I_\perp$ 分别表示式（2-53）中辐射的电矢量在与电子轨道面平行和垂直方向上分量的强度，则线偏振度为

$$P_L = \frac{I_\parallel - I_\perp}{I_\parallel + I_\perp} = \frac{K_{2/3}^2(\xi) - \dfrac{(\gamma\theta)^2}{1+(\gamma\theta)^2}K_{1/3}^2(\xi)}{K_{2/3}^2(\xi) + \dfrac{(\gamma\theta)^2}{1+(\gamma\theta)^2}K_{1/3}^2(\xi)} \tag{2-67}$$

用 I_R、I_L 分别表示电矢量左旋和右旋分量的强度，则圆偏振度为

$$P_C = \frac{I_R - I_L}{I_R + I_L} = \pm\frac{\sqrt{I_\parallel I_\perp}}{I_\parallel + I_\perp} \tag{2-68}$$

式中的正、负号分别表示 $\theta > 0$ 和 $\theta < 0$ 两种情况。

当垂直发散角 $\theta = 0$ 的轨道平面内，π 偏振消失，仅存 σ 偏振，辐射是 100% 线偏振光；取 $\gamma\theta = 1/2$ 时，式（2-68）右端第二项得 1/7，辐射中平行轨道平面的偏振是垂直于轨道平面偏振的 7 倍，所以同步辐射具有很强的偏振特性。图 2-12 是根据式（2-53）绘制出的，它给出了不同光子能量下，辐射光两个分量的归一化强度随 $\gamma\theta$ 的变化关系。

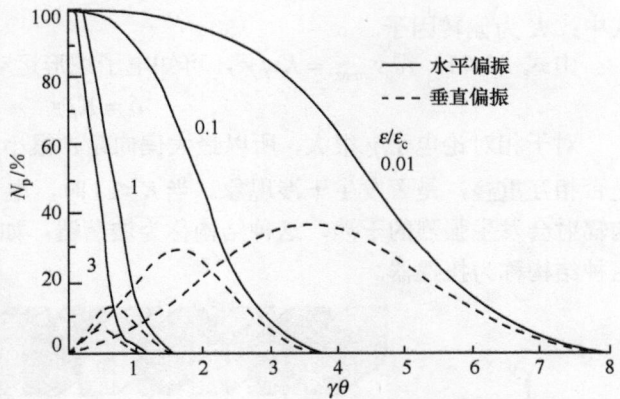

图 2-12 不同能量下水平和垂直分量的归一化强度随 $\gamma\theta$ 的
变化关系

2.5 插入件辐射[3,4,8,10]

式（2-38）说明电子束绕行一周辐射的总功率与磁场强度成正比；但弯铁光源的磁感应强度值又是确定值，所以弯铁产生的同步辐射光有一定的局限性。插入件是用来获得高质量同步辐射的装置（第 1 章已介绍了插入件的结构特征）。由插入件引出的同步辐射光的性质优于从弯转磁铁引出的，因为可根据不同的要求来设计插入件，使能量更高、或波长更短、或具有不同的偏振性、或兼而有之。

插入件按磁铁的类型来分，有永磁型、电磁型和超导型插入件。永磁型插入件又分为纯永磁型和混合型两种结构。按磁场结构，插入件又可分为平面型和螺旋型。

2.5.1 平面型插入元件的辐射

平面型插入元件中的束流质心轨道是与三角函数类似的平面曲线，束流以不大的振幅沿该曲线蜿蜒摆动前进。如图 2-13 所示，建立 x–y–z 笛卡儿坐标系：$y=0$ 的平面是轨道平面，该平面内的磁场只有 B_y 分量（$\boldsymbol{B}=(0,B,0)$），或者说磁场关于该平面对称。其磁场强度为

$$B_y(z) = B_0 \sin(2\pi z / \lambda_u) \quad 0 \leqslant z \leqslant N\lambda_u \tag{2-69}$$

式中：z 为沿插入件轴向的距离；B_0 为磁场峰值强度；λ_u 为磁场周期长度。

将高速运动电子所受的洛伦兹力按坐标系分解，电子在实验室坐标系下的运动方程为

$$\begin{cases} \gamma m \dot{v}_x = -e v_z B_0 \sin(2\pi z / \lambda_u) \\ \gamma m \dot{v}_z = e v_x B_0 \sin(2\pi z / \lambda_u) \end{cases} \tag{2-70}$$

式中：$v_x = \mathrm{d}x/\mathrm{d}t'$；$\dot{v}_x = \mathrm{d}v_x/\mathrm{d}t'$；$v_z = \mathrm{d}z/\mathrm{d}t'$；$\dot{v}_z = \mathrm{d}v_z/\mathrm{d}t'$。

利用 $\dot{v}_x = \dfrac{\mathrm{d}v_x}{\mathrm{d}z}\dfrac{\mathrm{d}z}{\mathrm{d}t'} = v_z \dfrac{\mathrm{d}v_x}{\mathrm{d}z}$，得

$$v_x = \frac{e\lambda_u B_0}{2\pi m \gamma} \cos(\frac{2\pi z}{\lambda_u}) = \frac{Kv}{\gamma} \cos(\frac{2\pi z}{\lambda_u}) \tag{2-71}$$

$$K = \frac{eB_0\lambda_u}{2\pi mv} \approx \frac{eB_0\lambda_u}{2\pi mc} = 0.934\lambda_u(\mathrm{cm})B_0(\mathrm{T})$$

式中：K 为偏转因子。

由式（2-71）得 $v_{x\max} = Kv/\gamma$，可知电子蛇形运动的最大偏向角为

$$\delta = K/\gamma \tag{2-72}$$

对于相对论电子 γ 很大，所以最大偏向角 δ 很小。它的大小决定电子在不同位置发出的光是否相互重叠，是否发生干涉现象。当 $K \leqslant 1$ 时，电子的最大水平偏转角小，从不同周期引出的辐射会发生强烈的干涉，这种结构称为波荡器；如果 $K \gg 1$，则不会发生强烈的干涉效应，这种结构称为扭摆器。

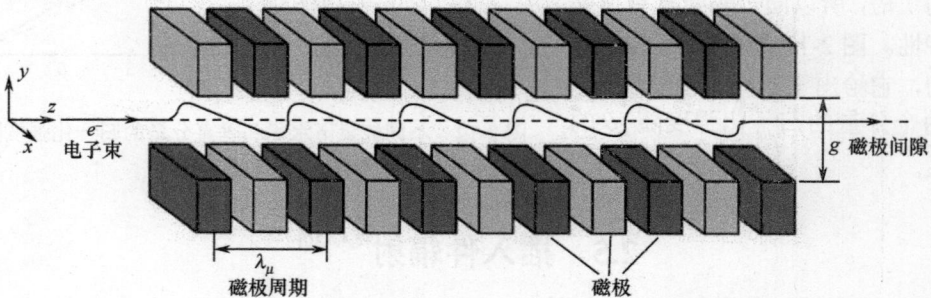

图 2-13 插入件结构示意图

高速运动电子在插入件磁场作用下，做近似正弦曲线的扭摆运动，满足[①]

$$x(z) = \frac{\lambda_u}{2\pi} \frac{K}{\gamma} \sin(2\pi z / \lambda_u) \tag{2-73}$$

[①] 详细推导请参考文献[4]的 P31 和 http://blog.sina.com.cn/s/blog_6a51b9770101410y.html。

单个电子的同步辐射功率仍符合式（2-73），电子穿过插入元件而辐射的能量为

$$U_{ID} = \frac{e^2\gamma^4}{6\pi\varepsilon_0}\int\frac{\mathrm{d}z}{\rho^2} \tag{2-74}$$

积分贯穿该插入元件。式（2-74）中的$1/\rho$与$B_y(z)$成正比，随z起伏变化。插入件长度为L_{ID}，周期数为N，$L_{ID}=N\lambda_u$，束流穿过插入件的同步辐射总功率P_{ID}可用实用单位表示为

$$P_{ID}(\mathrm{kW}) = \frac{IU_{ID}}{e} = 0.663I(\mathrm{A})E^2(\mathrm{GeV})B_0^2(\mathrm{T})L_{ID}(\mathrm{m}) \tag{2-75}$$

1. 扭摆器同步辐射的特点

扭摆器是参数$K\geqslant10$的插入元件。结构特点是磁场强度B_0大（由较宽、较强的磁铁制造，比弯转磁铁高好几倍），磁场周期λ_u长（为几十厘米），周期数N少（十几个周期以内）。所以，电子运动轨道强烈弯曲（曲率半径小），轨道切线方向变化加大，摆动角δ远远大于单电子本征发射角γ^{-1}（在水平方向的发射度约为（10~50）γ^{-1}，通常为5~20mrad），如图2-14（a）、（b）所示。由于特征能量与轨道半径成反比，所以辐射的临界波长短，临界能量高，使整个光谱向短波长方向移动。沿扭摆器轴线方向发出的同步辐射的特征能量为

$$\varepsilon_{c\max} = 0.665E^2(\mathrm{GeT})B_0(\mathrm{T}) \tag{2-76}$$

在水平方向与z轴夹角φ的观察点的特征能量为$\varepsilon_c(\varphi)=\varepsilon_{c\max}\sqrt{1-(\varphi/\delta)^2}$。

扭摆器辐射光的性质可用与弯铁辐射相同的公式来描述，辐射仍有连续、平滑的频谱。但由于电子经扭摆器辐射的光扇形散开，基本上不发生光与光的干涉，只有功率的非相干性叠加，辐射强度为弯铁辐射的$2N$倍。严格地讲，应乘以有效磁极对数N_{eff}。对于大多数多周期扭摆器，可视为等于$2N$；有些扭摆器两侧半磁极的磁场明显弱于正常磁极，则应该用$2N-1$。此外，还有一种$N_{eff}=1$的磁极，称为频移器（Wave-length Shifter），结构上有3个磁极，一般只有中间磁极磁场强，两端磁场弱得多，目的是产生能量较高的光子，使光谱曲线仅向高能段做平移，含有更多的短波辐射。

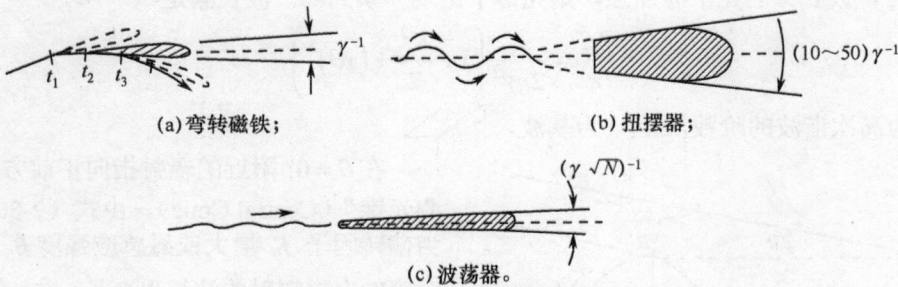

(a)弯转磁铁；　　　　　　　　　　　　(b)扭摆器；

(c)波荡器。

图2-14　3种同步辐射源的原理

P—辐射功率；N—磁铁周期数；Ω—辐射锥立体角。

类似于式（2-56），轨道平面上，扭摆器辐射光在单位立体角频谱为

$$\left.\frac{\mathrm{d}^2F}{\mathrm{d}\theta\mathrm{d}\varphi}\right|_{\theta=0} = N_{eff}\times1.327\times10^{13}E^2(\mathrm{GeV})I(\mathrm{A})H_2(y) \tag{2-77}$$

同理，类似于式（2-58），束流的单位水平角光子通量为

$$N_{FLUX} = N_{eff}\times2.457\times10^{13}IEG_1(y) \tag{2-78}$$

扭摆器谱亮度 $B_r(\omega)$ 的计算可以用式（2-66）估算，更精确的计算式为[12]

$B_{r(\omega)}[\text{phs}/(\text{s} \cdot \text{mm}^2 \cdot \text{mrad}^2 \cdot 0.1\%\text{BW})]$

$$= \frac{\mathrm{d}F(\lambda)}{\mathrm{d}\varphi}\bigg|_{\text{pole}} \sum_{n=-\frac{N}{2}}^{\frac{N}{2}} \frac{1}{(2\pi)^{3/2}} \frac{\exp\left(\dfrac{-x_0^2}{2(\sigma_x^2 + z_{n\pm}^2 \sigma_{x'}^2)}\right)}{\sqrt{(\sigma_x^2 + z_{n\pm}^2 \sigma_{x'}^2)[\sigma_y^2(\sigma_{y'}^2 + \sigma_\theta^2) + z_{n\pm}^2 \sigma_{y'}^2 \sigma_\theta^2]}} \tag{2-79}$$

式中：$\mathrm{d}F(\lambda)/\mathrm{d}\varphi|_{\text{pole}}$ 为单磁极在水平方向的光子通量密度，可由式（2-58）计算；$x_0 = K\lambda_u/2\pi\gamma$，$x_0$ 为扭摆器的最大纵向偏离量；$z_{n\pm} = \lambda_u(n \pm \frac{1}{4})$，$z_{n\pm}$ 为扭摆器中每一周期两个光源点之间的距离。

因此，若已知该光源弯转磁铁辐射在对数坐标下的通量曲线，只需向上平移 N_{eff} 倍，再根据 ε_c 的值左右平移，就能得到扭摆器光束的通量曲线。频移器则更为简单，只需根据 ε_c 的值（一般是向高能方向）平移，故频移器因此而得名。

多周期扭摆器辐射的偏振性有自己的特色。观察点在轨道平面上时，与弯转磁铁辐射相同，仍是线偏振（π 偏振）；与弯转磁铁辐射不同的是，即使观察点偏离轨道平面，因为相邻磁极的椭圆偏振旋转方向相反，π 偏振分量叠加后基本抵消，整个扭摆器的同步辐射表现为偏振度很高的部分线偏振，偏振方向与轨道平面平行。

2. 波荡器同步辐射的特点

波荡器参数 K 比较小（一般认为 $K \leqslant 4$），周期数目多（为几十个至几百个），周期 λ_u 短（几厘米），磁场强度 B_0 较弱（与弯铁比），所以电子轨道弯曲小，在轨道平面内的运动轨迹也符合正弦曲线。因为 K 值小，相应地轨道摆动幅度小，全光束张角与单电子辐射天然张角接近（辐射光集中在 $(\gamma\sqrt{N})^{-1}$ 更小的发射角内），如图 2-14（c）所示。所有辐射光锥充分相互重叠，从每一个波荡所发辐射之间会发生干涉。如图 2-15 所示，当 A_1、A_2 两点辐射光的光程差满足

$$\Delta S = \pm k\lambda \quad k = 0, 1, 2, \cdots$$

干涉条件时，波长 λ 的光干涉加强，则光谱中出现一系列峰。波长满足

$$\lambda_n = \frac{\Delta S}{n} = \frac{\lambda_u}{2n\gamma^2}\left(1 + \frac{K^2}{2} + (\gamma\theta)^2\right) \tag{2-80}$$

式中：n 为高次谐波的阶数，$n=1$ 为基波。

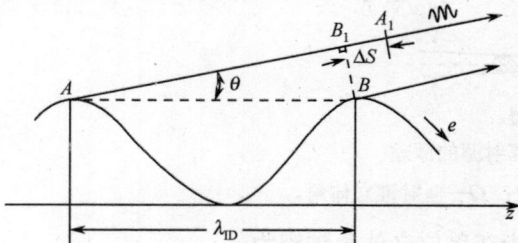

图 2-15　干涉使光加强的条件

在 $\theta = 0°$ 附近的辐射指向正前方，称为"中心光锥"（Central Cone）。由式（2-80）可知，当偏转因子 K 增大或磁感应强度 B_0 增大时，对应的电磁辐射的波长也变长。在 z 轴（$\theta = 0$）方向发出的辐射波长最短。波荡器通过改变两磁极间的距离改变磁场，也即改变 K，从而可改变第一谐波的波长。

沿轴向的基波为

$$\lambda_1 = \frac{(1 + K^2/2)}{2\gamma^2}\lambda_u \tag{2-81}$$

用实用单位表示为

$$\lambda_1(\text{Å}) = \frac{13.056\lambda_u(\text{cm})}{E^2(\text{GeV})}(1+K^2/2) \tag{2-82}$$

对应的基波能量为

$$\varepsilon_1 = 0.950\frac{E^2(\text{GeV})}{(1+K^2\mid2)\lambda_u(\text{cm})} \tag{2-83}$$

在轴线上，第 n 次谐波的辐射功率用实用单位制表示为

$$\left.\frac{\text{d}^2F_n}{\text{d}\varphi\text{d}\theta}\right|_{\theta=0} = 1.744\times10^{14}N^2E^2(\text{GeV})I(\text{A})F_n(K) \quad n=1,3,5,\cdots \tag{2-84}$$

式中：$F_n(K) = \dfrac{K^2n^2}{(1+K^2/2)^2}\{J_{\frac{n-1}{2}}[\dfrac{nK^2}{4(1+K^2/2)}]-J_{\frac{n+1}{2}}[\dfrac{nK^2}{4(1+K^2/2)}]\}^2$；$J_\mu(x)$ 为半奇数阶贝塞尔函数。

不同阶数的 $F_n(K)$ 函数如图 2-16 所示。可以看出，在波荡器轴线方向上只有奇次谐波辐射，没有偶次谐波，且辐射功率正比于 N^2，突出地显示来自不同磁极辐射的叠加是相干性的。

偶次谐波干涉相消的原因是相邻两磁极中点发出的两列光辐射的光程差是 $\Delta S/2$，同时两处束流轨道弯转方向相反，使两列光初相差为 π，则总光程差为

$$\Delta S' = \frac{n\lambda_n}{2}+\frac{\lambda_n}{2}=(n+1)\frac{\lambda_n}{2}$$

当 n 为偶数时，满足干涉相消条件。

整个中心光锥第 n 次谐波的全束流峰值光子通量是

$$F_n(\omega) = 1.431\times10^{14}NQ_n(K)I(\text{A}) \tag{2-85}$$

式中：$Q_n(K) = (1+K^2/2)F_n(K)/n$，函数 $Q_n(K)$ 在图 2-17 中给出。可见，当 K 值很小时，高次谐波消失。

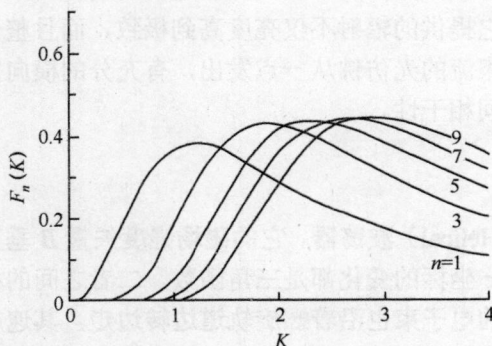

图 2-16 函数 $F(K)$ 曲线 $n=1\sim9$（奇数）（$0\leqslant K\leqslant4$）

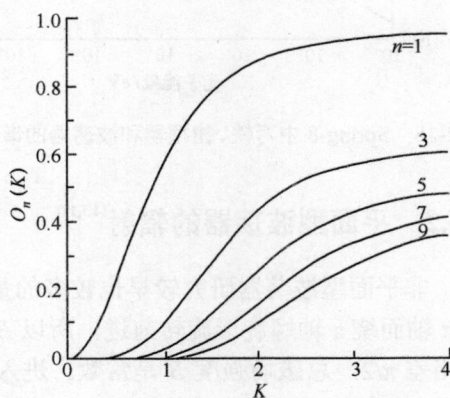

图 2-17 函数 $Q_n(K)$ 曲线

第 n 次谐波的半角宽度为

$$\sigma_{r'} \cong \sqrt{\frac{\lambda_n}{L_{\text{ID}}}}=\frac{1}{\gamma}\sqrt{\frac{1+(K^2/2)}{2Nn}} \tag{2-86}$$

可见，发散角与 γ 成反比，与波长 λ_n 和波荡器总长度 L_{ID} 有简明的关系。λ_n 越短，L_{ID} 越长，光线方向的不确定性越小。由光子发射度 ε_{ph} 定义式（2-33），可得第 n 次谐波光子位置的

均方根偏差（可称为光束半径）为

$$\sigma_r = \frac{\sqrt{\lambda_n L_{\mathrm{ID}}}}{4\pi}$$ （2-87）

波荡器中心光锥第 n 个谐振波长的辐射亮度为

$$B(n) = \frac{F_n(\omega)}{4\pi^2 \sum_x \sum_y \sum_{x'} \sum_{y'}}$$ （2-88）

式中：$\sum_x = \sqrt{\sigma_x^2 + \sigma_r^2}$，$\sum_y = \sqrt{\sigma_y^2 + \sigma_r^2}$，$\sum_{x'} = \sqrt{\sigma_{x'}^2 + \sigma_{r'}^2}$，$\sum_{y'} = \sqrt{\sigma_{y'}^2 + \sigma_{r'}^2}$ 分别为波荡器光源中心光锥内的有效尺寸和发散度。

中心光锥的特点：辐射指向正前方，只有奇次谐波，没有偶次谐波，而且只有偏振方向与轨道平面平行的 σ 偏振，从波荡器可以得到准单色、相干、平行光。图 2-18 给出了 Spring-8 中弯铁、扭摆器和波荡器谱亮度曲线。波荡器辐射出现许多陡峰，与弯转磁铁和扭摆器发射的一条连续曲线的光谱不同。

前面提到的衍射极限光源是光源发展方向之一，在此赘述几句。对波荡器辐射有意义的是：假如束流发射度明显大于 ε_{ph}，则设法降低光源的发射度，使束流的 σ_x、σ_y、$\sigma_{x'}$ 和 $\sigma_{y'}$ 同时减小，能有效地提高辐射亮度。这一点从光源的发展历程中已得到有力的证明，加速器物理学者在这方面的长期工作成绩卓著。沿着这个方向继续前进，一旦光源的束流发射度已经接近或小于 ε_{ph}，由式（2-35）可见，继续降低发射度将失去原来的意义。这称为束流发射度达到了"衍射极限"。衍射极限光源是学者们多年追求的目标，因为它提供的辐射不仅亮度高到极致，而且整个束流的光仿佛从一点发出，有充分的横向空间相干性。

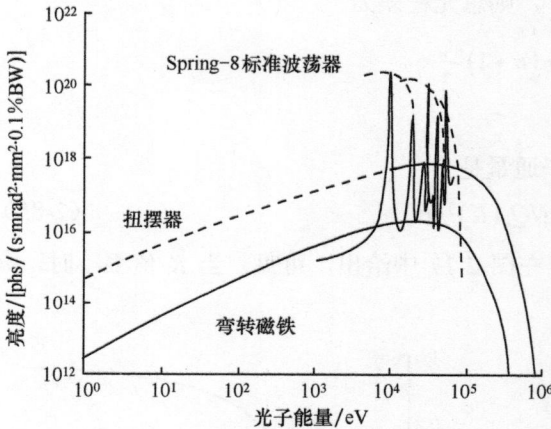

图 2-18　Spring-8 中弯铁、扭摆器和波荡器的谱亮度曲线

2.5.2　平面型波荡器的辐射[4,5,11]

非平面型波荡器研究较早也较多的是螺旋型（Helical）波荡器。它的磁场强度矢量 B 垂直于 z 轴而绕 z 轴螺旋形旋转前进，所以 B_x 和 B_y 随 z 坐标的变化都是三角函数，二者之间的相位相差 $\pi/2$，总磁场强度 B 是常数。进入这种磁场的电子束也沿着螺旋轨道边转边走，其速度的纵向和横向分量都是常数。在以电子纵向速度移动的坐标系中，电子做匀速圆周运动，所以辐射的频谱简单。理想的螺旋型波荡器辐射只有基波，没有高次谐波，偏振性是 100%的圆偏振。

非平面型波荡器的理论和技术近年有长足的发展。通过永磁体磁极的不同摆放方式、上下磁极架和/或左右磁极架（将磁极分别固定在若干个磁极架上）沿 z 轴方向的相对移动错位、安装螺线管线圈等手段，波荡器中产生的磁场一般既有周期性起伏变化的 B_y 分量，也有以同样的周期变化，但可能振幅不同、相位不同的 B_x 或者 B_z，束流的轨道不是单纯的平面曲线，于是可以提供偏振特性不同的高亮度辐射，如椭圆偏振光、圆偏振光甚至电场指向可任意选择的线偏振光，满足实验用户的特殊需求。

2.5.3　超导型插入件特点 [12,13]

现有的第三代同步辐射光源大规模采用永磁波荡器，由于受到永磁材料特性的限制，即剩磁有限，因此常规永磁波荡器性能基本上已经达到极限，如上海光源常温永磁可变极化波荡器，最大磁场强度为 1T。式（2-75）表明，插入件辐射总功率与磁场峰值强度的平方成正比，要提高同步辐射光源的性能，传统永磁波荡器遭遇到瓶颈。与常规插入件相比，运用超导磁体技术研制出的超导插入件（超导波荡器、超导扭摆器），具有性能好、体积小、调节灵活便捷等巨大的优势，能大幅度提高波荡器的磁场强度，从而提高同步辐射光源的整体性能。

首台超导扭摆器于 20 世纪 70 年代末在苏联 VEPP-3 储存环上安装，此后在中国、美国、中国台湾、德国、加拿大、英国、俄国 SIBERIA-2、意大利等装置中应用。此外 SSRF、MAX-IV 等光源也有安装超导扭摆器的计划。利用超导技术，扭摆器的峰值磁场强度大大提高，目前的最高记录达 7.5T。极高的磁场强度在提高了光子能量的同时，也给束流带来不利的影响，需要相关的技术进行补偿[14]。

虽然超导插入件要求苛刻的低温工作环境（液氦温区），但磁场强度的改变仅需改变线圈内电流强度的大小，而不需像传统波荡器那样需要专门设计精确的机械调节装置；而且超导波荡器能够很好地兼顾较小周期长度与较大磁场强度。

随着超导理论研究更加透彻，高温超导技术也取得显著进步。根据同步辐射光源发展趋势，自由电子激光将成为下一代光源的发展方向与目标，而自由电子激光装置中，超导波荡器仍为关键部件。超导插入件是未来插入件发展的大趋势，吸引了国内外许多科研人员和研究机构致力于超导波荡器的设计与研制[15, 16]。

参 考 文 献①

[1] 俎栋林. 电动力学[M]. 北京：清华大学出版社, 2006.

[2] 虞福春, 郑春开. 电动力学[M]. 北京：北京大学出版社, 2003.

[3] [日]渡边诚, 佐藤繁. 同步辐射科学基础[M]. 丁剑, 乔山, 等译. 上海：上海交通大学出版社, 2010.

[4] 徐朝银. 同步辐射光学与工程[M]. 合肥：中国科学技术大学出版社, 2013.

[5] 马礼敦, 杨福家. 同步辐射应用概论[M]. 上海：复旦大学出版社, 2000.

[6] 朱杰. SR 软 X 射线偏振元件及光源偏振特性研究[D]. 北京：中国科学院高能物理研究所, 2004.

[7] 赵佳. BSRF-3B3 光束线光学传输特性及分光元件研究[D]. 北京：中国科学院高能物理研究所, 2006.

[8] Thompson A, Attwood D, Gullikson E, et al. X-Ray Data Booklet[M], Berkeley：Lawrence Berkeley National Laboratory, University of California （USA）, 2009.

[9] 刘祖平. 同步辐射光源物理引论[M]. 合肥：中国科学技术大学出版社, 2009.

[10] 杨栋亮. 北京同步辐射装置（BSRF）3W1B 光束线的升级改造及应用[D]. 北京：中国科学院高能物理研究所, 2013.

[11] Chao A W, Moser H O, Zhao Z, et al. Accelerator Physics, Technology and Applications：Selected Lectures of the OCPA International Accelerator School 2002[C]. Singapore：World Scientific Publishing Co. Pte Ltd, 2004.

[12] 席瑞成. 超导波荡器失超保护器件特性测试及失超动态过程测量研究[D]. 上海：中国科学院上海应用物

---

① 本章还重点参考了刘祖平老师的"同步辐射简介"一文，但没有出处，特此说明并表示感谢。

理研究所, 2016.

[13] 汪涛. 插入件积分场测量装置研制及相关技术研究[D]. 合肥：中国科学技术大学, 2009.

[14] 张庆磊. 上海光源插入件效应研究[D]. 上海：中国科学院上海应用物理研究所, 2015.

[15] Casalbuoni S, Baumbach T, Gerstl S, et al. Training and Magnetic Field Measurements of the ANKA Superconducting Undulator[J]. IEEE Transactions on Applied Superconductivity, 2011, 21(3)：1760-1763.

[16] Ivanyushenkov Y, Abliz M, Boerste K, et al. A Design Concept for a Planar Superconducting Undulator for the APS[J]. IEEE Transactions on Applied Superconductivity, 2011, 21(3)：1717-1720.

第3章 软 X 射线光学

3.1 软 X 射线能区的界定

同步辐射光源可以产生从红外至 X 射线能区的连续谱,包括红外(IR)、可见光、紫外(UV)、真空紫外（VUV）、极紫外（EUV）、软 X 射线（Soft X-ray）及硬 X 射线（Hard X-ray）能区。至今,对于真空紫外到软 X 能区名称及能区界限的划分还没有普遍认同的定义,目前被同步辐射应用、天文学、激光等离子体物理及光刻等科学家基本认可的标准如图 3-1 所示[1]。图中上部标示为波长,下部标示为能量,其中波长和能量的关系符合以下关系式,即

$$\lambda(\text{nm}) = \frac{1239.842}{E(\text{eV})} \tag{3-1}$$

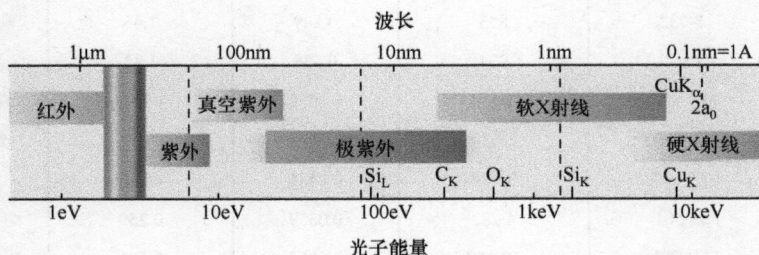

图 3-1 从红外到 X 射线的电磁辐射谱

图 3-1 还标示了碳（C）、氧（O）、硅（Si）和铜（Cu）的 K 吸收边以及硅的 L 吸收边在电磁波谱中所处的位置。极紫外和软 X 射线所对应的光子能量范围为 30～10000eV,相应波长为 0.1～40nm。从图中可以看出,对于真空紫外和极紫外的边界,以及软 X 射线和硬 X 射线的边界缺乏准确的界定。根据实际情况和国内同行的认可,把能量范围简化为:50～2000eV 为软 X 射线范围,2000～6000eV 为中能 X 射线[2]。本书为后面叙述方便,将 1200～6000eV 称为中能 X 射线。

在同步辐射装置上,硬 X 射线能区的研究时间较长且深入,如医学成像、生物大分子晶体衍射、材料的扩展 X 射线吸收精细结构谱学等。但在真空紫外到软 X 射线能区[①],由于存在着大量原子的共振吸收线,所有的材料对这个能区的光都有很强的吸收,光学系统设计以及光学元件的制造因为真空技术水平等因素的制约,在该能区开展辐射相关研究的时间最晚。

表 3-1 给出了一些常见元素的吸收边及光子能量为 100eV 和 1000eV 时的衰减长度[1,3]。从表中可以看到,大多数吸收边都位于极紫外和软 X 射线能区范围,因此该能区的主要特点表现在物质对电磁波的强烈吸收,典型的吸收长度都在 nm 和 μm 量级。而在其两侧,较低能量的紫外和更高能量硬 X 射线能区,对许多材料几乎是透明的,一般不需要真空隔离技术。

---

① 本章所指的软 X 能区涵盖了中能 X 射线。

表 3-1　常见元素的吸收边和吸收长度

元素	Z	K 吸收边/eV	L 吸收边/eV	$\lambda_{K\text{-abs}}$/nm	$\lambda_{L\text{-abs}}$/nm	l_{abs} 100eV/nm	l_{abs} 1keV/μm
Be	4	112	—	11.1	—	730	9.0
C	6	284	—	4.36	—	190	2.1
N	7	410	—	3.02	—	—	—
O	8	543	—	2.28	—	—	—
H_2O						160	2.3
Al	13	1 560	73	0.795	17.1	34	3.1
Si	14	1 839	99	0.674	12.5	63	2.7
S	16	2 472	163	0.502	7.63	330	1.9
Ca	20	4 039	346	0.307	3.58	290	1.3
Ti	22	4 966	454	0.250	2.73	65	0.38
V	23	5 465	512	0.227	2.42	46	0.26
Cr	24	5 989	574	0.207	2.16	31	0.19
Fe	26	7 112	707	0.174	1.75	22	0.14
Ni	28	8 333	853	0.149	1.45	16	0.11
Cu	29	8 979	933	0.138	1.33	18	0.10
Se	34	12 658	1 434	0.0979	0.865	63	0.96
Mo	42	20 000	2 520	0.0620	0.492	200	0.19
Sn	50	29 200	3 929	0.0425	0.316	17	0.17
Xe	54	34 561	4 782	0.0359	0.259	—	—
W	74	69 525	10 207	0.0178	0.121	28	0.13
Au	79	80 725	11 919	0.0154	0.104	28	0.10

　　图 3-1 中的竖直虚线标示了常用窗口材料的透射极限，用这些材料可以做成面积为数平方厘米的真空窗口，既可以保持真空又可以使虚线附近能区的辐射穿过。在紫外波段 1mm 厚的熔融石英（纯净 SiO_2）可以允许波长短至 200nm 的光透过；在波长更短的真空紫外区，空气和所有材料都对其吸收；薄的铍膜（约 8μm）能够透过的波长上限接近 1nm，它能透过能量大于 1300eV 的光子。多年以来，一直是这两种窗材料限制了人们向极紫外/软 X 射线能区的深入。后来，约 100nm 薄的氮化硅（Si_3N_4）可以把透射窗延伸到 100eV 左右。

　　C、N、O、Si 等许多轻元素的 K 边和 Ti、V、Cr、Te、Ni 等元素的 L 吸收边都在这个能区，导致吸收长度很短，但却为元素和化学分析提供了一种非常灵敏的工具，从而创造了很多新的科技发展领域。例如，在"水窗"波段（284~543eV，低于 O 元素的吸收边）对水相对透明，而碳元素对其有强烈吸收，这就为含碳物质的成像提供了一个自然对比机制，生命科学和环境科学在此找到了发展的契机。由于该能区波长较短，借助基于这个波段的显微镜可以看到更加微小的结构，通过光刻可以得到更精细的图案。当然这些研究需要光学技术，如高空间分辨率透镜和高反射率镜子，有突破性进展。所以轻元素分析、磁性材料研究、表面科学、显微技术以及微制造技术的应用研究，促进了人们对这一能区的认识，而光学技术的进步反过来又推动了应用研究的深入。

3.2　物质与辐射的相互作用[4]

光具有波粒二象性。X 射线与物质相互作用的宏观效应，波动性方面体现为相干散射、衍射，界面的反射、折射，衰减；粒子性方面体现为非相干散射，光电吸收及其二次效应（荧光、俄歇电子）及电子对的产生。此外，还可以引起物质的变化，如热效应、改性和辐照损伤等。从微观本质上讲，X 射线与物质的相互作用是物质中的电子与 X 光子的相互作用，包括吸收、散射和电子对的产生。图 3-2 列举了 X 射线照射物质所发生的各种物理现象。

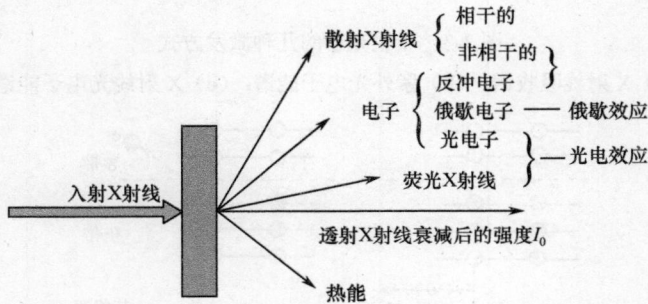

图 3-2　X 射线照射物质所发生的各种物理现象

3.2.1　X 射线的散射

物质中的电子可以分为芯态电子和价态电子两种。芯电子与原子核距离比较近，二者相互作用强，结合能高；价电子分布比较广泛，与原子核的相互作用较弱，结合能低。

散射包括相干散射和非相干散射。若电子与入射光子发生弹性碰撞，散射波的波长和频率与入射波完全相同，故散射波之间能发生干涉，称为相干散射；若电子与入射光子发生非弹性碰撞，电子因碰撞获得动能，使入射光子能量和运动方向都发生改变，故入射光子和出射光子在相位上没有关联，则二者不能发生干涉，称为非相干散射。相干散射的主要参与者是芯电子；非相干散射过程中，入射光子被价带电子散射。

3.2.2　X 射线的吸收

从微观角度来说，物质吸收 X 射线有图 3-3 所示的 3 种情况。当 X 射线入射光子能量足够大时，能够将芯态电子激发到导带上；X 射线能量小于 100eV 时激发价带电子，使其电离成为光电子；X 射线能量为 100～1000eV 时，不但能激发价带电子，还能激发内壳层电子使之成为光电子。这 3 种过程对应到谱学上分别是通常所说的 X 射线吸收谱（X-ray Absorption Spectroscopy，XAS）[5]、紫外光电子能谱（Ultro-violet Photoemission Spectroscopy, UPS）和 X 射线光电子能谱（X-ray Photoemission Spectroscopy, XPS）[6]。

当芯电子吸收 X 射线光子能量跃迁激发到导带，或被激发出成为光电子时，此时在芯能级上将产生空穴，同时物质处于激发态。由于激发态不稳定，必然会产生退激发效应。退激发一般有两种过程：一是价带中的电子（或者浅芯能级电子）填充回芯能级空穴位置，同时伴随发射出特征谱线；二是价电子（或浅芯能级电子）退激到芯态空穴位置后，剩余能量激发一个价电子成为光电子。即这两种退激发过程分别对应"辐射跃迁"和"非辐射跃迁"，也就是一般所说的荧光效应和俄歇（Auger）效应，如图 3-4 所示。

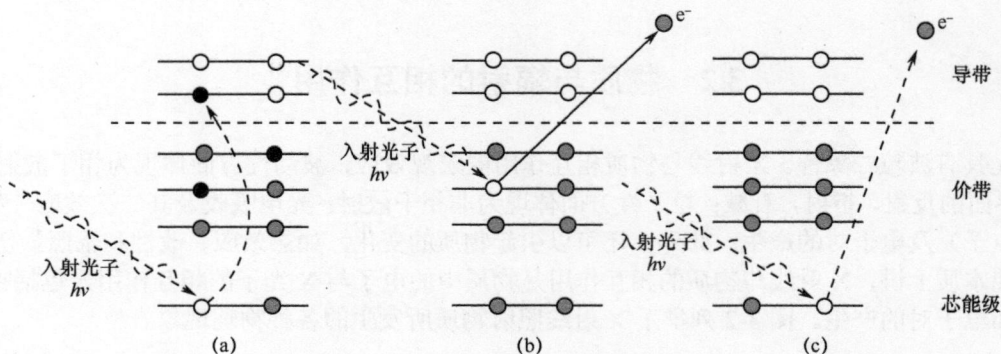

图 3-3　吸收光子的几种激发方式

（a）X 射线吸收谱；（b）紫外光电子能谱；（c）X 射线光电子能谱。

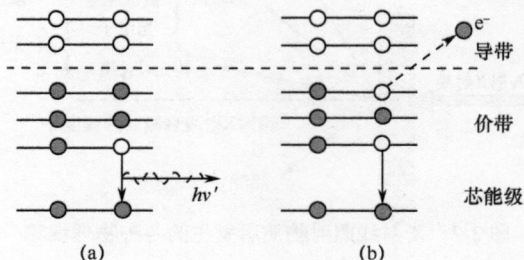

图 3-4　激发态的两种退激发过程

（a）荧光效应；（b）俄歇效应。

3.2.3　电子对效应

当入射光子能量大于 1.02MeV 时，就可能发生电子对效应。同步辐射产生的光子能量范围一般是从几电子伏特到几万电子伏特，所以 X 射线与电子的相互作用主要是基于光的散射和吸收。

根据相对论质能关系，正负电子的动能之和为入射光子能量减去 2 倍的电子静能。产生的正负电子在物质中将通过电离与辐射损失而消耗能量。正电子最终会与物质中的一个电子结合而转化为两个能量为 0.51MeV 的光子，即正负电子湮灭现象。

3.3　软 X 射线波段光学特性

如前所述，物质对真空紫外—软 X 射线能区的光吸收强烈，所以在介质分界面上，该能区光更有其特殊性，许多现象都可以基于束缚电子的散射来解释[①]。

3.3.1　束缚电子的散射[7-9]

经典模型建立在卢瑟福的原子核式结构模型基础之上，认为在大而重的原子核（+Ze）周围，围绕着 Z 个有离散的束缚能的电子。处于束缚状态的电子当作经典谐振子处理，电子以入

---

① 量子力学可以精确处理散射问题，但从简单的经典模型出发，分析电子对电磁波的散射，也可以得到许多结论。

射电磁波电场 E_i 的频率 ω 做受迫振动，但原子核不受高频入射场的影响，看成静止不动。每个束缚电子受到外部入射场（电场和磁场）及原子核中心回复力场的共同作用[①]。其动力学方程为

$$m\frac{\mathrm{d}^2x}{\mathrm{d}t^2} + m\gamma\frac{\mathrm{d}x}{\mathrm{d}t} + m\omega_s^2 x = -e(E_i + v \times B_i) \tag{3-2}$$

式中：第一项为加速度项；第二项表征各种散射引起的振动衰减，γ 为阻尼系数；第三项为共振频率为 ω_s 的谐振子的回复力。

由于电子速度比光速小很多，所以外磁场引起的洛伦兹力很小，可以忽略不计[②]。

设入射平面波电场为

$$E = E_i \mathrm{e}^{-\mathrm{i}\omega t} \tag{3-3}$$

该方程的稳态解为

$$x = \frac{e}{m}\frac{1}{(\omega^2 - \omega_s^2) + \mathrm{i}\gamma\omega}E_i \mathrm{e}^{-\mathrm{i}\omega t} \tag{3-4}$$

由此得到加速度为

$$a = \frac{e}{m}\frac{-\omega^2}{(\omega^2 - \omega_s^2) + \mathrm{i}\gamma\omega}E_i \mathrm{e}^{-\mathrm{i}\omega t} \tag{3-5}$$

由式（2-13）可知，与加速度 $\dot{v}$ 有关的辐射场方向垂直于从发光位置指向观察点的矢径 R，与 $\dot{v}$ 和矢径 r_1 共面，可将其视为由加速度的横向分量 $a_T(t-r/c)$ 产生，则式（2-13）中与散射波相联系的电场可以写为

$$E(r,t) = \frac{ea_T(t-r|c)}{4\pi\varepsilon_0 c^2 r} \tag{3-6}$$

$$|a_T| = |a|\sin\Theta \tag{3-7}$$

式中：Θ 为加速度方向与传播（观察）方向 k_0 的夹角。

由式（3-4）、式（3-6）、式（3-7）可得以场幅度表示的散射电场，即

$$E(r,t) = \frac{e^2}{4\pi\varepsilon_0 mc^2}\frac{-\omega^2}{(\omega^2 - \omega_s^2) + \mathrm{i}\gamma\omega}\frac{1}{r}E_i \sin\Theta \mathrm{e}^{-\mathrm{i}\omega(t-\frac{r}{c})} \tag{3-8}$$

3.3.2 原子的复散射因子[1,7,8]

由于软 X 波段和极紫外波段的波长接近原子尺度，其光量子能量可与原子的能级相比，物质对电磁波的散射应以多原子的散射处理[③]。经典模型把多电子原子看作是一个谐振子的集合，每个谐振子都有自己的一组共振模 $h\omega_s$，对应原子定态间的已知跃迁。

设原子中每个电子有分立的坐标。如图 3-5 所示，点电子环绕在位于 $r=0$ 处的 $+Ze$ 原子核周围，距原子核距离 Δr_s。入射波矢量为 k_i，朝着位于 r 处的观察者传播的散射波矢量为 $k = kk_0$，散射波矢 k_0 与入射波矢 k_i 的夹角为 2θ，每个电子到观察者的位置矢量为 $r_s = r - \Delta r_s$。

---

① 严格说来，电子感受的局部电场未必与外部电场相同。因为介质内存在大量电子，一个电子除受外场的作用外，还有周围其他电子对它的作用。即局部电场不等于入射波电场，也不等于介质中的电场。但一般说来，短波长的极化率较小，在此认为局部电场与外场相同。
② 在考虑磁光效应时要考虑洛伦兹力。
③ 物质的光学性质，在可见光到真空紫外波段，主要与价电子有关，但在极紫外/软 X 段之后，光学性质倾向取决于内壳层电子。

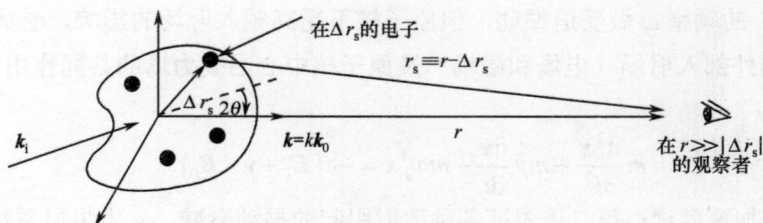

图 3-5　入射到多电子原子上的辐射的散射示意图

借助式（3-2）和式（3-6），将多电子原子散射电场写为

$$E(\mathbf{r},t) = \frac{e}{4\pi\varepsilon_0 c^2}\sum_{s=1}^{Z}\frac{\mathbf{a}_{\mathrm{T},s}(t-r_s|c)}{r_s} \tag{3-9}$$

每个电子位置处入射波电场要从式（3-3）改写为

$$\mathbf{E} = \mathbf{E}_i \mathrm{e}^{-\mathrm{i}(\omega t - \mathbf{k}_i \cdot \Delta \mathbf{r}_s)} \tag{3-10}$$

则多电子原子的散射电场与式（3-8）类似，即

$$E(\mathbf{r},t) = \frac{e^2}{4\pi\varepsilon_0 mc^2}\sum_{s=1}^{Z}\frac{-\omega^2}{(\omega^2-\omega_s^2)+\mathrm{i}\gamma\omega}\frac{1}{r_s}E_i\sin\theta\,\mathrm{e}^{-\mathrm{i}\left[\omega(t-\frac{r_s}{c})-\mathbf{k}_i\cdot\Delta\mathbf{r}_s\right]} \tag{3-11}$$

式中：$\mathbf{k}$、$\mathbf{k}_i$ 都在真空中传播，满足 $|\mathbf{k}| = |\mathbf{k}_i| = \dfrac{2\pi}{\lambda}$。引入 $\Delta\mathbf{k} = \mathbf{k} - \mathbf{k}_i$，且当 $r \gg \Delta r_s$ 时，$r_s \approx r - \mathbf{k}_0 \cdot \Delta\mathbf{r}_s$，则多电子原子的散射电场还可进一步表示为

$$E(\mathbf{r},t) = \frac{-r_e f(\Delta\mathbf{k},\omega)E_i\sin\Theta}{r}\mathrm{e}^{-\mathrm{i}\omega(t-\frac{r}{c})} \tag{3-12}$$

其中

$$r_e = \frac{e^2}{4\pi\varepsilon_0 mc^2} \tag{3-13}$$

$$f(\Delta\mathbf{k},\omega) = \sum_{s=1}^{Z}\frac{\omega^2\mathrm{e}^{-\mathrm{i}\Delta\mathbf{k}\cdot\Delta\mathbf{r}_s}}{(\omega^2-\omega_s^2)+\mathrm{i}\gamma\omega} \tag{3-14}$$

式中：r_e 为原子的经典半径[①]；$f(\Delta\mathbf{k},\omega)$ 为原子的复散射因子。

　　可见，不同电子所受回复力不同，对外加电场的响应也不同。这种响应依赖于束缚电子的共振频率 ω_s，更依赖于入射波的激励频率 ω 和共振频率 ω_s 的接近程度。

　　原子的复散射因子 $f(\Delta\mathbf{k},\omega)$ 决定了真空紫外到软 X 射线波段光的反射、折射、吸收、偏振特性，需引入振子强度 g_s 的概念。经典模型中，振子强度 g_s 表示与给定共振频率 ω_s 有关的电子的个数，g_s 为整数；量子力学中，振子强度 g_s 自然地作为原子定态 ϕ_k 和 ϕ_n 之间的非整数跃迁概率 g_{kn}，且 $\sum\limits_{n} g_{kn} = Z$。在此取振子强度之和等于总电子数，即

$$\sum_{s} g_s = Z \tag{3-15}$$

将原子的复散射因子 $f(\Delta\mathbf{k},\omega)$ 改写为

$$f(\Delta\mathbf{k},\omega) = \sum_{s=1}^{Z}\frac{g_s\omega^2\mathrm{e}^{-\mathrm{i}\Delta\mathbf{k}\cdot\Delta\mathbf{r}_s}}{(\omega^2-\omega_s^2)+\mathrm{i}\gamma\omega} \tag{3-16}$$

[①] 经典半径是当半径为 r、电量为 e 的均匀球的静电能等于电子的静能 $e^2/4\pi\varepsilon_0 r = mc^2$ 时所对应的半径。

下面对原子的复散射因子 $f(\Delta \mathbf{k}, \omega)$ 作进一步的讨论。

（1）对单个自由电子来说，式（3-16）中的 ω_s、γ 和 $\Delta \mathbf{r}_s$ 均为零，$f(\Delta \mathbf{k}, \omega) = 1$，由式（3-12）可知，$f(\Delta \mathbf{k}, \omega)$ 描述的是散射波电场振幅与自由电子的散射波电场振幅之比。

（2）原子的复散射因子 $f(\Delta \mathbf{k}, \omega)$ 是入射波频率 ω、束缚电子的各种共振频率 ω_s 以及与它们在原子中的不同位置有关的相位项的函数。$\Delta \mathbf{k}_s$、$\Delta \mathbf{r}_s$ 给出了由于观察者看到的电子位置的不同，而产生的散射场的相位变化。

（3）由于原子的电荷主要分布在玻尔半径 a_0 内，所以

$$|\Delta \mathbf{k} \cdot \Delta \mathbf{r}_s| \leqslant 2k_i \sin \theta a_0 = \frac{4\pi a_0}{\lambda} \sin \theta \qquad (3\text{-}17)$$

则式（3-17）在两种特殊情况下得以简化，即

$$|\Delta \mathbf{k} \cdot \Delta \mathbf{r}_s| \to 0, \quad \frac{a_0}{\lambda} \ll 1 \qquad \text{（长波极限）} \qquad (3\text{-}18)$$

$$|\Delta \mathbf{k} \cdot \Delta \mathbf{r}_s| \to 0, \quad \theta \ll 1 \qquad \text{（向前散射）} \qquad (3\text{-}19)$$

用上标"0"表示这两种特殊情况，式（3-16）可简写成

$$f^0(\omega) = \sum_{s=1}^{Z} \frac{g_s \omega^2}{(\omega^2 - \omega_s{}^2) + \mathrm{i}\gamma\omega} \qquad (3\text{-}20)$$

（4）无论是散射率还是折射率，都需要决定 $f^0(\omega)$ 的实部和虚部。式（3-20）写为[8]

$$f^0(\omega) = f_1^0(\omega) - \mathrm{i} f_2^0(\omega) \qquad (3\text{-}21)$$

（5）f_1^0、f_2^0 与光子能量密切相关，特别是在吸收边附近。在 ω 很大的极限条件下（$\hbar\omega \gg \hbar\omega_s$），对于波长较长的软 X 射线和远紫外线（$\lambda \gg a_0$），有

$$f(\Delta \mathbf{k}, \omega) \to f^0(\omega) \to \sum_s g_s \to Z \qquad (3\text{-}22)$$

即当光子能量高于结合能很多时，所有电子的散射就像它们是自由的一样。

3.3.3　复折射率[1,8–11]

由麦克斯韦方程组（式（2-1）～（2-4））可以导出电磁波的矢量波动方程，即

$$\left(\frac{\partial^2}{\partial t^2} - c^2 \nabla^2\right) \mathbf{E}(\mathbf{r}, t) = \frac{-1}{\varepsilon_0} \left[\frac{\partial \mathbf{J}(\mathbf{r}, t)}{\partial t} + c^2 \nabla \rho(\mathbf{r}, t)\right] \qquad (3\text{-}23)$$

电磁波为横波，当波沿波矢 $\mathbf{k}$ 方向传播时，电流密度矢量 $\mathbf{J}$ 的纵向分量和 $\nabla \rho$ 项没有贡献，只需考虑垂直于 $\mathbf{k}$ 的场分量 $\mathbf{J}_\perp$，即

$$\left(\frac{\partial^2}{\partial t^2} - c^2 \nabla^2\right) \mathbf{E}_\perp(\mathbf{r}, t) = \frac{-1}{\varepsilon_0} \frac{\partial \mathbf{J}_\perp(\mathbf{r}, t)}{\partial t} \qquad (3\text{-}24)$$

在多原子情况下，$\mathbf{J}_\perp$ 应包含所有原子中电子的贡献，即需要知道每个电子的振荡速度。这可以通过对式（3-4）求导得到，即

$$\mathbf{v}(\mathbf{r}, t) = \frac{e}{m} \frac{1}{(\omega^2 - \omega_s{}^2) + \mathrm{i}\gamma\omega} \frac{\partial \mathbf{E}(\mathbf{r}, t)}{\partial t} \qquad (3\text{-}25)$$

式（3-25）引出了一个复杂的问题：求多原子系统的电流密度，需要描述原子内所有电子的位置，还要描述所有原子的相对位置。而如果仅研究波向前传播（$\theta = 0$）的情况，可使问题大大简化。向前散射的散射电场与电子的位置无关。相对于入射光，所有以近共振频率振荡的电子，向前散射光有相同的相位。正是这些向前散射波与入射波的相互作用，改变了波的传播

特征。向前传播（$\theta=0$），相同原子的贡献相等，总电流密度$J(r,t)$就是单位体积内所有电子贡献的简单相加，用$J_0(r,t)$表示为

$$J_0(r,t) = -en_a \sum_s g_s v_s(r,t) \tag{3-26}$$

式中：n_a为平均原子密度。

将式（3-25）、式（3-26）代入式（3-24）并整理，得

$$\left[(1 - \frac{e^2 n_a}{m\varepsilon_0} \sum_s \frac{g_s}{(\omega^2 - \omega_s^2) + i\gamma\omega}) \frac{\partial^2}{\partial t^2} - c^2 \nabla^2\right] E_\perp(r,t) = 0 \tag{3-27}$$

再写成标准形式，即

$$\left[\frac{\partial^2}{\partial t^2} - \frac{c^2}{n(\omega)} \nabla^2\right] E_\perp(r,t) = 0 \tag{3-28}$$

则可定义折射率$n(\omega)$为

$$n(\omega) = \left[1 - \frac{e^2 n_a}{m\varepsilon_0} \sum_s \frac{g_s}{(\omega^2 - \omega_s^2) + i\gamma\omega}\right]^{1/2} \tag{3-29}$$

可见，折射率$n(\omega)$与电磁波频率有很强的依赖关系，特别是在共振频率附近，称为色散。图3-6是在电磁波谱上折射率的示意图，显示在红外、紫外及X射线波段，折射率接近共振频率时的强烈变化。

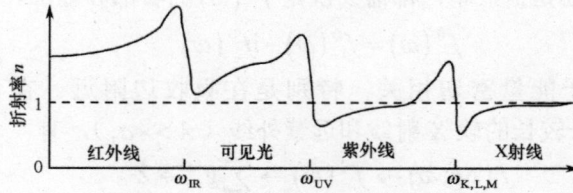

图3-6 折射率随频率变化示意图

在极紫外/软X射线能区，很容易得到$\omega^2 >> e^2 n_a / m\varepsilon_0$，则式（3-29）的1阶近似为

$$n(\omega) = 1 - \frac{1}{2} \frac{e^2 n_a}{m\varepsilon_0} \sum_s \frac{g_s}{(\omega^2 - \omega_s^2) + i\gamma\omega} \tag{3-30}$$

将折射率用原子散射因子和原子经典半径表示，式（3-30）可写成简单形式，即

$$n(\omega) = 1 - \frac{n_a r_e \lambda^2}{2\pi} [f^0_1(\omega) - i f^0_2(\omega)] = 1 - \delta + i\beta \tag{3-31}$$

其中

$$\delta = \frac{n_a r_e \lambda^2}{2\pi} f^0_1(\omega)$$
$$\beta = \frac{n_a r_e \lambda^2}{2\pi} f^0_2(\omega) \tag{3-32}$$

在可见光波段，有$\omega < \omega_s$，折射率$n(\omega) > 1$；极紫外/软X射线能区，$\omega > \omega_s$，折射率小于并接近于1，即$\delta << 1$、$\beta << 1$。所以，δ、β是两个重要的参数，反映了极紫外/软X射线与物质相互作用的特点。如石墨的密度为$\rho = 2.26 \text{g}/\text{cm}^3$，其原子数密度为$n_a = 1.13 \times 10^{23} \text{atoms}/\text{cm}^3$，对于波长$\lambda = 12.4 \text{nm}$的射线，$f^1_0 = 4.25$、$f^2_0 = 0.70$ [①]、$r_e = 2.82 \times 10^{-13} \text{cm}$，则$\delta = 3.4 \times 10^{-5}$、

---

① B.L.Henke 等已给出所有元素对低能 X 射线的原子散射因子 f_1 和 f_2 的值，δ 值为 $10^{-5} \sim 10^{-2}$。对于波长为 1nm 的软 X 射线和原子序数不太大的元素，δ 值在 $10^{-5} \sim 10^{-4}$ 之间。

$\beta = 5.71 \times 10^{-6}$。对长波长或高 Z 元素，这两个参数会大一点但仍然远小于1。f_0^2 对 λ^2 依赖最强。

δ、β 在研究极紫外/软 X 射线与物质相互作用中是非常有用的，集中体现在射线经过物质时发生相移和被物质吸收以及在界面发生反射与折射现象中。

3.3.4 物质对 X 射线的吸收及相移[9,12,13]

若介质中不存在自由电荷，由麦克斯韦方程组（式（2-1）至式（2-4））可以得到电磁波的动力学方程为

$$\nabla^2 \boldsymbol{E} = \varepsilon_0 \varepsilon_r \mu_0 \mu_r \frac{\partial^2 \boldsymbol{E}}{\partial t^2} + \mu_0 \mu_r \sigma \frac{\partial \boldsymbol{E}}{\partial t}$$

$$\nabla^2 \boldsymbol{H} = \varepsilon_0 \varepsilon_r \mu_0 \mu_r \frac{\partial^2 \boldsymbol{H}}{\partial t^2} + \mu_0 \mu_r \sigma \frac{\partial \boldsymbol{H}}{\partial t}$$

该方程的解为 $\boldsymbol{E} = \boldsymbol{E}_0 \mathrm{e}^{-\mathrm{i}(\omega t - \boldsymbol{k} \cdot \boldsymbol{r} + \phi_0)}$，$\boldsymbol{E}_0$ 为平面波振幅。在平面波传播方向上 $\boldsymbol{k} \cdot \boldsymbol{r} = kr$，根据色散关系，即

$$\frac{\omega}{k} = \frac{c}{n} = \frac{c}{1 - \delta + \mathrm{i}\beta} \Rightarrow k = \frac{\omega}{c}(1 - \delta + \mathrm{i}\beta) \tag{3-33}$$

且令初相位 $\phi_0 = 0$，平面波方程写成

$$\boldsymbol{E}(r,t) = \boldsymbol{E}_0 \mathrm{e}^{-\mathrm{i}\omega(t - r/c)} \mathrm{e}^{-\mathrm{i}(2\pi\delta/\lambda)r} \mathrm{e}^{-(2\pi\beta/\lambda)r} \tag{3-34}$$

式中：指数因子第一项代表波在真空中传播时的相位关系；第二项为介质产生的相移；第三项表示介质的吸收、振幅的衰减。

对于在复折射率为 n 的介质中传播的平面波，其平均强度为①

$$\overline{I} = |\overline{\boldsymbol{S}}| = \frac{1}{2} \mathrm{Re}(n) \sqrt{\frac{\varepsilon_0}{\mu_0}} |\boldsymbol{E}|^2 \tag{3-35}$$

将式（3-34）代入式（3-35），则平面波的平均强度为

$$\overline{I} = |\overline{\boldsymbol{S}}| = \frac{1}{2} \mathrm{Re}(n) \sqrt{\frac{\varepsilon_0}{\mu_0}} |\boldsymbol{E}_0|^2 \mathrm{e}^{-2(2\pi\beta/\lambda)r} = \overline{I}_0 \mathrm{e}^{-(4\pi\beta/\lambda)r} \tag{3-36}$$

式中：I_0 为从真空入射到介质表面时的强度。

式（3-36）表明，电磁波在介质中传播时按指数形式衰减。

极紫外/软 X 射线穿过介质时，习惯上将强度衰减写为

$$\overline{I} = \overline{I}_0 \mathrm{e}^{-\rho\mu r} \tag{3-37}$$

式中：ρ 为质量密度；μ 为（质量）吸收系数；r 为薄膜厚度。

由式（3-34），极紫外/软 X 射线穿过介质薄膜时产生的相移为

$$\Delta\phi = \left(\frac{2\pi\delta}{\lambda}\right)r \tag{3-38}$$

3.3.5 界面反射与折射[1,11-13]

为满足麦克斯韦方程，入射波、反射波、折射波在界面处，场必须满足一定的边界条件：①$\boldsymbol{E}$、

---

① 平面波能流密度[2,3]为

$$\boldsymbol{S} = \boldsymbol{E} \times \boldsymbol{H} = \sqrt{\frac{\varepsilon_0 \varepsilon_r}{\mu_0 \mu_r}} E^2 (\boldsymbol{k}/k) = \sqrt{\varepsilon_r} \cdot \sqrt{\frac{\varepsilon_0}{\mu_0}} E^2 (\boldsymbol{k}/k) = \mathrm{Re}(n) \sqrt{\frac{\varepsilon_0}{\mu_0}} E^2 (\boldsymbol{k}/k)$$

H 平行于界面的分量必须连续；②**D**、**B** 垂直于界面的分量必须连续。依据此边界条件，可以导出反射定律、Snell 折射定律，表示反射波、折射波与入射波振幅关系的菲涅耳公式，符号表示如图 3-7 所示。

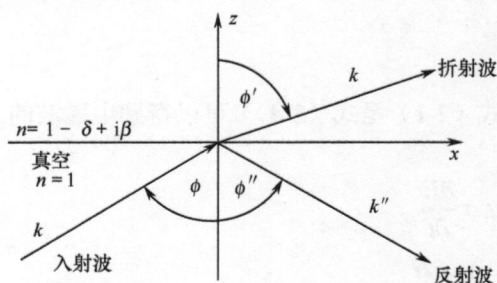

图 3-7　界面反射与折射

（1）反射定律——入射角等于反射角

$$\phi = \phi'' \tag{3-39}$$

（2）Snell 折射定律

$$\sin\phi' = \frac{\sin\phi}{n} \tag{3-40}$$

（3）偏振反射特性

电磁波为横波，因此有两个偏振自由度。用电矢量分别对 S 偏振光（垂直于入射面的分量）和 P 偏振光（入射面内的分量）考察比较方便[①]。两种偏振光的反射率分别为

$$R_{\mathrm{S}} = \frac{\left|\cos\phi - \sqrt{n^2 - \sin^2\phi}\right|^2}{\left|\cos\phi + \sqrt{n^2 - \sin^2\phi}\right|^2} \tag{3-41}$$

$$R_{\mathrm{P}} = \frac{\left|n^2\cos\phi - \sqrt{n^2 - \sin^2\phi}\right|^2}{\left|n^2\cos\phi + \sqrt{n^2 - \sin^2\phi}\right|^2} \tag{3-42}$$

由于 X 射线的 $\delta \ll 1$、$\beta \ll 1$，物质折射率非常接近于 1，所以 X 射线在界面处的反射率非常小，说明辐射越过界面后场振幅变化很小。下面分析两种特殊但应用意义很大的反射情况。

（1）正入射情形（$\phi = 0°$）。因为此时入射面可以取垂直分界面的任意平面，所以两种偏振态在物理上没有区别，两种偏振的反射率完全相同。

$$R_{\mathrm{S},\perp} = R_{\mathrm{P},\perp} = \frac{|1-n|^2}{|1+n|^2} = \frac{(1-n)(1-n^*)}{(1+n)(1+n^*)} \tag{3-43}$$

将 $n = (1 - \delta + \mathrm{i}\beta)$ 代入式（3-43），得

$$R_{\mathrm{S},\perp} = R_{\mathrm{P},\perp} = \frac{(1-\delta+\mathrm{i}\beta-1)(1-\delta-\mathrm{i}\beta-1)}{(1-\delta+\mathrm{i}\beta+1)(1-\delta-\mathrm{i}\beta+1)} = \frac{\delta^2+\beta^2}{(2-\delta)^2+\beta^2}$$

在 X 射线能区，由于材料的光学常数极小（$\delta \ll 1, \beta \ll 1$），上式可近似为

$$R_{\mathrm{S},\perp} = R_{\mathrm{P},\perp} \approx \frac{\delta^2+\beta^2}{4} \tag{3-44}$$

式（3-44）是研究软 X 射线光学多层膜的主要理论依据，正入射情况下，高反射率会出现在光学常数相差很大的两种介质的界面，通常是一个重元素和一个轻元素。

（2）掠入射情形（全反射掠入射临界角）。由于 $\delta \ll 1$，由 Snell 折射定律可知，折射光将向远离法线的方向偏折。因此，当入射角 ϕ 接近 $\pi/2$ 掠入射时，折射角 ϕ' 可以等于 $\pi/2$，说明在一级近似下，没有光进入介质，即发生了全反射。在掠入射情况下，任何偏振方向的辐射都全反射，所以通常讨论全反射问题。

---

① 偏振面通常指磁场矢量所在的面。

Snell 折射定律描述的是在均匀、各向同性、复折射率为 n 的介质中波的折射，由于入射角 ϕ 为实数，所以 $\sin\phi'$ 也是复数。由此导致介质中的波矢 $\boldsymbol{k}'$ 和折射角 ϕ' 都有实部和虚部，使折射和传播的表述更为复杂。设 $\beta \to 0$，折射角 $\phi' = \pi/2$ 时对应的入射角为全反射临界角 ϕ_c。引入掠入射角 θ，有 $\theta + \phi = \pi/2$，如图 3-8 所示。Snell 折射定律改写为 $\sin\phi_c = \cos\theta_c = 1 - \delta$。因为对 X 射线，$\delta \ll 1$，$\cos\theta_c$ 接近于 1，因此可以作小角度近似，得全反射掠入射临界角为

$$\theta_c = \sqrt{2\delta} = \sqrt{\frac{n_a r_e \lambda^2 f_1^0(\lambda)}{\pi}} \tag{3-45}$$

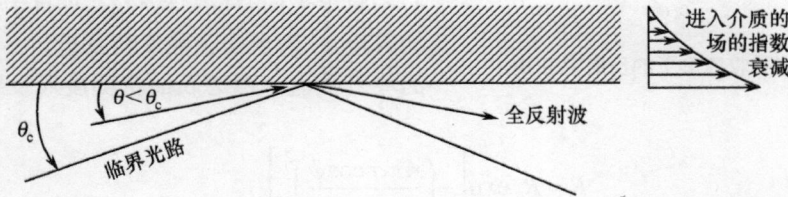

图 3-8　掠入射和全反射光路示意图

因为各自然元素的原子数密度 n_a 变化很缓慢，利用式（3-22），全反射掠入射临界角的依赖关系为

$$\theta_c \propto \lambda\sqrt{Z} \tag{3-46}$$

式（3-46）表明，为了得到大的临界角，可以采用波长相对长些和高 Z 的物质。全反射原理在同步辐射 X 射线光学中得到了广泛应用，光束线的镜子一般都采用掠入射形式。在远离物质吸收边的低 Z 材料中，临界掠入射角 θ_c 与入射光能量 E 的乘积视为常数[14]，即

$$\theta_c(\text{mrad})E(\text{keV}) = 19.83\sqrt{\rho(\text{g}/\text{cm}^3)} \tag{3-47}$$

利用此式能便捷地计算出 θ_c。

当考虑 δ、β 为有限值的物质的反射率时，即使 $\theta < \theta_c$，也因为物质的有限吸收损耗（$\beta \neq 0$），必定会有能流流入介质，并且折射角 ϕ' 也会比 $\pi/2$ 略小。反射率式（3-41）可以相对简单地写成

$$R_{s,\theta} = \frac{(\theta - A)^2 + B^2}{(\theta + A)^2 + B^2} \tag{3-48}$$

其中

$$\begin{cases} A = \sqrt{\dfrac{\left(a^2 + b^2\right)^{1/2} + a}{2}} \\[3mm] B = \sqrt{\dfrac{\left(a^2 + b^2\right)^{1/2} - a}{2}} \\[3mm] a = \theta^2 - 2\delta \\[1mm] b = 2\beta \end{cases} \tag{3-49}$$

式（3-48）尽管形式看似简单，却反映出掠入射时反射率对 θ、δ、β 的复杂的依赖关系。

55

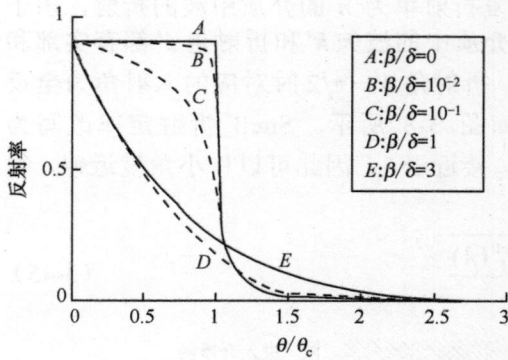

图 3-9 有限吸收情形下的反射率曲线

图例：
A: $\beta/\delta=0$
B: $\beta/\delta=10^{-2}$
C: $\beta/\delta=10^{-1}$
D: $\beta/\delta=1$
E: $\beta/\delta=3$

图 3-9 给出了参数 β/δ 的数值解，图中显示只有 X 射线以小于 θ_c 的角度掠入射时才有较大的反射率。该结果既适用于垂直偏振（S），也适用于平行偏振（P）。

需要注意的是，上述反射率的计算都是基于反射面为理想光滑表面，实际表面总有一定的粗糙度，引起 X 射线的吸收和漫散射。表面粗糙度的定义式：认为界面为一平面,平面上的各散射中心相对于平面有随机的位移，垂直于平面方向位移均方差 σ^2 为表面粗糙度特征量，σ 为表面粗糙度的均方根值。考虑表面粗糙度对反射率的影响[14]后，有

$$R = R_0 \exp\left[-\left(\frac{4\pi\sigma\cos\phi}{\lambda}\right)^2\right] \tag{3-50}$$

式中：R 为粗糙表面的反射率；R_0 为理想光滑表面的反射率；λ 为入射光波长；ϕ 为入射角。

（4）布儒斯特角（Brewster Angle）

布儒斯特角 ϕ_B 定义为反射光中只含有 s 偏振光而没有 p 偏振光时对应的角度。令 $R_P = 0$，由式（3-42）得

$$n^2\cos^2\phi_B = \sqrt{n^2 - \sin^2\phi_B} \tag{3-51}$$

从式（3-51）很容易得出 $\tan\phi_B = n$。因为 n 是复数，忽略 β，得到实数角度 ϕ_B，即

$$\tan\phi_B \approx 1 - \delta \tag{3-52}$$

极紫外/软 X 射线能区 $\delta \ll 1$，布儒斯特角比 45° 稍小一点。对 $\tan\phi_B$ 在 45° 处作泰勒展开，则布儒斯特角（也称起偏角）为

$$\phi_B \approx \frac{\pi}{4} - \frac{\delta}{2} \tag{3-53}$$

具有偏振特性的 X 射线是研究材料磁学性能的最有力的工具,从布儒斯特角和布儒斯特定律为出发点制备的软 X 射线多层膜偏振元件已经得到了广泛应用。

参 考 文 献

［1］Attwood D. Soft X-ray and Extreme Ultraviolet Radiation: Principles and Application [M]. New York:Cambridge University Press, 1999.

［2］冼鼎昌. 北京同步辐射装置及其应用[M]. 南宁： 广西科学技术出版社，2016.

［3］郑雷. 基于 SR 的气体和薄膜光吸收截面的测量研究[D]. 北京:中国科学院高能物理研究所,2005:7.

［4］马陈燕. BSRF 中能 X 射线吸收谱学方法及其应用研究[D]. 北京:中国科学院高能物理研究所,2008: 24.

［5］Stöhr J. NEXAFS Spectroscopy [M]. Springer-Verlag Berlin Heidelberg New York, 1992.

［6］Stefan Hüfner. Photoelectron Spectroscopy [M]. Springer-Verlag Berlin Heidelberg New York, 2003.

［7］[日]渡边诚, 佐藤繁. 同步辐射科学基础[M]. 丁剑, 乔山, 等译. 上海: 上海交通大学出版社,2010.

［8］俎栋林. 电动力学[M]. 北京：清华大学出版社,2006.

［9］Loudon R. The Quantum Theory of Light [M]. Second Edition. London: Oxford Univ.Press, 1983.

［10］Gullikson E M. Optical Properties of Materials[M]. New York: Academic Press, 1988: 257-270.

［11］赵屹东. SR 软 X 射线光束线输出特性研究及探测器性能研究[D]. 北京:中国科学院高能物理研究所, 2002: 32-34.

［12］虞福春, 郑春开. 电动力学[M]. 北京：北京大学出版社, 2003.

［13］郭硕鸿. 电动力学[M]. 北京：北京高等教育出版社, 1979.

［14］Beckmann P, Spizzichino A. The Scattering of Electromagnetic Waves from Rough Surfaces[M]. London: Artech House, 1987.

第4章　光束线设计的理论基础

电子储存环发出的同步光并不能直接用于实验研究。不同的科学实验对同步辐射光的能量、通量、单色性、偏振度、光斑尺寸等要求不同，需要用光束线把储存环和实验站连接起来。光束线起到将选择和加工后的同步光安全、稳定、高效地传输到实验站的作用。

4.1　同步辐射光束线结构[1,2]

以储存环的屏蔽墙为界，将从储存环引出的同步光光路分为"前端区"和"光束线"两部分。前端区的主要作用：①输出经过准直的满足一定张角要求的同步光；②提供对储存环的真空保护、对实验站工作人员的安全保护；③实现对光束位置的初步确定与监控。这些功能对任何一种应用都是必要的，因此不同光束线前端区的设计没有原则上的区别，均采用标准化和模块式的设计和布置。

不同的科学实验对光束线性能有不同要求，不同的同步光源的特性也不同，因此光束线不是普通的标准产品，但其基本构造和光束传输原理是相同的。仍见图 4-1 所示，为前端区和光束主要部件及结构布局示意图。

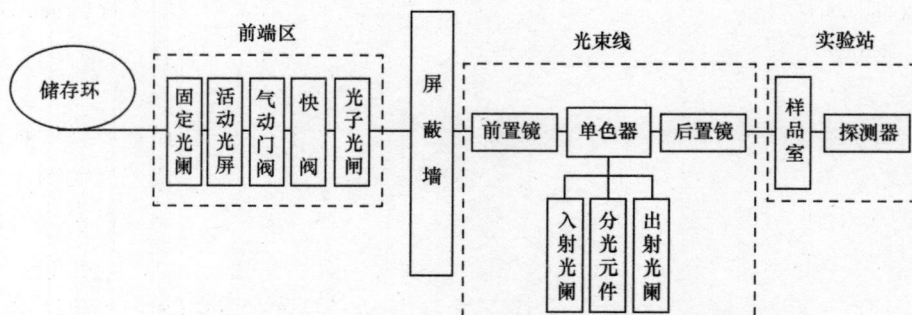

图 4-1　同步辐射光束的传输示意框图

光束线大致可分为真空紫外光束线、软 X 射线光束线和硬 X 射线光束线。光束线的主要功能是对同步辐射进行分光和成像，在不同的能区有着不同的光学系统和所使用的光学元件。

光束线的分光系统称为单色器，是光束线的核心，主要包括入射狭缝、分光元件和出射狭缝等光学元件。在硬 X 射线和软 X 射线中高能区，分光元件为晶体，相应的单色器称为晶体单色器；在软 X 射线低能区，分光元件为光栅，相应的单色器称为光栅单色器。

光束线中的成像元件是前置镜和后置镜，多为掠入射反射模式。

光束线上除分光和成像元件外，还包含光阑、光学窗、滤光片、偏振器和束流监测器等元件。各类光学元件经优化组合，线性排布于真空管道内，形成数十米长的大型光学传送系统。为防止元件表面被污染，保持高的光束传输效率，需要有非常干净的真空环境；各元件在真空内的姿态，相互之间的静态位置，联动扫描及元件自身的面型改变，都需要特殊的装置和精密的机构来实现；同步辐射的高功率密度，导致元件表面承受很高的热负载，需要采用高效的冷却系统降低表面温度，减小元件受热导致的变形；光学准直、能量扫描、反馈补偿要与实验站的数据采集等有机相连并同步进行，需要有智能控制系统。因此，光束线是包含光学、真空、机械、热力学、电子学等多种科学与技术的复杂系统。

在同步辐射光源的周圈上布满了几十条光束线，可同时从事各领域的研究。光束线构造因光源能量和用户对象不同存在很大差别。例如，合肥同步辐射装置是 0.8GeV 的低能光源，光子能量最高到 12keV。光束线长度为 10～20m，结构相对简单。而 Spring-8，能量高达 300keV，周长 1500m 的储存环上装有 61 条光束线，有 3 条光束线长 1000m，8 条光速线长 300m。每条光束线上装有几十种甚至上百种光学元件。

4.2 同步辐射光束线分光系统——晶体单色器

4.2.1 晶体对 X 射线的衍射

1．晶体衍射的几何理论[3-5]

晶体对 X 射线的衍射是非常复杂的，其原因在于原子本身包含众多的电子，同一原子内各电子的散射波存在相位差，而晶体又是原子的三维集合。但如果将关注的焦点置于晶体对 X 射线衍射的最终结果上，可以使问题大大简化：如忽略同原子中电子散射波的相位差，将晶体看成无缺陷的理想结构；不考虑康普顿散射效应，认为入射光波长与散射光波长相等；设 X 射线源到晶体和晶体到观测点的距离都比晶体本身大得多，即认为入射光和散射光都是单色平行光。

联系 X 射线衍射方向与晶体结构之间关系的方程有两个，即劳厄（M.Von Laue）方程和布拉格（W.L.Bragg）方程。

1）劳厄方程[①]

晶体可视为带基元的格点组成的布喇菲格子，劳厄对衍射花样的解释是：把布喇菲格子的格点看作是散射中心，当所有格点的散射光发生相干加强时相应于衍射极大。如图 4-2 所示，波矢为 k_0 的 X 射线投射到相距为 R 的两个格点 O 和 A 上，在某方向上的散射波波矢为 k。若两格点散射波之间的光程差满足

$$\delta = \overline{AB} + \overline{AC} = R \cdot \frac{k_0}{k_0} - R \cdot \frac{k}{k} = m\lambda \quad m = 0, \pm 1, \pm 2, \cdots \tag{4-1}$$

则沿 k 方向的散射光相干加强。

由于 R 是晶格平移矢量，设 G 为倒格矢，利用 $k_0 = 2\pi / \lambda$，式（4-1）还可写为

$$R \cdot G = 2\pi m' \quad m' = 0, \pm 1, \pm 2, \cdots$$

则衍射极大方向必须满足以下劳厄方程，即

$$k_0 - k = G \tag{4-2}$$

式（4-2）是衍射极大条件在倒格子空间的表述。此式的几何关系还可以如图 4-3 所示：虚线表示与倒格矢 G 对应的晶面，k_0、k 和 G 构成等腰三角形，劳厄方程的另一等价形式为布里渊区的界面方程，即

---

① 1912 年，劳厄等人的晶体对 X 射线衍射实验，证明了 X 射线具有波动性，同时也验证了晶体具有周期性[7]。

$$2\boldsymbol{k}_0 \cdot \frac{\boldsymbol{G}}{G} = G \tag{4-3}$$

把 $\boldsymbol{k}_0$ 当作倒格子空间一矢量，则此式说明从某倒格点出发，凡波矢端点落在布里渊区界面上的 X 射线，都满足衍射极大条件，且衍射束在 $\boldsymbol{k}_0 - \boldsymbol{G}$ 方向。

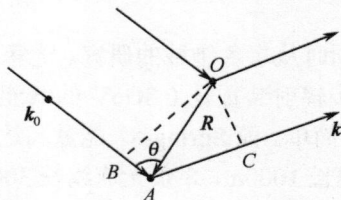

图 4-2　两个点散射中心 O 和 A 对 X 射线的衍射　　　图 4-3　倒格子空间衍射极大条件的几何表示

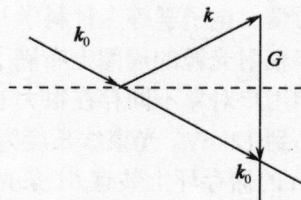

2）布拉格方程

布拉格把晶体的一系列平行的原子层（晶格平面）看作通常的光学反射表面，将 X 射线通过晶体的衍射视为晶面的选择反射。如图 4-4 所示，上、下两原子层所发出的反射线的光程差满足衍射加强的条件为

$$\delta = 2d_{hkl} \sin\theta_B = m\lambda \quad m = 1,2,3,\cdots \tag{4-4}$$

式中：d_{hkl} 为指定晶面 (hkl) 的晶格常数；m 为衍射级数；θ_B 为掠入射角；称为布拉格角。

晶面指数为 $(nhnknl)$ 与 (hkl) 的两组相邻晶面间距的关系为 $d_{hkl} = nd_{nhnknl}$，n 为正整数。令式（4-4）中 $m=1$，则有

$$2d_{nhnknl} \sin\theta_B = \lambda|n \quad n = 1,2,3,\cdots \tag{4-5}$$

式（4-4）反映了 X 射线的波长和晶面间距之间的定量关系，既可测定 X 射线波长，又可研究晶体结构特征，开拓了 X 射线谱学和晶体结构分析的研究领域。式（4-5）表明，当 X 射线以某一布拉格角 θ_B 入射晶体表面时，除分离出 $n=1$ 的基波外，还夹杂有 $n=2,3,4,\cdots$ 对应的 $\lambda/2$、$\lambda/3$、$\lambda/4$、$\cdots$ 的高次谐波。高次谐波的存在严重影响着单色谱线的纯洁性，在许多科学实验中要求尽量消除，所以在单色器设计或光束线设计时要考虑抑制高次谐波的问题。

3）厄瓦尔德构图

厄瓦尔德（Ewald）图是用一个反射球来形象地表示劳厄方程。任取一倒格点为原点，在倒格子空间画出以 $\boldsymbol{k}_0$ 的末端为球心，以 k_0 为半径画一球面，如图 4-5 所示。由于 $k_0 = k = 2\pi/\lambda$，所以从球面上的任何一倒格点向球心所作的矢量 $\boldsymbol{k}$ 都满足 $\boldsymbol{k}_0 - \boldsymbol{k} = \boldsymbol{G}$，落在反射球上各倒格点到球心的矢量，都表示在给定入射波 $\boldsymbol{k}_0$ 情况下，晶体可产生衍射极大的方向。

布拉格方程和劳厄方程完全等价。从图 4-3 可以看出，劳厄方程式（4-3）的左端 $2\boldsymbol{k}_0 \cdot \dfrac{\boldsymbol{G}}{G} = 2k_0 \sin\theta_B$，右端根据倒格矢的性质[①]有 $G_{hkl} = n\dfrac{2\pi}{d_{h_1h_2h_3}}$，$d_{h_1h_2h_3}$ 表示相邻晶面的间距。则劳厄方程式（4-3）还可改写成

$$2k_0 \sin\theta_B = 2\frac{2\pi}{\lambda}\sin\theta_B = n\frac{2\pi}{d_{h_1h_2h_3}}$$

$$2d_{h_1h_2h_3}\sin\theta_B = n\lambda$$

[①] n 为倒格矢表达式中的公因子，$G_{hkl} = n(h_1\boldsymbol{b}_1 + h_2\boldsymbol{b}_2 + h_3\boldsymbol{b}_3)$。

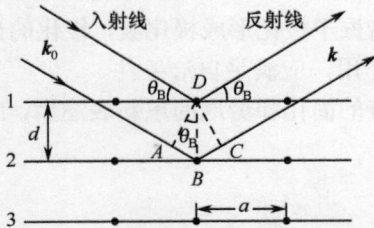

图 4-4 布拉格公式的推证（多层原子面的反射）

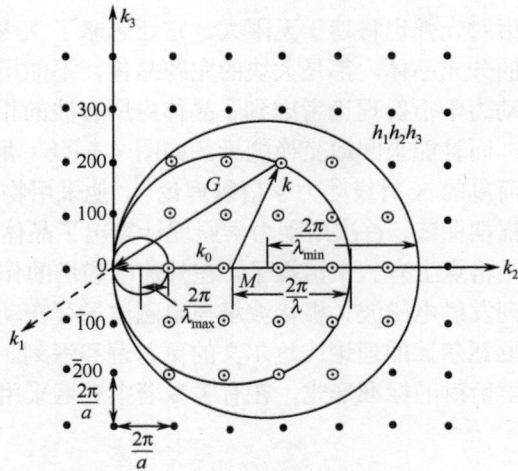

图 4-5 厄瓦尔德衍射球

布拉格方程是将倒易空间的问题转化到了实际空间,利用晶面反射的概念直接描述 X 射线被晶体中电子散射和散射后的光线相干的结果,不涉及衍射过程,使晶体对 X 射线衍射这一复杂物理现象用几何光学的方法描述,直观易懂。但应指出的是,晶体衍射的物性并非晶面反射,只是通过晶面反射的概念来表达此现象。X 射线的晶面反射线方向与可见光的镜面反射也有不同。镜面可以任意角度反射可见光,但 X 射线只有在满足布拉格方程的 θ 角上才能发生反射。厄瓦尔德图解是把晶面反射的布拉格公式和倒格子空间的衍射极大条件结合了起来,三者在分析晶体 X 射线衍射的几何条件时是等效的,在物理本质上并无差别,但厄瓦尔德作图法更形象。

2. 晶体衍射的运动学和动力学理论的基本思想[6,7]

在实验中可以判断的是衍射极大可能发生的方向,也可以测量衍射条纹的强度。衍射条纹的强度与原子散射因子、几何结构因子两个因素有关。原子散射因子描述散射中心的原子对 X 射线的散射能力;几何结构因子反映原胞对 X 射线的散射能力。由于来自同一原胞中各个原子的散射波之间存在干涉,所以原胞中原子的分布不同,其散射能力也不同。衍射强度是晶体结构的反映。将倒格点加上几何结构因子 F_{hkl} 的权重,有权重的倒晶格就可以通过傅里叶级数的叠加来求出原晶格单胞中的电荷密度分布,即

$$\rho(r) = \sum_{G} F_G e^{i2\pi k \cdot G} = \sum_{hkl} F_{hkl} e^{i2\pi k \cdot G} \tag{4-6}$$

如何根据实验观测到的衍射强度信息,取得 F_{hkl} 中相位的信息,就成为结构分析中的关键性问题。

获取衍射强度与 F_{hkl} 的关系,最简单的衍射理论称为运动学衍射理论,如图 4-6(a)所示。运动学衍射理论认为晶体的每个体积元对 X 射线的散射与其他体积元的散射无关,而且散射光通过晶体时不会再被散射,理想地认为入射光束穿过晶体时,尽管它在路径上产生大量的衍射光,但入射光强度仍保持不变。上述结论的出发点是小晶体近似,即认为产生衍射的晶体尺寸甚小,衍射光的振幅要比透射光振幅小得多。总的衍射强度就等于各个部分贡献的衍射强度的叠加。根据运动学衍射理论,很容易导出每个衍射斑点的累积强度和该斑点对应的结构因子的平方 $|F_{hkl}|^2$ 成正比,这就是在结构分析中普遍采用的理论。

运动学衍射理论的缺点是不自洽,也破坏了能量守恒原理。如果让晶体厚度增加到无限大,

那么衍射光强也将趋于无限大。它还忽略了 X 射线通过晶体的色散效应。同步辐射 X 射线单色器的分光晶体，都是大块的完整晶体，不能用运动学理论来解释其衍射机理。

动力学衍射理论考虑到了晶体内所有波的相互作用，认为入射线与衍射线在晶体内相干地结合，而且能来回地交换能量，如图 4-6（b）所示。达尔文（C.G.Darwin）首先于 1914 年提出最简单的 X 射线动力学衍射理论[9]，他采用物理光学的方法推导出振幅的递推公式和晶体反射的摇摆曲线，首次用动力学原理计算出了晶体衍射的积分强度。1916 年厄瓦尔德提出，设想每一个格点上有一个谐振子，在外加电磁场的作用下，各谐振子极化形成极化波，极化的谐振子阵列发射电磁波。极化波场与电磁波场存在动力学交互作用，应满足自洽条件。

厄瓦尔德的理论比达尔文的更普遍和深刻。在经过贝特的简化和劳厄的重新表述后，成为动力学衍射的标准形式，在有关专著中普遍采用[8]。

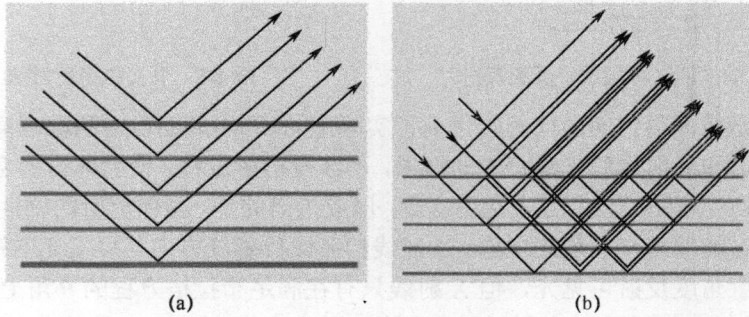

图 4-6　晶体衍射原理示意图
（a）运动学理论；（b）动力学理论。

4.2.2　晶体对 X 射线衍射的基本性能参数[9,10]

晶体对 X 射线衍射的主要特性参数包括晶体布拉格衍射本征角宽度、晶体布拉格衍射的本征能量分辨率和晶体的积分反射率。

1. 晶体布拉格衍射本征角宽度

在布拉格角 θ_B 附近存在一个很窄的（数角秒）的全反射区域（反射率为 1），为晶体衍射的本征角宽度。此概念最先由达尔文的动力学衍射理论得出，故也称达尔文宽度（Darwin Width，ω_D）。ω_D 表达式为

$$\omega_D = \frac{2}{\sin 2\theta_B} \cdot \frac{r_e \lambda^2}{\pi V} C |F_{hkl}| e^{-M} \tag{4-7}$$

式中：$|F_{hkl}|$ 为晶体结构因子；$r_e = e^2/mc^2$；V 为晶胞体积；e^{-M} 为温度系数；C 为偏振系数，取值为

$$C = \begin{cases} 1 & , \quad \sigma \text{偏振（S偏振）} \\ \cos 2\theta_B & , \quad \pi \text{偏振（P偏振）} \end{cases}$$

可见，完整晶体本征角宽度 ω_D 取决于晶体结构因子 $|F_{hkl}|$ 和布拉格角 θ_B。图 4-7 是对称布拉格衍射曲线，达尔文只给出了粗线条的包络曲线，得不到细微振荡的细节，后来普林斯计算了吸收效应，修正了达尔文结果，100%的全反射消失了，剩下的是与吸收有关的不对称峰。

2．晶体布拉格衍射的本征能量分辨率

取式（4-4）中 $m=1$，对式两端求微分，就得到布拉格衍射的本征能量分辨率，即

$$\frac{\Delta\lambda}{\lambda} = \frac{\Delta E}{E} = \Delta\theta\cot\theta_{\mathrm{B}} = \frac{4r_{\mathrm{e}}d^2}{\pi V}\cdot C|F_{hkl}|\mathrm{e}^{-M} \qquad (4\text{-}8)$$

这说明对波长为 λ 的入射光，在其布拉格角附近的一个小范围内，都能发生衍射，意味着用晶体分光时，如果入射光是白光，那么即使入射光是完全平行光，出射光也只能是准单色的。所以晶体单色器的能量分辨率不能无限制地提高，而要受到达尔文宽度 ω_{D} 的制约。

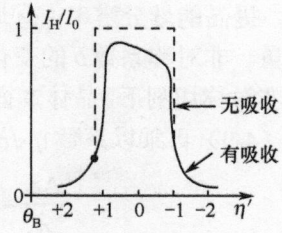

图 4-7　对称布拉格衍射的反射曲线

3．积分反射率

如图 4-7 所示，反射曲线所围成的面积就是晶体的积分反射率。对称反射下的表达式为

$$I = \int_{-\infty}^{+\infty} R(\theta_{\mathrm{o}})\mathrm{d}\theta_{\mathrm{o}} \approx \frac{8}{3\sin 2\theta_{\mathrm{B}}}\cdot\frac{r_{\mathrm{e}}\lambda^2}{\pi V}C|F_{hkl}|\mathrm{e}^{-M} \qquad (4\text{-}9)$$

$R(\theta_{\mathrm{o}})$ 表示理想平面波的反射率是入射角 θ_{o} 的函数。需要加以区别的是，积分反射率是指被反射曲线包容的面积，被反射光子密度在数值上等同于积分反射率；反射率是指反射曲线的高度。完整晶体有很高的反射率，但积分反射率较低；相反非完整晶体反射低，但积分反射率高[10]。

4．斜切晶体的衍射特性

晶体的非对称切割使晶格面不平行于晶体的物理表面，改变了入射光束的边界条件，形成非对称布拉格衍射。图 4-8 表示斜切晶体的衍射几何，下标"o"和"h"分别表示与入射和反射有关的量。非对称斜切系数 b 将影响晶体单色器的衍射特性为

$$b = \frac{\sin(\theta_{\mathrm{B}} - \varepsilon)}{\sin(\theta_{\mathrm{B}} + \varepsilon)} \qquad (4\text{-}10)$$

式中：ε 为晶体斜切角；$b=1$ 表示对称切割。

当 $0 < |\varepsilon| < \theta_{\mathrm{B}}$ 时，晶体接受光束的角宽度 ω_{o} 不等于被反射出的角宽度 ω_{h}。当 $b>1$ 时，$\omega_{\mathrm{o}} < \omega_{\mathrm{D}} < \omega_{\mathrm{h}}$，三者之间的关系为

$$\omega_{\mathrm{o}} = \frac{\omega_{\mathrm{D}}}{\sqrt{b}}, \quad \omega_{\mathrm{h}} = \omega_{\mathrm{D}}\sqrt{b}, \quad \omega_{\mathrm{h}} = b\omega_{\mathrm{o}} \qquad (4\text{-}11)$$

根据角宽度公式得到光束空间位置的线宽表达式为

$$S_{\mathrm{h}} = S_{\mathrm{o}}/b \qquad (4\text{-}12)$$

在斜切情况下，入射光和出射光在线宽度上也不再一致，由式（4-11）和式（4-12）可以得到刘维定理[11]的表达式，即

$$\omega_{\mathrm{h}}S_{\mathrm{h}} = S_{\mathrm{o}}\omega_{\mathrm{o}} \qquad (4\text{-}13)$$

即在非对称布拉格衍射中，入射光束的角发散和线宽度的乘积等于衍射光束的角发散和线宽度的乘积。斜切晶体的这一特点对单色器的设计很有用[12]，通过改变非对称系数 b 来实现：①牺牲部分反射率和波长调谐范围，使反射光束为近似平

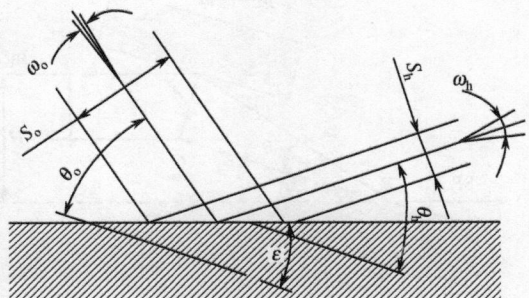

图 4-8　晶体非对称布拉格衍射的几何图示

63

行光，提高能量分辨率；②增大光束接受角和晶体的能量通道带宽，降低分辨率，获得高的光子通量。非对称系数 b 的变化范围一般是在 $0.01 \sim 100$，它受到最小布拉格角的限制。

非对称切割下，晶体本征能量分辨率和积分反射率都有相应的改变，具体说来就是式（4-8）和式（4-9）再乘以系数 $1/\sqrt{b}$，即

$$\frac{\Delta\lambda}{\lambda} = \frac{\Delta E}{E} = \Delta\theta\cot\theta_B = \frac{1}{\sqrt{b}} \cdot \frac{4r_e d^2}{\pi V} \cdot C\left|F_{hkl}\right|e^{-M} \tag{4-14}$$

$$I = \int_{-\infty}^{+\infty} R(\theta_o)\mathrm{d}\theta_o \approx \frac{1}{\sqrt{b}} \cdot \frac{8}{3\sin 2\theta_B} \cdot \frac{r_e\lambda^2}{\pi V} C\left|F_{hkl}\right|e^{-M} \tag{4-15}$$

4.2.3 同步辐射光束线晶体单色器类型[7]

用晶体作为衍射元件的分光谱仪称为晶体单色器。晶体单色器的种类很多：按参与衍射的晶体的数量分为单晶、双晶和四晶单色器；按照衍射方式分为劳厄衍射和布拉格衍射；按晶体的排布分为色散和消色散。同步辐射光学中常用的晶体单色器有切槽晶体单色器、固定光束输出位置的双晶单色器、弧矢聚焦晶体单色器等。

1. 固定光束输出位置的双晶单色器

布拉格双晶衍射的基本单元可以归纳为 3 类，即 （$+n$, $+m$）型、（$+n$, $-m$）型、（$+n$, $-n$）型。其中（n, n）型表示两块品质完全相同的晶体，（n, m）型表示两块品质不同的晶体，（$+$, $-$）表示两晶体表面的法线位于第一晶体衍射线和第二晶体入射线的两侧，（$+$, $+$）表示位于同侧。以（$+n$, $-n$）排列的衍射单元称为消色散型排布，以（$+n$, $+n$）排列称为色散型排布，如图 4-9 所示。

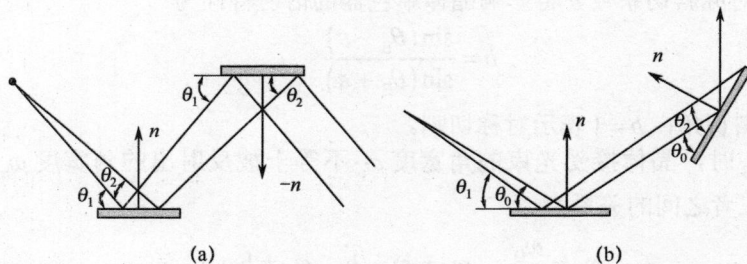

图 4-9　两块对称的完整晶体对 X 射线的衍射
（a）消色散型 ($+n$, $-n$) 排列；（b）色散型 ($+n$, $+n$) 排列。

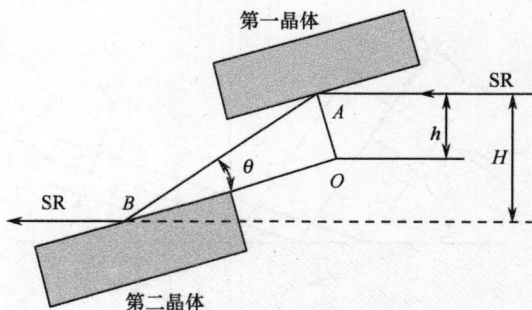

图 4-10　固定光束输出位置的消色散型双晶单色器结构

双平晶单色器在同步辐射 X 射线光束线中应用最为广泛。它主要由两块品质完全一致的独立晶体作为分光元件，以（$+n$, $-n$）排布，采用直角联动或独立运动等机构驱动晶体运动及调整晶体姿态，完成对测试样品的能量选择与扫描，保持入射光线和出射光线的的空间位置固定不动，如图 4-10 所示。

双平晶型单色器的传输特点如下。

（1）入射光和出射光的高度差为

$$H = \overline{AB}\sin 2\theta = \frac{\overline{OA}\sin 2\theta}{\sin \theta} = \frac{h\sin 2\theta}{\sin \theta \cos \theta} = 2h \qquad (4\text{-}16)$$

（2）总色散率。晶体色散率等于在波长发生$\Delta\lambda$变化时，相对应的每块晶体的衍射角$\Delta\theta$的变化率。两块晶体品质完全相同，对式（4-4）两边微分，得

$$D = \frac{\mathrm{d}\theta}{\mathrm{d}\lambda} = D_1 + D_2 = \frac{n}{2d\cos\theta} - \frac{n}{2d\cos\theta} = 0 \qquad (4\text{-}17)$$

总色散率为 0，说明能被第一晶体衍射偏离布拉格角$\Delta\theta$的 X 射线，都能被第二晶体接受并反射，这是此类晶体单色器的主要优点。

（3）反射率。当两晶体绝对平行时（理想状态），反射率最高[13]。双晶衍射的总反射率为

$$R = \int R_{1,2}^2(\theta)\mathrm{d}\theta \qquad (4\text{-}18)$$

（4）衍射角宽度。用摇摆曲线半高宽（Full Width at Half Maximum，FWHM）表示双晶衍射曲线的角宽度ω_R，即

$$\frac{1}{\omega_R^2} = \frac{1}{\omega_{D1}^2} + \frac{1}{\omega_{D2}^2} \rightarrow \omega_R = \frac{\omega_D}{\sqrt{2}} \qquad (4\text{-}19)$$

式（4-19）说明，双晶衍射角宽小于单晶的本征衍射角。这一结果是由于一晶衍射输出的光束中的边缘光线，经二晶反射迅速衰减，使反射曲线的两侧变陡，半高宽变窄。

（5）能量分辨率为

$$\frac{\Delta\lambda}{\lambda} = \frac{\Delta E}{E} = [\sigma_\theta'^2 + \omega_R^2]^{1/2}\cot\theta \qquad (4\text{-}20)$$

式中：σ_θ'为照射在一晶上光束的发散角。

通常情况下，$\sigma_\theta' > \omega_R$，因此分辨率受到了光源自然发散度和单色仪前面狭缝开口高度的限制。对称切割的两晶以色散$(+n, +n)$排列的单色仪，能量分辨率与σ_θ'无关，仅取决于双晶衍射单元的角宽度。

2. 切槽晶体单色器[①]

切槽晶体单色器是在一块完整晶体上按照设计要求切割出特定形状的槽（图 4-11），利用两个相对的槽面对同步辐射光进行分光衍射。如果采用平面切槽晶体，由于两晶体为一整体，具有最理想的双晶衍射特性，保持最佳能量分辨率和输出通量之间的关系，且结构简单。由于相对位置不能改变，因此扫描波长时输出的单色光束的空间位置随入射角改变而移动。因此，对于不要求扫描波长的束线，此种晶体单色器是最佳选择。

若要在扫描波长时保持输出光束位置不变，可将两衍射晶面做成非平行平面[14,15]，Spieker等人[16]研制出非平面切槽式固定光束输出位置的晶体单色器。

3. 弧矢聚焦单色器

将固定输出光束位置双晶单色器[17,18]中的第二晶体沿弧矢方向弯曲成柱面，如图 4-12 所示，利用柱面晶体对一晶衍射后的单色光束在水平方向聚焦，可以接受较大的水平发散角，提高光子通量和缩小单色光斑。弧矢聚焦单色器既能色散

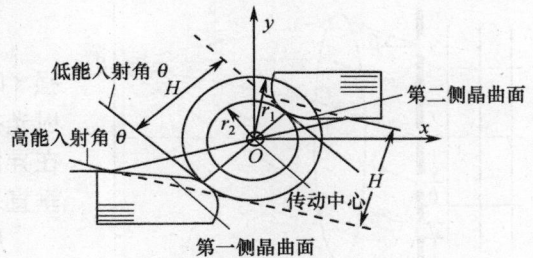

图 4-11　曲面切槽晶体结构示意图

---

① 有关切槽晶体单色器和弧矢聚焦单色器的设计参量及其关系详见文献[14]。

分离光谱，又能将分离后的单色光束聚焦，实现了一机两用，可大为简化同步辐射光学系统的配置和造价。

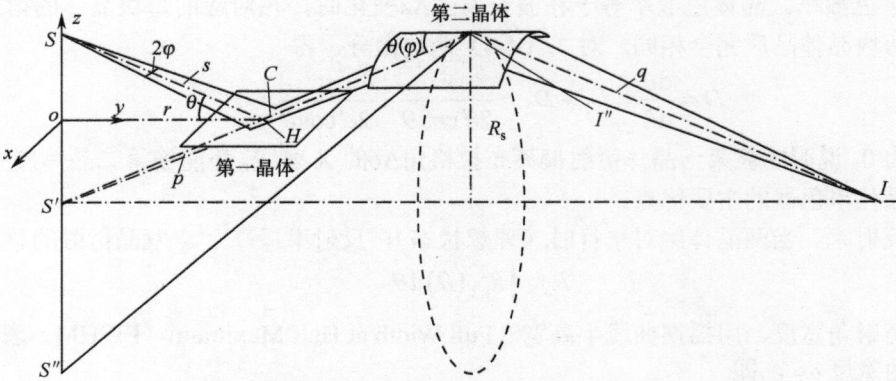

图 4-12 弧矢聚焦双晶单色器光学示意图

4.3 同步辐射光束线分光系统——光栅单色器

4.3.1 光栅对 X 射线的衍射

光栅是同步辐射真空紫外/软 X 射线波段范围内最重要的分光元件。光栅的基本构造是大量等宽度的狭缝（或刻槽）以等距离平行排列在基底的光学表面上，在同步辐射光学中，常用光栅每毫米有 600～2400 条刻线。

衍射光栅的种类很多，按对光波的调制方法可分为振幅型和相位型；按工作方式可分为透射型和反射型；按表面形状可分为平面光栅和凹面光栅；按刻槽形状可分为闪耀光栅、正弦光栅和拉姆达光栅；按制作方法又可分为机刻光栅、复制光栅和全息光栅。

1. 光栅衍射理论[19,20]

图 4-13 是多缝（透射）夫琅和费衍射装置示意图，设透射光栅上有 N 个等宽等间距狭缝，缝宽为 a，不透光部分宽度为 b，则缝间距 $d = a + b$，d 为光栅常数。

相邻两缝间的光程差满足

$$d \sin \beta = m\lambda \quad m = 0, \pm 1, \pm 2, \pm 3, \cdots \tag{4-21}$$

$$d(\sin \alpha \pm \sin \beta) = m\lambda \quad m = 0, \pm 1, \pm 2, \pm 3, \cdots \tag{4-22}$$

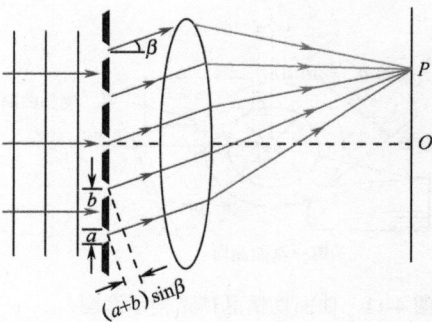

图 4-13 多缝夫琅和费衍射示意图

式中 α、β 分别为入射角和衍射角；m 为衍射级次。

式（4-21）和式（4-22）称为光栅方程，是干涉加强（即衍射图样中干涉主极大）的条件。当入射光与衍射光在光栅表面法线的同一侧时，式（4-22）取正号，在异侧取负号。式（4-21）对应入射角 $\alpha = 0$（平行光垂直入射光栅平面）的情形。

应用光栅方程时有两种情况需引起重视：①当 $m = 0$ 时，所有波长的光谱都混合在一起形成"白光"，即零级光谱无分光；②不同级次的谱线可能发生重叠，即 $m_1\lambda_1 = m_2\lambda_2 = \cdots =$ 常数，所以有高次谐波出现，影响光谱纯度。在光谱仪的设计中，必须消除高次谐波现象，常用滤光片将不需要的光谱级滤去。

从物理上讲，光栅（多缝）衍射是单缝衍射和多光束干涉两方面的贡献；从数学上讲，光栅是空间多周期δ函数与单缝反射（或透过）率的卷积，因而其衍射即其傅里叶变换应是二者傅里叶变换相乘。光栅衍射图样的光强分布为

$$I = I_0 \left(\frac{\sin u}{u} \right)^2 \left(\frac{\sin \dfrac{N\delta}{2}}{\sin \dfrac{\delta}{2}} \right)^2 \tag{4-23}$$

式中：μ，δ 为相邻狭缝光波到像点的位相差，$u = \dfrac{\pi}{\lambda} a \sin \beta$，$\delta = \dfrac{\pi}{\lambda} d \sin \beta$；$I_0$ 为单缝的出射光强；$\left(\sin \dfrac{N\delta}{2} \bigg/ \sin \dfrac{\delta}{2} \right)^2$ 为多光束干涉因子（也称为结构因子），来源于狭缝的周期性排列；$(\sin u / u)^2$ 为单缝衍射因子，多光束干涉的光强受到单缝衍射因子的调制。

2. 凹面光栅成像理论[1,10,21]

平面等线距光栅本身不具有聚焦能力，需要借助辅助聚焦镜，从而影响成像质量。凹面光栅是刻划在球面或非球面上的一系列等距或按某种规律排布的非等间距槽型反射式光栅，其系列排布的槽型对入射光起色散作用，而凹表面对衍射光束起聚焦作用。

1）费马定理

像差是成像过程造成的实际像点位置和理想像点位置的偏离。波像差是实际波面和理想波面之间的光程差。几何光学中的光线相当于波面的法线。由点源或物点发出的同心光束与球面波相对应，此球面波经光学系统变换后，若出射光束仍为另一个同心光束或球面波，则出射光束的球心即为物点的理想像点。然而，由于受光学系统有限孔径的衍射，实际的光学系统总有剩余像差，它使出射波面发生形变，不再是理想的球面波。因此，光学系统不可能对物点形成像点。

几何光学成像的基本出发点是费马定理。费马定理[20]指出，光线沿光程为平稳值的路径传播。平稳值有 3 种基本含义：①极小值——常见情形；②极大值——个别情形；③常数——成像系统中物像关系。

光线从 Q 点到 P 点的路径积分，即光程函数（Light Path Function，LPF）为

$$L(QP) = \int_Q^P n(r) \mathrm{d}s = L(l) = 平稳值$$

在数学上，平稳值的要求是 $\delta L(l) = 0$。物像等光程性将是否成像与是否等光程对应起来，即严格等光程↔严格成像、近似等光程↔近似成像、非等光程↔不成像。

计算波像差的基本思路：建立光源、光栅、像斑之间的关系——光程函数，对其求偏微分，寻求使该偏微分为零的条件，得到光栅聚焦的各种像差表达式。

2）光程函数

图 4-14 给出了凹面光栅光程路径的示意图。在笛卡儿坐标系中，y–z 平面相切于凹面光栅的极点 O，y 轴垂直于光栅刻线，z 轴平行于光栅刻线，x 轴是通过 O 点的光栅法线，xy 平面是主平面，光栅对称于主平面。

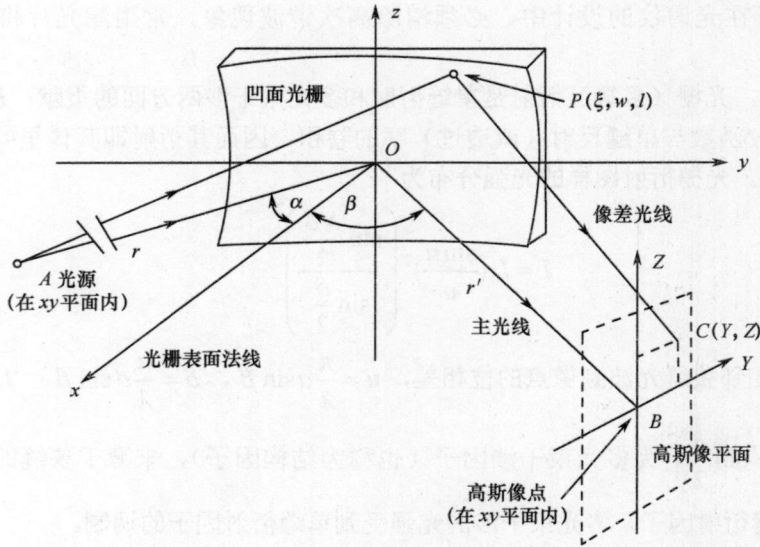

图 4-14　几何光学成像坐标系

点光源 $A(x,y,z)$ 是发射有各种波长复色光的理想球面波，经凹面光栅衍射后，某一波长的单色光线汇聚于像面上的像斑为 $B(x',y',z')$。α 为主平面内的入射角，β 为主平面内的衍射角，α、β 分布于法线两侧，因此 α 为正，β 为负。r、r' 分别表示 A、B 两点到光栅极点 $O(0,0,0)$ 的距离。从光源 A 到极点 O 和从极点 O 到像斑 B 的光线为主光线，$P(\xi,w,l)$ 点是光栅表面上任意一点。在均匀介质中，由 A 点发出的光束经 P 点衍射到 B 点的光程为

$$F = \overline{AP} + \overline{PB} + Nm\lambda \tag{4-24}$$

其中 $\overline{AP}$ 和 $\overline{PB}$ 可以表示为

$$\overline{AP} = [(x-\xi)^2 + (y-w)^2 + (z-l)^2]^{1/2}$$
$$\overline{PB} = [(x'-\xi)^2 + (y'-w)^2 + (z'-l)^2]^{1/2} \tag{4-25}$$

式中：m 为衍射级次；λ 为波长；N 为 P 点和 O 点之间的刻线数。

光程函数由两部分构成：$\overline{AP}+\overline{PB}$ 为真空中的光程；$Nm\lambda$ 为 P、O 两点之间的刻槽对入射光波的第 m 级衍射产生的光程差。

光栅刻线条数的级数表达式[①]为

$$N = \sum_{i=0}^{\infty}\sum_{j=0}^{\infty} N_{ij} w^i l^j \tag{4-26}$$

光栅是 $P(\xi,w,l)$ 的函数，P 受光栅面型的影响，即 ξ 由光栅面型方程决定，有

$$\xi = \sum_{i=0}^{\infty}\sum_{j=0}^{\infty} a_{ij} \omega^i l^j \tag{4-27}$$

式中：a_{ij} 为光栅表面面型系数，对不同的面型有不同的表达式，具体系数表达式见表 4-1。

将 $\overline{AP}$、$\overline{PB}$ 表达式代入式（4-24），并用柱坐标代替笛卡儿坐标 $x = r\cos\alpha$，$y = r\sin\alpha$，$x' = r'\cos\beta$，$y = r'\sin\beta$，得到光程函数 F 的展开表达式为

---

① 对于常用的几种衍射光栅，N 有不同的定义：①等线距光栅 $N = w/d$；②变线距光栅 $N(w) = (1 + b_2 w + b_3 w^2 + b_4 w^3 + \cdots)/d_0$（取前 4 项）；③全息光栅 $N = [(|CP|-|DP|) \pm (|CO|-|DO|)]/\lambda$，$C$、$D$ 是产生全息光源点，λ 是记录激光的波长；④反射镜面 $N = 0$。

$$F = \sum_{i=0}^{\infty} \sum_{j=0}^{\infty} F_{ij} w^i l^j = F_{00} + wF_{10} + lF_{01} + \frac{1}{2}w^2 F_{20} + \frac{1}{2}l^2 F_{02}$$

$$+ \frac{1}{2}w^3 F_{30} + \frac{1}{2}wl^2 F_{12} + \frac{1}{8}w^4 F_{40} + \cdots \tag{4-28}$$

由式（4-28）可知，光程函数的展开比较麻烦，但根据对应项系数相等，直接列出有使用意义的前几项系数，即

$$\begin{cases} F_{00} = r + r' \\ F_{10} = m\lambda/d - (\sin\alpha + \sin\beta) \\ F_{20} = \dfrac{\cos^2\alpha}{r} + \dfrac{\cos^2\beta}{r'} - 2a_{20}(\cos\alpha + \cos\beta) \\ F_{02} = \dfrac{1}{r} + \dfrac{1}{r'} - 2a_{02}(\cos\alpha + \cos\beta) \\ F_{30} = \dfrac{T(r,\alpha)}{r}\sin\alpha + \dfrac{T(r',\beta)}{r'}\sin\beta - 2a_{30}(\cos\alpha + \cos\beta) \\ F_{12} = \dfrac{S(r,\alpha)}{r}\sin\alpha + \dfrac{S(r',\beta)}{r'}\sin\beta - 2a_{12}(\cos\alpha + \cos\beta) \\ F_{40} = \dfrac{4T(r,\alpha)}{r^2}\sin^2\alpha - \dfrac{T^2(r,\alpha)}{r} + \dfrac{4T(r',\beta)}{r'^2}\sin^2\beta \\ \qquad - \dfrac{T^2(r',\beta)}{r'} - 8a_{30}\left(\dfrac{\sin\alpha\cos\alpha}{r} + \dfrac{\sin\beta\cos\beta}{r'}\right) - 8a_{40}(\cos\alpha + \cos\beta) \end{cases} \tag{4-29}$$

式中

$$T(r,\alpha) = \frac{\cos^2\alpha}{r} - 2a_{20}\cos\alpha \qquad S(r,\alpha) = 1/r - 2a_{02}\cos\alpha$$

$$T(r',\beta) = \frac{\cos^2\beta}{r'} - 2a_{20}\cos\beta \qquad S(r',\beta) = 1/r' - 2a_{02}\cos\beta$$

表 4-1 环面、椭球面、抛物面型光栅的前几项面型系数 a_{ij}

a_{ij}	环面	椭球面	抛物面
a_{02}	$1/(2\rho)$	$1/(4f\cos\theta)$	$1/(4r'\cos\theta)$
a_{20}	$1/(2R)$	$\cos\theta/(4f)$	$\cos\theta/(4r')$
a_{12}		$\dfrac{\tan\theta}{8f^2\cos\theta}(e^2 - \sin^2\theta)^{1/2}$	$-\tan\theta/(8r'^2)$
a_{30}		$\dfrac{\sin\theta}{8f^2}(e^2 - \sin^2\theta)^{1/2}$	$-\sin\theta\cos\theta/(8r'^2)$
a_{40}	$1/(8R^3)$	$\dfrac{b^2}{64f^3\cos\theta}\left[\dfrac{5\sin^2\theta\cos^2\theta}{b^2} + \dfrac{1-5\sin^2\theta}{a^2}\right]$	$5\cos\theta\sin^2\theta/(64r'^3)$
a_{22}	$1/(4\rho^2 R)$	$\dfrac{\sin^2\theta}{16f^3\cos^3\theta}\left[\dfrac{3}{2}\cos^2\theta - \dfrac{b^2}{a^2}(1 - \dfrac{\cos^2\theta}{2})/\right]$	$3\sin^2\theta/(32r'^3\cos\theta)$
a_{04}	$1/(8\rho^3)$	$\dfrac{b^2}{64f^3\cos^3\theta}\left[\dfrac{\sin^2\theta}{b^2} + \dfrac{1}{a^2}\right]$	$\sin^2\theta/(64r'^3\cos^3\theta)$

3）成像条件

根据费马定理，光程函数展开式（4-28）必须满足成像的条件为

$$\begin{cases} \partial F/\partial w = 0 \\ \partial F/\partial l = 0 \end{cases} \tag{4-30}$$

式（4-30）应用于 F_{10} 项，令其等于 0，得光栅衍射方程式（4-22），此外再将式（4-30）分别作用于 F_{20}、F_{02} 项，得

子午面[①]聚焦条件，即

$$\frac{\cos^2 \alpha}{r} + \frac{\cos^2 \beta}{r'} = 2a_{20}(\cos \alpha + \cos \beta) \tag{4-31}$$

弧矢面聚焦条件，即

$$\frac{1}{r} + \frac{1}{r'} = 2a_{02}(\cos \alpha + \cos \beta) \tag{4-32}$$

光程函数展开式（4-28）可归结为两部分，即高斯路径函数 F_0 和像差函数 F_1，有

$$F_0 = F_{00} + F_{10} = r + r' + m\lambda/d - (\sin \alpha + \sin \beta) \tag{4-33}$$

$$F_1 = F_{20} + F_{02} + F_{30} + F_{12} + F_{40} + \cdots \tag{4-34}$$

式中：F_1 为光程函数中与像差有关的部分。

各个不同的系数项 F_{ij} 有各自不同的物理含义：F_{02} 为 x 方向的像散；F_{30} 为彗形像差；F_{12} 为像散彗差；F_{40} 为球面像差。在一个存在像差的光学系统中，上述的各项像差可以理解为被光栅衍射的光线到达焦面时偏离高斯像点的距离。高斯像点指一个物体发出的光经过理想光学系统后将产生一个清晰的、与物貌完全相似的理想像。理想像点的位置和大小可以用高斯公式、牛顿公式或近轴光线追迹计算得到。通过高斯像点而垂直于光轴的像面称为高斯像面。

像差在色散方向的偏差用 Δy 表示，在垂直于色散方向的偏差用 Δz 表示，即

$$\Delta y = \frac{r'}{\cos \beta} \frac{\partial F_1}{\partial w} \tag{4-35}$$

$$\Delta z = r' \frac{\partial F_1}{\partial l} \tag{4-36}$$

不可能完全获得理想像，因为 F_1 中的各项像差不可能同时为 0。但各项像差都与光栅表面面型系数 a_{ij} 以及光源波长有关，因此如果将波长限定在某一范围内，选择合理的光源点位置，优化光栅表面面型和刻槽分布，可以达到降低像差或者使其中某一两项像差完全消失的目的。

3. 变线距平面光栅[1,22]

变线距平面光栅[②]是刻线间隔在衍射方向上按一定规律变化的平面光栅，除了具有分光作用外，它还具有的优势：①独特的聚焦特性；②完全消除某一像差，提高成像质量和能量分辨率；③使同步辐射光栅单色器的设计和参数优化有了更大的选择空间和自由度。

如图 4-15 所示建立坐标系，由式（4-24）和式（4-26）可写出光学路径函数：

$$F = \sum_{i=0}^{\infty} \sum_{j=0}^{\infty} F_{ij} w^i l^j = \sum_{i=0}^{\infty} \sum_{j=0}^{\infty} (M_{ij} + N_{ij} m\lambda) w^i l^j \tag{4-37}$$

得到

$$F_{ij} = M_{ij} + N_{ij} m\lambda \tag{4-38}$$

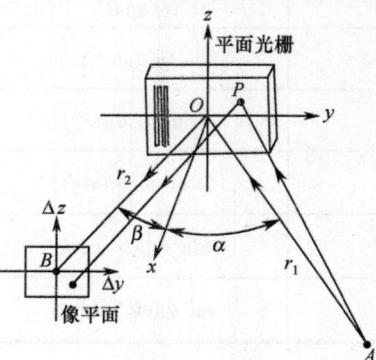

图 4-15　变线距平面光栅的示意图

[①] 子午面——由光轴和主光线决定的面；弧矢面——过主光线并且与子午面垂直的面。子午面是系统的对称面，也是光束的对称面。
[②] 在 20 世纪 80 年代，T. Harada[23]和 M. C. Hettrick[24]等人就已经对变线距光栅作了非常详尽的研究。

式中：M_{ij} 为等间距光栅时的 F_{ij} ；N_{ij} 为线密度分布函数。

若光栅刻槽是以主平面（x-y 面）为对称平面，则 N_{ij} 展开式中所有含 l 的项都消失，于是

$$N(w) = \sum_{i=0}^{\infty} N_i w^i = \frac{1}{d_0}(w + b_2 w^2 + b_3 w^3 + b_4 w^4 + \cdots) \tag{4-39}$$

将 M_{ij} 、N_{ij} 代入式（4-38），对于平面光栅取 $a_{ij} = 0$ ，则多项式前 4 项的系数 F_{ij} 分别为

$$F_{10} = -(\sin\alpha + \sin\beta) + \frac{m\lambda}{d_0} \tag{4-40}$$

$$F_{20} = (\frac{\cos^2\alpha}{r} + \frac{\cos^2\beta}{r'}) + b_2\frac{m\lambda}{d_0} \tag{4-41}$$

$$F_{30} = (\frac{\sin\alpha\cos^2\alpha}{r^2} + \frac{\sin\beta\cos^2\beta}{r'^2}) + b_3\frac{m\lambda}{d_0} \tag{4-42}$$

$$F_{40} = (\frac{4\sin^2\alpha\cos^2\alpha - \cos^4\alpha}{r^3} + \frac{4\sin^2\beta\cos^2\beta - \cos^4\beta}{r'^3}) + b_4\frac{m\lambda}{d_0} \tag{4-43}$$

从上面的 F_{20} 、F_{30} 和 F_{40} 中选择一两项，使其为 0，求出线密度变化系数 b_2 、b_3 、b_4 ，进而设计光栅，从而达到聚焦或消除某种像差的目的。如令 $F_{20} = 0$，得到变线距平面光栅的聚焦条件为

$$(\frac{\cos^2\alpha}{r} + \frac{\cos^2\beta}{r'}) + b_2\frac{m\lambda}{d_0} = 0 \tag{4-44}$$

与光栅衍射方程 $F_{10} = 0$ 联立求解，消掉 β ，得到衍射光谱波长随入射角 α 变化的关系，即

$$A\sin^2\alpha + 2B\sin\alpha + C = 0 \tag{4-45}$$

式中

$$A = \frac{1}{r} + \frac{1}{r'};\ B = -\frac{m\lambda}{r'd_0};\ C = \frac{1}{r'}\left(\frac{m\lambda}{d_0}\right)^2 - \frac{2m\lambda b_2}{d_0} - \left(\frac{1}{r} + \frac{1}{r'}\right)$$

式（4-45）为自聚焦变线距平面光栅的衍射方程。

4.3.2　光栅对 X 射线衍射的基本性能参数[21,22]

1．光栅的色散性质

由光栅方程可知，除零级外，不同波长的同一级主极大多对应于不同的衍射角，这种现象称为光栅的色散。光栅的分光能力可用角色散和线色散来表示。

角色散指分开单位波长（1Å）的两条谱线的角距离。对光栅方程两边取微分，得到光栅的角色散，即

$$\frac{\mathrm{d}\beta}{\mathrm{d}\lambda} = \frac{m}{d\cos\beta} \tag{4-46}$$

式（4-46）说明：①当衍射角较小时 $\cos\beta \approx 1$，即光栅的角色散约为一个常数，说明衍射角的变化与波长变化成线性关系，这一性质对波长的标定很方便；②光栅的角色散与光谱级次 m 成正比关系，因此角色散随不同级数 m 的变化成倍增长；③光栅的角色散与光栅的刻线密度成正比，与总刻线数无关。

线色散指聚焦物镜焦面上相差波长（1Å）的两条谱线分开的距离，它是光栅的角色散和物

镜焦距的乘积，即

$$\frac{dl}{d\lambda} = f \cdot \frac{d\beta}{d\lambda}$$

单色器中常用倒线色散表示其性能指标，倒线色散为线色散的倒数，即

$$\frac{d\lambda}{dl} = \frac{1}{f} \cdot \frac{d\cos\beta}{m} \tag{4-47}$$

角色散和倒线色散是光栅单色器的重要质量指标，均与光栅刻线密度有关。

2. 光栅的分辨率

理论上，光栅的衍射极限为 $R = \lambda/\Delta l = mN$，但是受像差和面型的影响，衍射谱一般达不到光栅的谱分布极限。将式（4-35）表示为倒线色散形式，得

$$\Delta\lambda_A = \frac{d\lambda}{dl} \cdot \Delta y = \frac{d}{m} \frac{\partial F_1}{\partial w}$$

即

$$\Delta\lambda_A = \frac{d}{m}\left(wF_{20} + \frac{3}{2}w^2 F_{30} + \frac{1}{2}l^2 F_{12} + \frac{1}{2}w^3 F_{40} + \cdots \right)$$

式中：wF_{20} 为离焦贡献，正比于照射光栅的长度（$\pm w$），并对称分布在高斯像点的两边；$\frac{3}{2}w^2 F_{30}$ 为彗差贡献，正比于照射光栅长度的平方（w^2），分布于高斯像点的一侧。$\frac{1}{2}l^2 F_{12}$ 为像散彗差的贡献，它与光栅刻线长度的平方（l^2）成正比，分布于高斯像点的一侧，导致像斑弯曲；$\frac{1}{2}w^3 F_{40}$ 为球差贡献，它对分辨率的影响较小，多数情况下可以忽略。

除像差系数对光谱分辨率的贡献外，入缝与出缝的开口宽度对光谱分辨率也有影响。

对于入缝开口 S_1，有

$$\Delta\lambda_{S_1} = (\frac{d\lambda}{d\alpha}) \cdot (\frac{S_1}{r}) = \frac{d \cdot S_1 \cos\alpha}{mr}$$

对于出缝开口 S_2，有

$$\Delta\lambda_{S_2} = (\frac{d\lambda}{d\beta}) \cdot (\frac{S_2}{r'}) = \frac{d \cdot S_2 \cos\beta}{mr'}$$

受机械加工精度的限制，光栅的实际面型与理想面型之间存在小角度的误差，该误差称为面型误差，用 σ 表示。面型误差改变了入射角与衍射角的关系，使衍射谱的波长产生偏差，即

$$\Delta\lambda_\sigma = \frac{d\lambda}{d\alpha} \cdot \sigma + \frac{d\lambda}{d\beta} \cdot \sigma = \frac{d \cdot \sigma(\cos\alpha + \cos\beta)}{m}$$

综上所述，凹面光栅衍射谱的分辨率受到 5 个方面的限制，总的分辨率为

$$\Delta\lambda^2 = \Delta\lambda_D^2 + \Delta\lambda_A^2 + \Delta\lambda_{S_1}^2 + \Delta\lambda_{S_2}^2 + \Delta\lambda_\sigma^2 \tag{4-48}$$

3. 光栅的传输效率

光栅的传输效率由两方面决定：一是光栅的衍射效率 η_e，受控于光栅的槽型；二是光栅表面反射率 R，取决于光栅表面的镀层。由式（3-50）可以计算反射率 R，因此，光栅的传输效率为

$$\eta = \eta_e R \tag{4-49}$$

精确计算光栅对同步辐射的衍射效率非常困难，但在软 X 射线范围内，采用标量理论[22,23]和电磁波理论[24]得到的结果已与实验数据符合得比较好，足以用来度量光栅的分光效率。事实上，用标量理论不可能给出衍射效率的通用曲线。但如果将入射角局限到 60°～80° 范围内，用该理论得到−1 级衍射效率的误差小于 5%。

在软 X 射线波段，正弦光栅的衍射效率最低；闪耀光栅在一定波长范围内衍射效率最高，但是偏离闪耀波长的角度后衍射效率迅速降低。另外，如果闪耀光栅单个使用，高次谐波污染也比较严重；矩形光栅的衍射效率介于前两者之间，但高次谐波抑制比闪耀光栅好[1]。

按照结构参数在光栅基底材料上刻完槽型后，为了提高反射率，光栅表面需要镀一层光学反射薄膜。在掠入射情况下，Henke 等人[25]计算了多种常用金属镀膜材料的反射率曲线，计算结果与实验数据也吻合较好，该计算方法已经在软 X 射线波段内得到成功应用。文献[1]给出了计算同步辐射中 3 种常用光栅（矩形光栅、正弦光栅、闪耀光栅）的衍射效率和材料反射率的表达式。

另外，如果镀层表面存积了少量油污或者氧化物，会严重影响光栅表面的反射能力。因此，必须保持光栅表面及环境的洁净度，避免光栅被污染。

4.3.3 同步辐射软 X 射线光束线光栅单色器类型[1,10,26,27]

在软 X 射线波段使用的是光栅单色器，目前已经有多人设计出了不同类型的光栅单色器[28-31]，并成功地应用到软 X 射线光束线上，获得了高分辨率、高通量的单色光。光栅单色器的基本构成如图 4-16 所示[14]。光栅单色仪的种类也很多，按光束入射方式分有正入射、掠入射和透射，按光学系统布置分有罗兰圆和非罗兰圆，按衍射光栅面型分有平面、球面和环面。

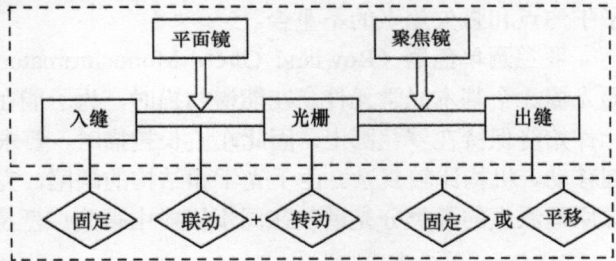

图 4-16 光栅单色器的基本构成

1. 球面光栅单色器

球面光栅单色器有多种，可用在软 X 射线波段的单色器有罗兰圆单色器、Dragon 单色器和变包含角球面光栅单色器。

1）罗兰圆成像光学结构

根据式（4-31），代入表 4-1 中的数据，得到凹球面光栅子午聚焦条件，即

$$\frac{\cos^2 \alpha}{r_t} + \frac{\cos^2 \beta}{r_t'} - \left(\frac{\cos \alpha}{R} + \frac{\cos \beta}{R}\right) = 0$$

该式的两个特解为

$$r_t = R \cos \alpha \quad r_t' = R \cos \beta \tag{4-50}$$

$$r_t = \infty \quad r_t' = \frac{R \cos^2 \beta}{\cos \alpha + \cos \beta} \tag{4-51}$$

式（4-50）表示圆的极坐标方程，这个圆以凹球面的曲率半径 R 为直径、与光栅极点相切且与光栅刻槽垂直，称为罗兰圆。理论证明，如将入缝放在罗兰圆上并使入缝与光栅刻线平行，则经光栅衍射所产生的各波长谱线 $\lambda_1, \lambda_2, \lambda_3, \cdots$ 都能在子午方向汇聚于同一罗兰圆的不同弧线上，

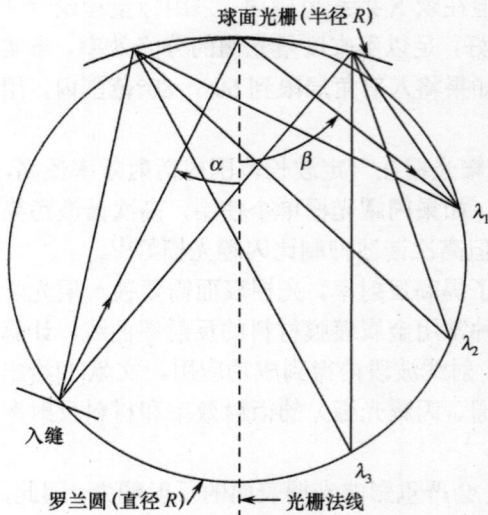

图 4-17 罗兰成像的光学结构

如图 4-17 所示。罗兰圆所在的平面为子午面，过光栅极点垂直于子午面的平面是弧矢面。r_t、r_t' 分别是子午面上光源点（入缝）到光栅极点的距离和焦点到光栅极点的距离，R 是罗兰圆直径（等于凹球面半径）。

同理，由式（4-32），得到弧矢聚焦条件

$$\frac{1}{r_s} + \frac{1}{r_s'} = \frac{\cos\alpha + \cos\beta}{R}$$

该式的两个特解为

$$r_s = \frac{R}{\cos\alpha} \quad r_s' = \frac{R}{\cos\beta} \tag{4-52}$$

$$r_s = \infty \quad r_s' = \frac{R}{\cos\alpha + \cos\beta} \tag{4-53}$$

式（4-52）表示一条过光栅法线的罗兰圆切线方程，在切线上的任一点都能产生弧矢聚焦，这个弧矢聚焦在子午焦面上呈现一段像散线段。r_s、r_s' 分别是弧矢面上源点（入缝）到光栅极点的距离和焦点到光栅极点的距离。由此看来，球面光栅在罗兰圆结构中最大像差是像散，它源于子午焦点和弧矢焦点的不重合。

罗兰圆单色器（Rowland Circle Monochromator，RCM）包含了入射狭缝、出射狭缝和球面光栅 3 个基本光学元件。在能谱扫描时，为了能在出缝处获得好的色散光斑，必须使这 3 个元件始终保持在罗兰圆上。因此在波长扫描时，要求至少 3 个光学元件中的一个或两个沿罗兰圆移动，机构比较复杂。由于光学和结构的缺陷，完全按罗兰圆成像的装置很少，但由罗兰成像原理派生的各类分光谱仪在同步辐射中得到广泛应用。

2）Seya 单色器

日本科学家 Seya–Namioka 于 1952 年发明了 Seya 单色器，原理是将球面光栅、入射狭缝、出射狭缝置于直径等于光栅球面半径的罗兰圆上，图 4-18 是 Seya-Namioka 单色器衍射成像原理示意图。光束通过入缝照射到光栅表面，经光栅衍射聚焦于出缝处，并输出单色光束，固定入射狭缝和出射狭缝。光栅绕通过与罗兰圆切点、平行刻线的轴转动时，扫描光谱能量，选择需要的波长。Seya 单色器属于正入射型单色器，由于入射角小，适用于真空紫外波段（VUV），能量在 100eV 以下。

3）Dragon 单色器[32]

Dragon 单色器由美籍华人 C.T.Chen 发明，是一种球面光栅单色器。整个光束线的光学系统仅有 3 个光学元件，即 2 块 K-B 排列的柱面镜和 1 块柱面光栅。单色器仍按罗兰圆原理，定包含角，固定入缝，波长扫描是通过光栅转动和出缝移动来满足离焦方程。Dragon 单色器有两个显著优点：一是扫描机制简单，光栅转动和出射狭缝移动之间的运动关系并不要求严格匹配，在几个厘米的误差范围内，对能量分辨率无明显影响，从而降低了能谱扫描时对机械运动精度的要求；二是光栅面型为柱面，容易加工，面型精度高，容易取得高的能量分辨率。

1988 年，美国 NSLS 光源上由 C. T. Chen 等人建造的一条 Dragon 软 X 射线光束线，在 400eV 处能量分辨率达到了 10000[33]。现在已经有多个国家在同步辐射光源上建设了 Dragon 光束线，并获得很高的能量分辨率。

4）变包含角球面光栅单色器 [34]

变包含角球面光栅单色器（Variable Angle Spherical Grating Monochromator，VASGM）由两个光学元件组成，即平面镜和球面光栅，如图 4-19 所示。入射狭缝和出射狭缝位置固定，球面光栅绕光栅中心转动，平面镜绕平面外的轴做离轴转动，可改变光栅的包含角。因此，称其为变包含角球面光栅单色器。

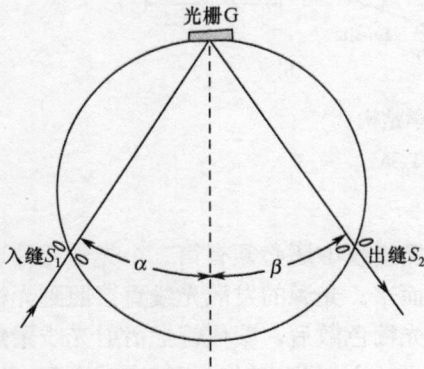

图 4-18　Seya 单色器成像原理

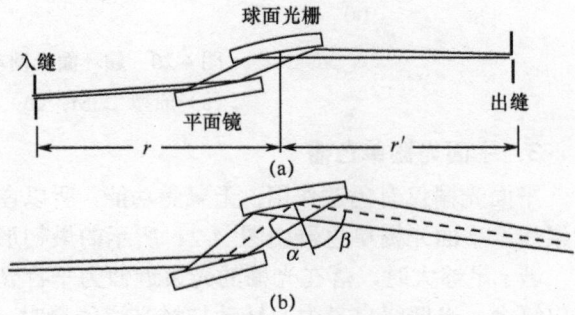

图 4-19　变包含角球面光栅单色器

在能谱扫描时，为满足离焦方程，需要平面镜和光栅同时转动，并相互匹配，使单色器的包含角发生连续改变。VASGM 的优点：由于单色器的包含角可以连续改变，因此使用一块光栅就可以覆盖从 VUV 到软 X 射线很宽的光谱范围，无需像 Dragon 单色器那样需要使用多块光栅；单色器系统的入射狭缝和出射狭缝是固定的，在能谱扫描时，不会引起样品处光斑尺寸的变化；如果单色器选用光栅的−1 阶衍射，那么掠入射方式的平面镜对高次谐波的反射率低，从而使单色器具有很强的抑制高次谐波的能力。另外，球面光栅容易加工，面型精度高。已经建成的 VASGM 单色器都取得很高的能量分辨率[35,36]。

2．超环面光栅单色器

由凹面光栅理论可知，在入射角很大的情况下，球面光栅引起的彗差和像散严重地影响着成像质量和分辨能力。因此，在 Seya 单色器理论基础上提出了超环面光栅单色器（TGM），即选择环面光栅，采用非对称排布，选择入臂和出臂比例，最大限度地降低像散和彗差。

TGM 与 Seya 单色器的区别在于包含角的大小不同，Seya 单色器是球面光栅，包含角为 70°，属于正入射，适用于 VUV 波段分光，能量在 100eV 以下；而超环面光栅包含角为 140°～160°，属于掠入射，适用于软 X 射线波段分光。

图 4-20（a）给出了典型的 TGM 的光路结构。前置椭球面镜 M_1 将光源聚焦在入缝，后置镜 M_2 把出缝后的光束聚焦在样品 S 上。其优点：①整个光束线使用 3 个光学元件，可以取得比较高的通量；②在能谱扫描过程中，入射光束与出射光束方向不变，只有一块超环面光栅绕自身中心一维转动，结构简单，单色器调试也比较容易。其缺点是：入射狭缝位置固定，消除离焦像差的条件一般要求出射狭缝的位置变化范围比较大。如果出射狭缝位置固定不动，那么最多只有两个位置能满足离焦方程为 0 的条件，在其余位置上离焦像差比较大，并且超环面光栅的面型精度一般比较低，因此 TGM 只能取得中等的分辨率。

C.T. Chen 等人[37]为提高 TGM 的谱分辨能力，发展了改进型的环面光栅单色器（TTGM），结构如图 4-20（b）所示。TTGM 的特点是将单色器的出缝位置变为可移动的，可以在工作波段内所有能点满足离焦方程。将前置镜 M_1 由椭球面改为环面，在水平和垂直两个方向产生非耦合聚焦，使垂直聚焦点位于入缝，水平聚焦点靠近光栅，减小光栅的水平照明宽度，降低像散彗差 F_{12}。但是，分辨率仍然受到光栅面型精度的限制，TTGM 的分辨率只能是 TGM 的 25 倍。

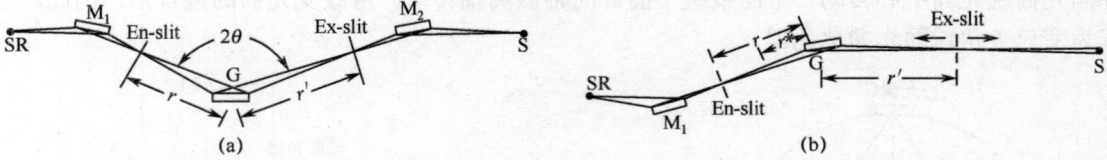

图 4-20　超环面光栅单色器光学结构

(a) 原型 TGM；(b) 改进型 TTGM。

3. 平面光栅单色器

平面光栅仅有色散作用，无聚焦功能，所以在平面光栅谱仪中还必须有第二个光学元件进行聚焦。平面光栅单色器由图 4-21 所示的最初形式演变而来。光源的发散光线直接照射到光栅上，若 r 足够大时，落在光栅的光束近似为平行光线，经光栅色散后，聚焦镜把衍射光线聚焦在出缝上。光栅绕自身中心转动扫描光谱能量时，镜子不动，入射和出射光束的方向不变，这样光栅仅改变入射角和衍射角之间的相互关系，在出缝上得到不同波长的单色束斑。

由于平面光栅无需受曲面面型生成的各类像差约束，所以平面光栅相对凹面光栅的优势在于：①有利于采用掠入射模式，将色散的能量范围拓展到软 X 射线；②若使用高准值的波荡器光源，可以略去入缝，提高光束传输效率，简化单色器结构；③由于光束的色散和聚焦分别有不同的光学元件担任，使单色器的设计有更多的自由度，使其运行在不同的模式下，实现对出射光束不同的性能要求。

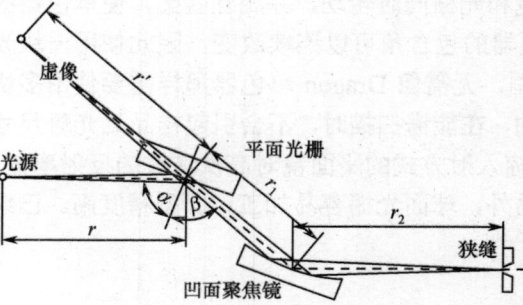

图 4-21　平面光栅单色器基本结构

平面光栅单色器（PGM）的发展经历了几个阶段，结构不尽相同，基本结构由三个光学元件组成，即平面反射镜+光栅+凹面聚焦镜。前置平面反射镜的作用是改变对光栅的入射角，同时还有光学滤波作用，后置凹面镜聚焦经光栅分离的单色光。

平面光栅单色器可分为两类：SX-700 单色器和变线距光栅单色器。

1）SX-700 单色器

SX-700 是一种比较成功的软 X 射线光栅单色器，首先在 BESSY 安装使用[53]，现在已经发展了许多改进型的 SX-700 单色器[54,55]。平面反射镜和光栅的转动机构经过了 3 个阶段的发展：第一个阶段是光栅绕自身中心转动，平面反射镜采用平动加转动方式；第二个阶段是光栅和平面反射镜分别绕各自端点转动；第三个阶段是现在普遍使用的平面反射镜离轴转动，光栅绕中心转动的方式。

SX-700 单色器的设计理念是通过优化虚焦点的位置，选取 C_{ff} 为常数①，从而得到波长与包含角的关系，能够在整个光谱范围内，近似满足光栅最大衍射效率的条件，得到较高的光通

---

① $C_{ff}^2 = \left(\cos \beta / \cos \alpha \right)^2$ 是平面光栅的聚焦条件，称为焦点常数。

量。该单色器的显著优点是使用一块平面光栅就可覆盖从真空紫外到软 X 射线很宽的光谱范围。另外，在参数优化时，如果不考虑准确满足离焦条件，令光栅和镜子处于较小的掠入射角，牺牲一定的分辨率，可以达到有效抑制高次谐波的作用。目前已经有多个国家的同步辐射实验室安装了 SX-700 平面光栅单色器。

2）变线距光栅单色器

变线距光栅单色器实质上是一种 SX700 改进型单色器，利用变线距光栅代替了常线距光栅，这样不仅具有了 SX700 的特点——可用一块光栅覆盖较宽的光谱范围，而且可利用自身变线距光栅自聚焦的能力，减去了后置的椭球聚焦镜，这样既减少了光学元件，节约了设计成本，而且缩短了入缝与出缝之间的距离，较大程度降低了单色器结构的复杂性以及由于反射所造成光通量的损失[38]。

变包含角的变线距光栅单色器具有两个同时运动的光学元件，即平面反射镜和光栅。单色器的运动元件越多，机械运动精度对能量分辨率带来的影响就越大。为了减少运动元件，可以将其中的平面反射镜替换为固定不动的球面聚焦镜或柱面聚焦镜，从而在光栅上产生会聚光束，构成固定包含角的变线距光栅单色器。固定包含角的变线距光栅单色器的出缝位置也是固定的，在能谱扫描时，产生的离焦像差很小，可获得 1 万单位以上的分辨率[39]。

4.4 同步辐射光束线成像模式[40]

4.4.1 X 射线聚焦镜

如前所述，由于光线在软 X 射线和极紫外波段吸收非常强烈，材料的透过率极低，因而无法采用透镜光学系统①。所以，同步辐射光束的成像绝大部分用各种面型的反射镜完成。在镜子表面镀上重金属膜，产生一个相对而言较大的全反射临界角，从而降低镜子长度。反射镜的作用有：偏转光束的传递方向，调整空间位置的分配；功率过滤，降低分光元件的热载；抑制高次谐波，提高分光的单色性能；聚焦发散光束，缩小成像光斑，增加样品上的光子密度；准直发散光源，提高能量分辨率。

X 射线光束线常采用的成像模式有以下几种。

1. 椭球面聚焦（Ellipsoid）

反射面为椭球表面的一部分，将光源置于椭球的一个焦点上，成像于椭球的另一个焦点。椭球面聚焦是非像散光源的一种理想聚焦系统，即水平和垂直焦点重合，像差像弯曲都很小。设子午面内的椭球曲率半径是子午半径 R_m，弧矢面内的曲率半径是弧矢半径 R_s。光束在子午面方向以掠入射角 θ_i 照到镜子表面上，物距、像距分别为 p、q，如图 4-22（a）所示。将表 4-1 中的面形系数代入式（4-31）和式（4-32），得

弧矢曲率半径为

$$R_s = 2\sin\theta_i \frac{pq}{p+q} \tag{4-54}$$

---

① 假设 X 射线也可以像可见光一样利用透镜成像。双凹透镜的成像公式为 $\frac{1}{f}=(n-1)\left(\frac{1}{R}+\frac{1}{R}\right)$；其中 R 为双凹透镜的曲率半径，

f 为焦距，$n=1-\delta$，代入得 $f=R/2\delta$。对于软 X 射线 $\delta \sim 10^{-4}$，若 $R=10\text{mm}$，则 $f=50\text{m}$。这么大焦距的透镜不现实。减小焦距取 $f=10\text{cm}$，则 $R=20\mu m$，透镜曲率增加使透镜边缘变得非常厚，透镜的吸收作用使软 X 射线无法穿透。所以小曲率半径的透镜也不现实。

子午曲率半径为

$$R_{\mathrm{m}} = \frac{2}{\sin\theta_{\mathrm{i}}}(\frac{pq}{p+q}) \tag{4-55}$$

若将共焦椭圆沿弧矢方向平移，使 $R_{\mathrm{s}} \to \infty$，得到椭圆柱面，仅在子午方向聚焦。

2．抛物面准直（Paraboloid）

令式 4-54 和式 4-55 中 $q \to \infty$，得到抛物面准直光学结构，如图 4-22（b）所示。抛物面把发散光束反射后成平行光束，常与色散元件配合使用，以提高分辨率。

3．KB（Kirpatrick Baez）聚焦

由两块互相垂直的球面镜或柱面镜分别完成水平和垂直方向的聚焦，各自独立偏转光束，没有像弯曲，像散很小。

4．共轭聚焦（Conjugate）

在大缩比聚焦中，一块镜子会产生大的彗差，用两块镜子互相耦合：第一块镜子的焦点在两块镜子之间；第二块镜子的焦点在入射狭缝上，形成共轭聚焦，以消除像差。

5．环面聚焦[41]（Toroidal）

由于加工大面积的椭球面在制作工艺上很困难，所以实际上很少采用椭球面聚焦镜。常用弯曲的环面（类似于轮胎内表面形状）代替椭球面。

聚焦镜按成形方法可以分为磨制镜和压弯镜两类。压弯镜是在一定的机械结构基础上，用机械力把具有一定形状（如柱面状）的镜子压弯成所需形状（椭圆、圆、抛物线等），具有半径可调、面形准确度高和易于加工制造等优点。

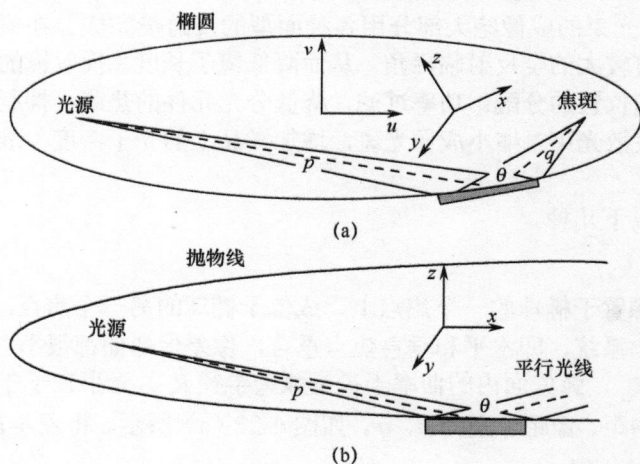

图 4-22　聚焦光学结构

（a）椭球面聚焦光学；（b）抛物面聚焦光学。

超环面聚焦镜是压弯镜的一种，它是将弧矢方向为固定曲率的柱面镜用机械力在子午方向上压弯后成超环面聚焦镜，代替理论的椭球面镜。超环面聚焦最大的优点是用一块镜子同时完成弧矢（水平）和子午（垂直）两个方向的聚焦，反射面少，传输效率高，为实验站提供高耀度、高通量和高分辨率的聚焦光束。但用其代替椭球面聚焦镜需要考虑像差[①]的影响。由于光束在子午面上的照射长度很长，因此对光束垂直接收度小。在 X 射线波段垂直接收度应小于 1mard，缩放比约为 1。

---

① X 射线全反射成像的像差主要包括 5 种[6]，即球差、像散、慧差、像弯曲和像倾斜。前 3 种是在像周围形成晕环，放大了焦斑尺寸；后两种是使像产生弯曲和倾斜，改变像的形状和位置。

球差：球面与理想椭球面的差别。在光学结构参数确定的情况下，降低球差的有效途径是寻找最佳缩放比 M。

像散：离轴光源在子午和弧矢面内的像在光轴上的成像位置不重合。克服像散的条件是镜面各处 $R_{\mathrm{s}}/R_{\mathrm{m}} = (\sin\theta_{\mathrm{i}})^2$。椭球面严格满足这个条件。环面在一定的掠入射角范围内也能很好地符合这一条件。

彗差：离轴光源在镜子光学表面前后位置不同，导致各位置物距和像距的变化。在理想像面上产生如同彗星一样的不对称弥散光斑。

4.4.2 面形误差对光斑的影响[42-46]

像差指各种理想的标准面型的成像误差。真实的光学元件表面存在微小的不规则起伏，其面形和理想面形相比有偏差。面形误差是指空间周期为几毫米或略大的这种表面误差，对软 X 射线在掠入射光学下影响比较大。面型误差主要可分为 4 种，即压弯面型误差、自重面型误差、热载荷面型误差以及加工工艺面型误差。面形误差以入射角或反射角形式体现，它使像点展宽。子午面和弧矢面的面形误差对像展宽有很大的区别。设 Δ_{mer}、$\Delta S'_{mer}$、Δ_{sag}、$\Delta S'_{sag}$ 分别是子午面及弧矢面的面形误差和像展宽，r' 是像距，θ_g 是掠入射角，如图 4-23 所示，有下列关系，即

$$\Delta S'_{mer} = 2 \cdot \Delta_{mer} \cdot r' \tag{4-56}$$

$$\Delta S'_{sag} = 2 \cdot \Delta_{sag} \cdot r' \cdot \sin\theta_g \tag{4-57}$$

若子午面和弧矢面的面形误差相等，则当掠入射角 $\theta_g = 5.73° = 0.1\text{rad}$ 时，像展宽 $\Delta S'_{sag}$ 只有 $\Delta S'_{mer}$ 的 1/10，所以，对弧矢方向的面形误差要求不高。

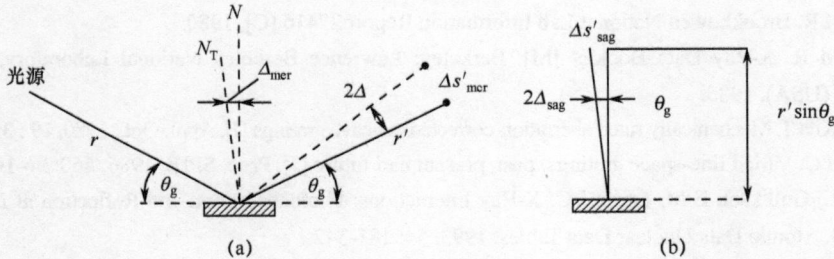

图 4-23 子午面、弧矢面面形误差
(a) 侧视图；(b) 端视图。

参 考 文 献

[1] 杨栋亮. 北京同步辐射装置（BSRF）3W1B 光束线的升级改造及应用[D]. 北京:中国科学院高能物理研究所, 2013.

[2] 赵飞云, 徐朝银. 合肥光源超导 Wiggler 前端区[J]. 真空科学与技术, 1999, 19(5): 155.

[3] 陈长乐. 固体物理学[M]. 西安: 西北工业大学出版社, 2000.

[4] 晋勇, 孙小松. X 射线衍射分析技术[M]. 北京: 国防工业出版社, 2008.

[5] 严燕来. 关于晶体衍射的劳厄方程和布拉格反射公式的关系——兼与张若森老师商榷[J]. 大学物理, 1991, (5): 23-25.

[6] 凤良杰. NSRL_XAFS 光束线改造中弧矢聚焦双晶单色器相关技术研究[D]. 合肥: 中国科学技术大学, 2011: 22-23.

[7] 李中亮. 大曲率弧矢聚焦双晶单色器及多层膜单色器相关技术研究[D]. 合肥: 中国科学技术大学, 2011.

[8] Zaehariasen W H. Theory of X-Ray Diffraction in Crystals [M]. NewYorks: wiley, 1945.

[9] Pinsker Z G. Dynamieal scattering of X-Ray diffraetion in Crystals [M]. Berlin: SPringer, 1978.

[10] 徐朝银. 同步辐射光学与工程[M]. 合肥: 中国科学技术大学出版社, 2013.

[11] Sanchez del Rio, M Cerrina. F Asymmetrically cur crystals for synchrotron radiation monochromator [J]. Rev. Sci. Instrum., 1992, 63:936-640.

［12］KIKUTA S. X-ray Crystal Collimators Using Successive Asymmetric Diffraction and Their Applications to Measurements of diffraction Curves-I. General Considerations on Collimators [J]. J. Phys. Soc. Jpn., 1970, 29:1322-1328.

［13］Mills D M, Henderson C, Batterman B W. A fixed exit sagittal focusing monochromator utilizing bent single crystal [J]. Nucl. Instrum. Meth., 1986，A246: 356-359.

［14］Hrdy J. Fixed-exit channel-cut crystal x-ray monochromators for synchrotron radiation [J]. Czech. J. Phys, 1989, 39(3): 261-265.

［15］Hrdy J. Harmonic-free and fixed-exit monolithic x-ray monochromator [J]. Czech. J. Phys, 1990, 40(4): 361-366.

［16］Spieker P, Ando M, Kamiya N. A monolithic X-ray monochromator with fixed exit beam position [J]. Nucl. Instrum. Meth., 1984, 222(1-2): 196-201.

［17］Sparks C J, Jr., Borie. B S X-ray monochromator geometry for focusing synchrotron radiation above 10keV [J]. Nucl. Instrum. Meth, 1980, 172: 237-242.

［18］Sparks, C J Jr., Ice. G E Sagittal focusing of synchrotron x-radiation with cured crystals [J]. Nucl. Instrum. Meth, 1982, 194: 73-78.

［19］赵凯华. 光学[M]. 北京: 高等教育出版社, 2004.

［20］钟锡华. 现代光学基础. 北京：北京大学出版社，2003.

［21］Howells M R. Brookhowen National Lab Information Report 27416 [C], 1980.

［22］Howells M R. X-Ray Data Booklet [M]. Berkeley: Lawrence Berkeley National Laboratory, University of California (USA), 1985.

［23］Harada T, Kita T. Mechanically ruled aberration-corrected concave gratings [J]. Appl. Opt., 1980, 19 : 3987-3993.

［24］Hettrick M C. Varied line-space gratings: past, present and future [J]. Proc. SPIE, 1986, 560: 96-108.

［25］Henke B L, Gullikson E M, Davis J C. X-Ray Interactions: Photoabsorption and Reflection at E=50-30000eV, Z=1-92 [J]. Atomic Data Nuclear Data Tables, 1993, 54: 181-342.

［26］Beckmann P, Spizzichino A. The Scattering of Electromagnetic Waves from Rough Surfaces[M]. London: Artech House, 1987.

［27］张振杰. 罗兰凹面光栅及其工作原理的论证[J]. 西北大学学报（自然科学版），1997, 27(1): 25-28.

［28］Johnson R L. Grazing-incidence monochromators for synchrotron radiation - A review [J]. Nucl. Inst. Meth. Phys. Res. A, 1986, 246 : 303-309.

［29］Gudat W, Kunz C. Handbook on Synchrotron Radiation: Techniques and Applications[M]. Berlin: Springer, 1979: Chap 3.

［30］Sail V, West J B. VUV and Soft X-Ray Monochromators for Use with Synchrotron Radiation [J]. Nucl. Instr. and Meth., 1983, 208: 199-213.

［31］Petersen H, Jung C, Hellwig C, et al. Review of plane grating focusing for soft x‐ray monochromators [J]. Review of Scientific Instruments, 1995, 66: 1-14.

［32］Chen C T. Concept and design procedure for cylindrical element monochro- mators for synchrotron radiation [J]. Nucl. Instr. and Meth. 1987, A256: 595-603.

［33］Chen C T, Sette F. Performance of the Dragon soft x‐ray beamline （invited） [J]. Rev. Sci. Instrum, 1989, 60 : 1616-1621.

［34］马磊. 变包含角平面光栅单色器关键技术与性能检测方法研究[D]. 北京:中国科学院研究生院，2012: 8-16.

［35］Blyth R R, Delaunay R, Zitnik M, et al. The high resolution Gas Phase Photoemission beamline [J]. Journal of Electron Spectroscopy and Related Phenomena, 1999, 101-103, 959-964.

［36］Peatman W B, Bahrdt J, Eggenstein F, et al. The exactly focusing spherical grating monochromator for undulator radiation at BESSY [J]. Rev. Sci. Instrum, 1995, 66: 2801-2806.

［37］Chen C T, Plummer E W, Howells M R. The study and design of a high transmission, high resolution toroidal grating monochromator for soft x-ray radiation [J]. Nucl. Instr. and Meth, 1984, 222 :103-106.

［38］王秋平，张允武. 软 X 光和极紫外光波段的分光技术[J]. 中国科学技术大学学报，2007, 37(4-5): 375-380.

［39］Underwood J H, Gullikson E M. High-resolution, high-flux, user friendly VLS beamline at the ALS for the 50–1300eV energy region1 [J]. Journal of Electron Spectroscopy & Related Phenom, 1998,92(1-3):265-272.

［40］李明. BSRF 同步辐射光束线性能优化[D]. 合肥: 中国科学技术大学, 2008: 9.

［41］邓小国，周泗忠，熊仁生，等. 超环面聚焦镜压弯装置的优化设计[J]. 光子学报，2006, 35(5): 797-800.

［42］WilliAM burling Peatman. GRATING, MIRRORS AND SLITS - Beamline design for soft X-Ray synchrotron radiation Sources[M]. Amsterdam: Gordon and Breach Science Publishers:75.

［43］余小江. NSRL 表面物理光束线[D]. 合肥: 中国科学技术大学, 2002.

［44］Takacs P Z, Church E L. Figure and finish of grazing-incidence mirrors [J]. Nucl. Instrum. Meth. A , 1990, 291: 253.

［45］Church E L, Takacs P Z. The interpretation of glancing incidence scattering measurements [J]. SPIE Proc. , 1986, 640: 126-133.

［46］WilliAM burling Peatman, GRATING, MIRRORS AND SLITS, Beamline design for soft X-Ray synchrotron radiation Sources [M]. Amsterdam: Gordon and Breach Science Publishers:141-144.

第5章 BSRF–3B3中能X射线光束线的光学设计

同步光从储存环传输到实验站的整个光路中，必须设置各种保护装置和各种光学元件，对光束进行选择和加工，原因在于：从储存环轨道切线方向发出的同步光的光通量非常大，破坏性很强，而且是复色光，除少数实验只用其能量外，一般不能被实验站直接使用；不同的实验站对同步辐射光的能量、通量、单色性、偏振度、光斑尺寸等要求不同。需要对同步光进行选择和加工后，再将其安全、稳定、高效地传输到实验站，满足特定的实验要求。

5.1 同步辐射X射线光束线的建造[1,2]

光束线基本的设计评判标准、设计原则和步骤是相同的。整个设计步骤大致分为4个阶段，即调研及确定基本参数、光学设计及优化、工程设计、安装调试。各个阶段的工作相互联系。图5-1给出了同步辐射系统光学设计流程图。

5.1.1 基本的设计和评判准则

光束线的设计应满足以下几项基本准则。

（1）设计应保证各项基本性能（工作波长范围、光谱分辨率、效率、系统精度等）满足要求，并保证仪器具有较高的使用寿命以及良好的实用性。

（2）设计应保证各项误差以及综合误差在允许范围内（如波长的扫描精度、重复性及系统的调节精度等）。

（3）在设计合理的前提下，考虑制造和调试工艺，能够方便调试、运行和维护。

（4）光束线尽量采用标准件。

（5）考虑其他因素的影响（如建造成本等）。

5.1.2 光束线的光学设计

同步辐射X射线传输的光学系统主要包括X射线成像系统和分光系统以及光学窗、光阑、狭缝、偏振器、位置探测器等辅助光学元件。光学设计大致有以下几个步骤。

（1）明确科学目标。对光源能量范围、光谱亮度、光束准直、时间结构、谱线偏振特性等，不同研究领域和用户有不同的要求，任何光学系统不可能同时具有上述的所有特点。所以，科学目标的确立要根据实际需要，突出重点。

（2）选择光源条件。对于第一代和第二代光源来说，首先考虑弯铁光源。有特殊需求，需要考虑插入件光源时，选择思路是：要求高亮度，选用波荡器；要求高能量，选用扭摆器；高能量、高亮度兼顾，则用多级扭摆器光源。第三代光源本身亮度就高，发散度也小，所以选择的灵活性更大。

（3）确定光学参数。根据用户要求和光源具有的能力确定光学系统的基本参数，主要包括能量范围、光子通量、分辨率和束斑尺寸。少数系统光学还包含偏振度、空间分辨率、时间分辨率、发散度等参数。

82

（4）拟定光学结构。首先选择衍射分光元件和确定分光结构，即单色器用光栅还是用晶体以及是否固定输出位置；其次选择成像元件及其布局。较为通用的模式是：单色器前放一块抛物面反射镜，准直发散光束成为平行光束；单色器后面放置一块环面镜，从水平和垂直两个方向聚焦光束；最后插入如光学窗、偏振器、位置探测器等一些辅助性功能元件。这一结构既考虑了能量分辨要求，又兼顾到传输的光通量和成像束斑。如此便建立了光束线的光学系统结构。

（5）优化参数和结构。系统结构基本拟定后，排布光束传输路径上的所有光学元件，借助各种计算机软件，计算系统的基本参数和分析影响这些参数的主要因素和限定条件。通过反复优化设计参数，修改系统结构，最终用 Shadow 或 Mathematical 程序进行光学追迹，验证光学参数的合理性和系统结构的可行性。

光学系统确定后，给出光学系统的总图。在系统设计后，还需要对系统的机械精度提出要求，如波长的扫描精度、电机的运动精度等，合理地分配误差，以确保后期的工程设计能够实施。

5.1.3　光束线的工程设计及安装调试

工程设计的大量工作是机械结构设计。将光路图转换为工程设计图，完成相应的机械结构设计，如果现有的光学设计工程上无法实现，还需要返回重新修改光学设计。机械设计需要考虑与其相关的配套设施，如真空系统、控制系统、辐射防护、热载分析等。工程设计过程中，还需要考虑后期仪器的调试方法、调试步骤等，确定仪器能够完整、方便地安装，且安装后能够正常工作。

工程设计完成后，要完成相应的工程报告，给出工程设计图纸和时间流程图等。完成了光束线全部的设计图后，进行非标加工、零件测试、部件组装和调试、测试。同步辐射系统光学设计流程如图 5-1 所示。

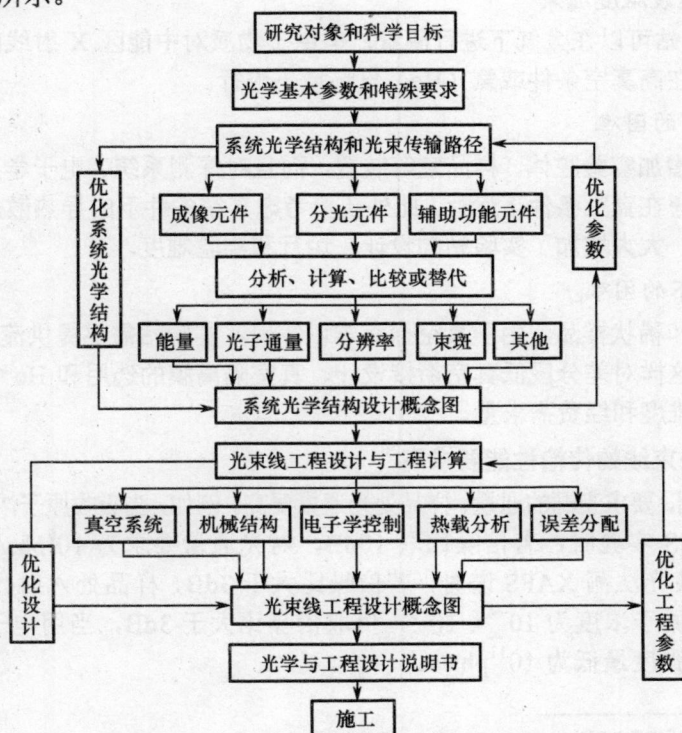

图 5-1　同步辐射系统光学设计流程框图

5.2 中能①X射线光束线的建造难点及现状

5.2.1 建造难点

中能能区的应用前景十分诱人，但该能区光束线和实验站的建立均具有相当大的难度，尤其是建造X射线吸收谱光束线和实验站。主要原因可以归纳为以下几点。

1. 分光晶体选择的困难

在1.2~1.8keV能区难以实现单色光，该能段对光栅单色器而言是高能，对晶体单色器又属于低能。

1）选用光栅的困难

能量越高，要求掠入射角度越小，光栅的线密度越大，导致有效反射面积越小；能量越高，要求光栅的线密度越大，边缘效应导致有效反射面积越小；能量越高，来自同一光栅条两岸的位相差越大，位相一致的反射面积越小；能量越高，波长越短，对高低不平等面型误差和粗糙度越敏感。

2）选用晶体单色器的困难②

同步光的强度大，对该能段分光晶体的抗辐射性能要求高，因为能量越低，要求晶格越长，晶体热稳定性越差；用于分光作用晶体体积应比较大，而近乎完美的晶体不易得到。天然生长的晶体，虽然体积较大，但缺陷严重；人工晶体除了Si或锗（Ge）以外，很难找到50mm以上的大晶体。

2. 实验站的建设难度加大

硬X射线实验站可以在大气下进行测量，但由于物质对中能区X射线的吸收非常强烈，所以通常实验都要在高真空条件或氦（He）气环境下进行。

1）真空条件下的困难

实验站不仅要增加实验腔体、样品室等装置，而且对探测系统、电子学系统、机械传动系统等的设计都要考虑在真空条件下运行，此外还要考虑真空条件下的导热散热能力等这些都使真空探测更为困难，大大增加了实验站的设计、运行和实验难度。

2）He气环境下的困难

对于溶液样品和稀状样品，由于真空探测难以实现，实验站需要提供流通式He气环境下运行的装置设备，这样对差分段低真空衔接设计、真空隔离膜的选用和He气循环稳定性方面又增加了装置设计难度和经费需求量。

3. 对光源及光束线的传输性能要求高[3]

由于吸收的原因，要求光源的通量、样品处光通量要高。例如，当吸收原子浓度为10^{-2}~1phs/s，采用透射法测XAFS实验时，若信噪比取10dB，对光通量要求为10^7phs/s；当吸收原子浓度为10^{-3}~10^{-2}，荧光法测XAFS谱时，若信噪比大于3dB，样品处入射光强度最低要达到10^{10}phs/s；当吸收原子浓度为10^{-4}~10^{-3}，仍取信噪比大于3dB，当用电子探测法测XAFS时，样品处入射光强度最低为10^{11}phs/s。

---

① 本书中所指中能X射线的能量范围为1200~6000eV。
② 第7章对分光晶体的选择进行了详细讨论。

4．对实验样品的特殊要求

对于硬 X 射线吸收谱来说，不涉及高真空等技术因素，对样品没有特殊要求。但由于中能和软 X 射线吸收要比硬 X 射线强很多，且这个能段材料的荧光产额也比硬 X 射线低，加上生物、环境样品的低浓度易受辐射损伤等，所以在该能区，不仅实验装置要在真空环境下，而且液态样品或含有结晶水的样品不能进行测量。对于软 X 射线和中能段吸收谱，一般适用于测量原子序数较低的元素的 K 吸收边或较高原子序数元素的 L、M 吸收边。荧光产额较低，使对低浓度样品的研究也受到限制。

5．对探测器的性能要求高

对硬 X 射线吸收谱来说，所用探测器一般为气体电离室或者荧光 Lytle 电离室。而对中能 X 射线，因吸收边和特征荧光峰能量间隔更小，故有效信噪比将会变差，得考虑能量分辨型固体探测器，尽量降低背底噪声。而能量分辨型固体探测器的价格要远远高于气体电离室或者荧光 Lytle 电离室的价格。

6．对单色器的机械精度和稳定性要求提高[4]

在硬 X 射线能段，用 Si（311）作分光晶体，能量扫描为 9.0～10keV，布拉格角转动仅 1°左右；而在中能 X 射线能段，用 Si（111）作分光晶体，能量扫描为 2.1～3.1keV，布拉格角转动约 30°，这样导致对单色器的机械精度和稳定性要求提高，同时在测量 XAFS 谱时，采谱时间也较长。

5.2.2 中能 X 射线光束线现状

基于上述原因，国际上专门针对 1.2～6.0keV 能段设计的光束线并不多，但各同步辐射装置上能区范围覆盖该能段的光束线并不少，例如，英国第二代同步辐射光源（Synchrotron Radiation Source，SRS）有 3 条以上，日本第一个大型专用同步辐射装置光子工厂（Photon Factory，PF）和美国国家同步辐射光源 NSLS 各有 4 条，欧洲 ESRF 和巴西国家同步辐射实验室（Brazil National Synchrotron Light Laboratory，LNLS）各有两条。我国中能 X 射线光束线的建设起步较晚，20 世纪 90 年代中期，台湾地区 SRRC 建立了一条用于谱学研究的光束线；北京 BSRF 也于 2002 年新建了 3B3 光束线，后改造升级为 4B7 光束线，侧重于探测器标定、光学元件性能测量和 X 射线吸收谱（X-ray Absorption Spectroscopy，XAS）研究等应用领域。表 5-1 是国内外部分同步辐射装置上能区范围覆盖 1.2～6.0keV 能段的光束线一览表[5]。

这些光束线中有的致力于研究 X 射线衍射、磁圆二色、荧光分析等，如法国 ESRF 的 BLID1，主要研究小角散射和异常散射；有的用于计量研究，如美国 NSLS 的 BLX8A；在吸收谱学领域，国际上有代表性的同步辐射装置均具有针对中能段的 X 射线吸收研究光束线，如美国 APS 的 BL2-ID-B，瑞士第三代同步辐射光源 SLS（Swiss Light Source）的 LUCIA，日本 PF 的 BL-9A，美国斯坦福同步辐射实验室（Stanford Synchrotron Radiation Lightsource，SSRL）的 BL6-2 和 NSLS 的 X19A 等。特别是 SSRL 的 BL6-2 和 NSLS 的 X19A 分别在关于硫和磷的吸收谱方面已经做了非常有效的工作。另外，美国 APS 的 BL2-ID-B 和美国先进光源（Advanced Light Source，ALS）的 BL10.3.2 以及瑞士 SLS 的 LUCIA 的研究方向更有挑战性，致力于显微谱学的研究[5]。

此外，还有很多能量范围很宽的光束线，如日本 Spring-8 的 BL15XU（能量范围为 550eV～60keV）、韩国汉城浦项同步辐射光源 PLS 的 BL3C1（能量范围为 2000eV～40keV），这类光束线虽然包含中能范围，但真正用于低能段 XAS 研究的很少。

表 5-1　世界上部分同步辐射光源的光束线及实验站（能区范围覆盖 1.2～6.0keV）

国家	光源名称	电子能量/(GeV/ mA)	光源代别	束线	单色器		能量范围/eV	能量分辨	研究方向
					光栅	晶体			
英国	SRS 弯铁	2.0/ 250	第2代	BL5.2		Ge（111）	2440～5000	<1eV @2450	XSW 表面 XAS
						InSb（111）	1800～3500		
						Si（311）	5000～10000		
				BL3.4		Beryl（10$\underline{1}$0）	800～1560		Soft x-ray EXAFS
						YB$_{66}$（400）	1070～2000		
						quartz（10$\underline{1}$0）	1500～1830		
						InSb（111）	1680～4000		
						Si（111）	1920～4000		
						Ge（111）	2010～4000		
				soft x-ray	Plan 1200l/mm	InSb（111）	1745～7360		表面 SEXAFS
						Ge（111）	2000～8430		
						Ge（220）	3260～11100		
	Diamond 超导波荡器	3.0/ 300	第4代	Polarized soft x-ray	VLS-SGM		400～2000	10000	XMCD XMLD SXRMS
巴西	LNLS 弯铁	1.37/100	第2代	Soft X-ray		Beryl（10$\underline{1}$0）	790～1550	High Moderate low	XAS
						quartz（10$\underline{1}$0）	1480～1800		
						InSb（111）	1680～2000		
						Si（111）	2050～4000		
				XAFS		Si（111）	2010～11390	10^5- 10^5	XAFS
						Si（220）	3300～18500		
						Ge（111）	1920～10930		
日本	Spring-8	8.0/100	第3代	BL15XU		YB$_{66}$（400）	1000～2000	2000	XPS（high resolution） Powder diffraction X-ray photoemission microscopy
						Si（111）	2000～20000		
						Si（333）	20000～60000		
	UVSOR 弯铁	0.75/200	第2代	Bl1A		Beryl（10$\underline{1}$0）	800～4000	2000 (0.5～0.8)	SXS
						QUARTZ			
						InSb（111）			
						Ge（111）			
						YB$_{66}$（400）			
						KTP（011）			
	PF-KEK 弯铁	2.5/400	第2代	BL-11B		Ge（111）	2020～3911	2000	SXS（solid and surface）
						InSb（111）	1765～3415	1200	
				BL-2A		Si（111）	2082～5000	5000	SXS（solid and gas）
						InSb（111）	1745～3700	2000	
				BL-8A	SX 700 1200l/mm		38～2300	2000	XAS XPS
				BL-27A		InSb（111）	1800～6000	1000	Radiobiology SXS（biology）
韩国	PLS 波荡器	2.5 /250	第3代	EPU6	SGM		80～1800	5000	XMCD
德国	DORIS	5.5/ 100	第1代	BW1					

国家	光源名称	电子能量/(GeV/mA)	光源代别	束线	单色器	能量范围/eV	能量分辨	研究方向
法国	ALS			10.3.2		2500~17000		Micro XAS
	ESRF 波荡器	6.0/200	第3代	ID 8	SGM	400~1600		XMCD
				ID 12	KTP（011） Si（111）	3000~22000	10000	XMCD XMLD XRMS
美国	SSRL	3.0/100	第3代	BL6-2	Si（111）	2100~17000	2000	Bio-XAS XSW
				BL3-3	Beryl（10$\bar{1}$0）	800~1550	0.35~0.8	
					QUARTZ	1500~1800	0.25~0.35	XAS
					InSb（111）	1800~4000	1.5~7.0	XSW
					Ge（111）	1900~4000	1.0~2.0	TXRF
					YB$_{66}$（400）	1150~2000	0.25~1.25	photoemission
					Si（111）	2100~4000	0.25~1.0	
	NSLS	2.8/300	第2代	X15B		800~15000		XAFS XAS
				X8A	W/Si multilayer	260~2000		
					Beryl（10$\bar{1}$0）	800~2800	2000	Metrology
					Si（111）	2100~5900		
				X19a	Si（111）	2100~8000		
					Si（220）	3400~12900		XAS
					Si（311）	4000~15200	1000~10000	EXAFS
					Si（111）	7700~13400		XAFS
					Si（220）	12500~23000		XANES
					Si（311）	14600~25600		
				X24A	Si（111）	2100~5000		EXAFS Auger spectro
					Ge（111）	2000~5000		EXAFS
					InSb（111）	1800~3600	4000~8000	XRF
					Si（220）	3400~8200		XPS XWS
	APS 波荡器	7.0/100	第3代	5-ID-C	Spherical	500~2800	1000	XMCD XAP PEEM
中国	BSRF 弯铁	2.2/100	第1代	3B3	Si（111）	2100~6000	2000~5000	XAS
					InSb（111）	1750~3000		
					KTP（011）	1200~3000		Metrology
	SRRC 波荡器	1.5/200	第3代	soft x-ray	Si（111） InSb（111） Beryl（10$\bar{1}$0） YB$_{66}$（400）	1000~9000	5000	XAS scattering

5.3　BSRF–3B3 光束线概述

5.3.1　建造 BSRF–3B3 中能 X 射线光束线的背景及科学目标

1992 年，中国科学院高能物理研究所同步辐射实验室软 X 光课题组建造了国内第一套软

X射线多层膜反射率计装置，能量范围为 50eV～1keV，广泛开展了软 X 射线光学基础及应用方面的早期研究。随着软 X 射线光学技术应用研究的不断发展，尤其是对惯性约束聚变（Inertial Confinement Fusion, ICF）诊断用探测器绝对灵敏度的标定，反射率计测量装置已无法满足各领域应用研究的需要。为此，1996 年，中国工程物理研究院激光聚变研究中心与中国科学院高能物理研究所同步辐射室联合建造了 3W1B 软 X 射线光栅单色器光束线，能量范围为 50eV～1.5keV。还是由于软 X 射线光学应用及 ICF 进程的发展，2003 年，两单位再次决定联合建造 BSRF-3B3 中能 X 射线光束线及实验站，设计能量范围 1.5～6keV。3B3 光束线，一方面继续为 ICF 标定相关探测器的谱响应及灵敏度；另一方面是为国内其他用户开展软 X 射线及中等能区 X 射线谱学方面的研究提供实验平台，以拓展北京同步辐射光源的应用研究领域。

5.3.2 光束线结构及主要部件的作用[7-9]

光束线由 BEPC 储存环第Ⅲ区编号为 3B3 的弯转磁铁引出，引出的最大水平发散角为 12.5mrad，最大垂直发散角为 0.34mrad。前端区光路总长约 11m，由屏蔽墙到实验站的光束线总长约 17.5m。光源参数见表 5-2。

1．前端区主要部件及其作用

前端区布局如图 5-2 所示，从光源起自上而下主要部件依次如下。

（1）超高真空手动阀（UltraHigh Vacuum Gate Valve，Manual Actuator）。为全金属型，用于隔断储存环与前端区的真空。

（2）水冷固定光阑（Water Cooled Fixed Mask）。光阑基体采用无氧铜，其作用是调制光束的水平张角，为减轻固定光阑 1 的热负荷，采用两个限光部件，分级控制光束张角。固定光阑 1 将光束的水平发散度限制到 9mrad，固定光阑 2 限制到 5mrad。

（3）光束位置监测器（X-ray Beam Position Monitor，XBPM）。两个 XBPM 分别用氧化铍（BeO）和钼（Mo）制作，为刀片形结构，作用是监测垂直方向光束的位置和传播方向。

表 5-2　光源参数

参数	电子能量、束流		
	3B3	4B7 专用	4B7 兼用
	2.2GeV，100mA	2.5GeV，250mA	1.89GeV，910mA
磁场强度 B/T	0.711	0.808	0.611
磁铁半径 R/m	10.32	10.32	10.23
特征能量 E_c/eV	2289	3358	1451
特征波长 λ/Å	5.417	3.69	8.54
电子束团	$\sigma_x = 0.069cm$ $\sigma_{x'} = 0.31mrad$ $\varepsilon_x = 2.139 \times 10^{-5} cmrad$ $\sigma_y = 0.022cm$ $\sigma_{y'} = 0.057mrad$ $\varepsilon_y = 1.254 \times 10^{-6} cmrad$	$\sigma_x = 0.0623cm$ $\sigma_{x'} = 0.27mrad$ $\varepsilon_x = 1.68 \times 10^{-5} cmrad$ $\sigma_y = 0.0169cm$ $\sigma_{y'} = 0.0436mrad$ $\varepsilon_y = 7.36 \times 10^{-7} cmrad$	$\sigma_x = 0.074cm$ $\sigma_{x'} = 0.32mrad$ $\varepsilon_x = 2.368 \times 10^{-5} cmrad$ $\sigma_y = 0.118cm$ $\sigma_{y'} = 0.0014mrad$ $\varepsilon_y = 1.66 \times 10^{-7} cmrad$
耦合度/%	5.86	10	4
光源功率/（W/mard）	3.20	13.34	15.86
表中关于 4B7 的有关参数是 BEPCII 改造后的数据			

（4）水冷活动挡光器（Water Cooled Movable Photon Shutter—MASK）。MASK 的主要作用是承受热负载，保护其他光学元件减少辐射损伤。可垂直运动挡光块由带水冷槽的无氧铜制作，水冷槽中有铜网。挡光块在汽缸的带动下做升降运动，下降到位后，吸收全部同步光；反之通过全部同步光。MASK 行程大小由汽缸结构决定，挡光块是否到达合适位置由电磁限位开关发出信号。MASK 必须与快阀和慢阀连锁，当真空事故（如泄漏）发生时，关闭金属快阀和慢阀时，必须首先关闭 MASK，以避免铝合金材料制造的快阀和慢阀阀瓣被烧毁。

（5）超高真空气动全金属慢阀（UHV All-metal Slow Valve）。当光束线发生偶然真空事故时，慢阀关闭（关闭时间约 15s），将光束线和前端区与储存环隔离，保护储存环真空。

（6）超高真空气动全金属快阀（UHV All-metal Fast Valve）。真空事故发生时，快阀首先关闭，关闭时间小于 10ms，但其漏率较大，不能完全阻挡大气进入前端区和储存环，所以快阀、慢阀必须联合动作，取长补短。

（7）水冷安全光闸（Safety Shutter）与铅准直器。安全光闸的上游是铅准直器，是在截面为矩形的扁管外用铅砖交叉排列堆砌。前文已介绍过，电子束流在加速和输运过程中，损失甚至丢失的电子与物质发生相互作用，将产生电离和韧致辐射；高能电子与加速管中残余气体分子的相互作用，产生的韧致辐射也将沿电子运动方向很小的立体角出射。此外，沿同步光引出方向上也将产生很强的韧致辐射。安全光闸的作用，一是阻挡注入时通过准直器后的韧致辐射，限制韧致辐射束的发散角；二是在正常工作时起光闸的作用。安全光闸的原理与 MASK 相同，只是其挡光块由一个灌满铅的长方形不锈钢盒构成。

2. 光束线主要部件及其作用

3B3 光束线上的主要光学元件是前置平面反射镜、聚焦镜、双晶单色器、四刀狭缝和碳滤片等，光束线布局如图 5-3 所示。

1）前置水冷平面反射镜系统

前置水冷平面反射镜中心距光源 12.5m，规格为 500mm×150mm×50mm，基底材料是单晶硅（Si）。镜面沿宽度方向分为两个反射区：一是镍（Ni）镜，镀层厚度为 40nm；二是 Si 镜（无镀层）。平面反射镜的作用是切除 6keV 以上的高能同步光、降低晶体表面的热负载和抑制高次谐波。由于平面反射镜承受的热负载较高，因而配置了水冷系统。

2）超环面聚焦镜系统

聚焦镜是弧矢方向为固定曲率的柱面镜，以 Si 作衬底表面镀镍（Ni）（镀层厚度为 40nm），距光源 14.25m，规格为 850mm×100mm×50mm。利用压弯聚焦机构，将反射柱面压为类似轮胎内表面的超环面，以超环面代替理想的椭球面面型。聚焦镜的作用是使光束水平和垂直双向同时聚焦于样品处。缩放比为 M=1：1，保证成像品质比较理想。

前置镜和聚焦镜系统的物理参数及性能指标列于表 5-3 中。

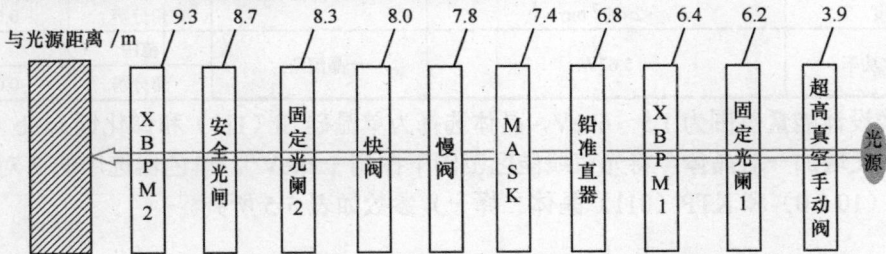

图 5-2　3B3 前端区布局示意图

与光源距离/m: 28.5　26.43　25.96　23.86　23.3　22.8　22.35　19.4　7.8　15.05　14.25　12.5　11.75　11.5

实验站 ← 气动阀　光子光阀　四刀狭缝2　Y4　单色器　Y3　C滤片　铅准直器　Y2　聚焦镜　平面反射镜　四刀狭缝1　XBPM&Y1

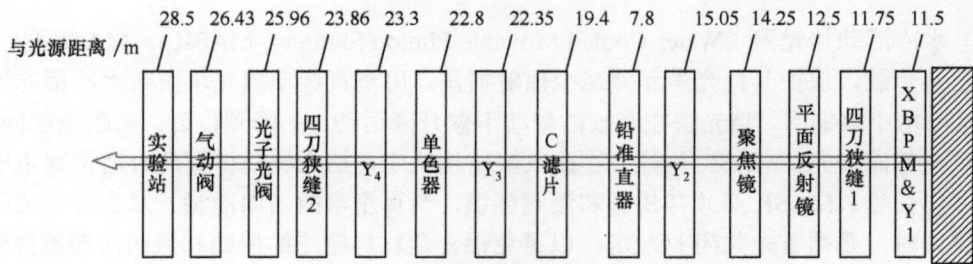

图5-3　3B3光束线布局示意图

表5-3　反射镜物理参数及性能指标

参数	平面反射镜	聚焦镜		平面反射镜	聚焦镜
面形误差/rad	≤6.7	≤6	弧矢半径/cm	∞	13.68
表面粗糙度/Å	≤5	≤5	子午弯曲半径/km	∞	1.484
掠入射角/(°)	0.55	0.55	接收角/(H×V mrad²)	5×0.34	5×0.34
截止能量/keV	6.0/3.6	6.0	调节精度 投角	5″	5″
输出功率/W	8.77	3.08	调节精度 滚角	6″	12″
吸收功率/W	7.51	1.26	调节精度 摆角		7″
			调节精度 横向移动		0.5mm

3）碳滤光片

碳膜厚度为 2μm，用于滤除低能成分，进一步减轻晶体的热负荷，减少镜面反射光。

4）双晶单色器系统

单色器系统是光束线的核心部件，用来提供单色 X 射线。3B3 光束线上使用的双晶单色器系统是日本 KOHZU 公司制造的固定光束输出位置的双平晶单色器，$(+n, -n)$ 型，距光源点 22.7m。图 5-4 给出单色器装置的实物照片。在光路设计上，同步光经双晶衍射后，光束向下位移 25mm。在选材方面，一晶底座是 Cu，表面镀 Ni，二晶底座为铝（Al）。一晶底面与底座之间均匀涂上一层锑化铟金属溶液，使晶体与底座接触严密，增强导热性。一晶配有水冷系统，目的是减小因晶体热形变而导致的束线分辨率的降低。单色器系统物理设计参数及性能指标[9]如表 5-4 所列。

表5-4　双晶单色器物理参数及性能指标

晶体尺寸	40mm×40mm×3mm	布拉格角	15°～75°	
双晶平行度	5″ 20″　$\theta < 10°$或$\theta > 60°$	角分辨率	0.2″/整步	
入射出射高差	25mm	最小读数	0.0001°	
出射高度精度	20μm 100μm　$\theta < 10°$或$\theta > 60°$	二晶投角θ_2	范围	±1°电机 ±28″ PZT
真空度	<2×10⁻⁷ torr	二晶投角θ_2	角分辨	0.05″/整步
一晶吸收功率	5.67W	一晶滚角γ_1	范围	±1°
		一晶滚角γ_1	角分辨	0.05″/整步

光束线设计能量范围为 1.5～6keV，晶体选择为单晶硅 Si（111）和锑化铟 InSb（111）。束线建成后，又增加一对晶体，将光束线能区范围下探到 1.2keV[①]。单色器选用的 3 对晶体（绿柱石 Beryl（10$\bar{1}$0）和 KTP（011）晶体二择一）参数如表 5-5 所列。

---

① 扩展能区范围的意义和新增加晶体的性能分析，详见第 7 章。

图 5-4 单色器装置照片

表 5-5 单色器晶体参数

晶体	晶格常数 2d/nm	覆盖能区 /keV	有效能区 /keV	布拉格角 /(°)
Beryl（10$\bar{1}$0）	1.595	0.82～2.35	0.9～1.75	66.1～31.2
KTP（011）	1.095	1.2～3.4	1.2～1.75	70.6～32.6
InSb（111）	0.748	1.75～5.0	1.75～3.7	72.3～26.6
Si（111）	0.6271	2.05～6.0	2.05～6.0	70.3～19.2

5.3.3 光束线光学设计指标

同步光由光源点引出后，经前端区的前后固定光阑限束，光束线可接收到 5mrad（H）×0.34（V）mrad 的光束。图 5-5 给出 3B3 光束线光路原理图，该束线在 BEPC 专用模式（2.2GeV，100mA）下的设计指标如表 5-6 所列。

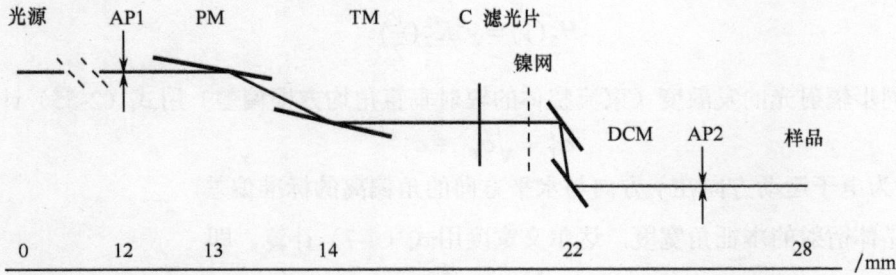

图 5-5 中能 X 射线双晶单色器 3B3 光束线光路原理图

表 5-6 专用模式下 3B3 光束线设计指标

能量范围	1.5～6keV	垂直接收角	0.34mrad
能量分辨率	1000～4000	水平接收角	5mrad
输出光通量	10^9～10^{10} phs/s	光斑尺寸	2mm（H）×1 mm（V）
高次谐波份额	< 5%		

5.4 BSRF–3B3 光束线传输特性的理论分析[7]

标志光束线性能的两个最主要指标是样品处的能量分辨率和输出通量，它和光源的辐射特性以及光束线的传输效率密切相关。光束线的传输效率是各个光学元件传输效率的乘积，而单一光学元件的传输效率是其反射（或透射）效率与垂直接收效率的乘积。

光束线传输特性的计算，需要从光源的辐射特性入手，并逐一计算每一光学元件的传输效率。下面把需要用到的关系式罗列出来。

（1）光源的特征波长 λ_c 和特征能量 ε_c，用式（2-50）和式（2-51）计算，即

$$\lambda_c(\overset{\circ}{A}) = 5.59 \frac{\rho(m)}{E^3(GeV)} = \frac{18.6}{E^2(GeV)B(T)}$$

$$\varepsilon_c(\text{keV}) = \frac{12.4}{\lambda_c(\overset{\circ}{\text{A}})} = 2.22 \frac{E^3(\text{GeV})}{\rho(\text{m})}$$

（2）弯铁光源的辐射强度用式（2-58）计算，实用单位为 $\left[\text{phs}/(\text{s}\cdot\text{mrad}\cdot0.1\%\text{BW})\right]$，即

$$\frac{\mathrm{d}F}{\mathrm{d}\varphi} = 2.457\times10^{13} E(\text{GeV})I(\text{A})G_1(y)$$

式中：$y = \varepsilon/\varepsilon_c$ 为归一化光子能量；$G_1(y)$ 为垂直积分光通量函数，即

$$G_1(y) = y\int_y^\infty K_{5/3}(y')\mathrm{d}y'$$

（3）单电子辐射的发散度用式（2-64）计算，即

$$\sigma'_\theta = \frac{2}{\gamma\sqrt{2\pi}}C(y) = 0.408\frac{C(y)(\text{mrad})}{E(\text{GeV})}$$

$$C(y) = \frac{\pi\times G_1(y)}{\sqrt{3}H_2(y)}$$

式中：$H_2(y)$ 为偏转磁铁辐射轴上光通量函数，用式（2-55）计算，即

$$H_2(y) = y^2 K_{\frac{2}{3}}^2(\frac{y}{2})$$

（4）同步辐射光的发散度（束流整体的辐射垂直角均方根偏差）用式（2-65）计算，即

$$\sigma'_Y = \sqrt{\sigma_\theta'^2 + \sigma_y'^2}$$

式中：$\sigma_{y'}$ 为电子运动方向在 y 方向与水平方向的角偏离的标准偏差。

（5）晶体衍射的本征角宽度，达尔文宽度用式（4-7）计算，即

$$\omega_D = \frac{2}{\sin 2\theta_B}\cdot\frac{r_e\lambda^2}{\pi V}C|F_{hkl}|\mathrm{e}^{-M}$$

（6）极紫外/软 X 射线穿过介质时，习惯上将强度衰减写成式（3-37），即

$$\bar{I} = \bar{I}_0\,\mathrm{e}^{-\rho\mu r}$$

式中：ρ 为质量密度；μ 为（质量）吸收系数；r 为薄膜厚度。

（7）当平面镜为理想光滑表面时，对入射光的反射率分别为式（3-41）和式（3-42），即

$$R_S = \frac{\left|\cos\phi - \sqrt{n^2 - \sin^2\phi}\right|^2}{\left|\cos\phi + \sqrt{n^2 - \sin^2\phi}\right|^2}$$

$$R_P = \frac{\left|n^2\cos\phi - \sqrt{n^2 - \sin^2\phi}\right|^2}{\left|n^2\cos\phi + \sqrt{n^2 - \sin^2\phi}\right|^2}$$

考虑表面粗糙度 σ 的影响后，平面镜的反射率用式（3-50）计算，即

$$R = R_0\exp\left[-\left(\frac{4\pi\sigma\cos\phi}{\lambda}\right)^2\right]$$

式中：R_0 为理想光滑表面的反射率；λ 为入射光波长；ϕ 为入射角。

（8）全反射掠入射临界角用式（3-45）计算，即

$$\theta_c = \sqrt{2\delta} = \sqrt{\frac{n_a r_e \lambda^2 f_1^0(\lambda)}{\pi}}$$

上述物理量的计算需要用到的计算工具有以下几个。

1. XOP 软件

特征能量、特征波长、光源辐射特性及达尔文宽度、晶体衍射效率的计算都可以用 XOP（X-ray Oriented Programs）软件处理，代入相应参数即可。XOP 是 ESRF 开发的一个广泛应用于同步辐射科学与工程领域的免费图形化界面计算软件。它内含可定制的数据库，可以进行 X 射线光源建模计算、光学设备特性计算以及数据显示和分析。

XOP 支持外部扩展功能。最常用的扩展插件便是 Shadow VUI，一个可视用户界面的通用光学追迹（Ray-tracing）程序，由美国威斯康辛大学 CXrL 中心所开发，对于 X 射线和反射光学做了优化。该软件已成为全世界同步辐射中心研究光束线性质的公认标准，可靠度很高。ShadowVUI 程序有两大优势：一是可以验证计算结果和实验结果的可靠性；二是可以实时指导光束线的调试。

2. MATLAB 软件

$H_2(y)$、$G_1(y)$ 随归一化光子能量 $y = \varepsilon/\varepsilon_c$ 变化的关系可以由应用程序软件 MATLAB 计算得到。

3. http://henke.lbl.gov/optical_constants/网站

镜面对 X 射线的反射率、材料对 X 射线的透过率等 X 射线与物质相互作用的计算，可以运行该网站上的程序，这是美国劳伦斯伯克利国家实验室（Lawrence Berkeley National Laboratory，LBNL）的 X 射线光学中心（The Center for X-Ray Optics，CXRO）提供的计算工具。此外，该网址还支持光栅衍射效率、弯铁光源辐射特性的计算[①]，能查到原子散射因子、X 射线能区元素特性等许多与 X 射线相关的内容。

5.4.1 传输特性计算

1. 光源的辐射特性

在式（2-51）中代入 3B3 光源参数，计算得 3B3 光源的特征能量为 2.28keV，光源辐射特性由 XOP 软件计算，3B3 光源辐射特性如图 5-6 所示。可见，1.5～6keV 的设计能量区间在 3B3 光源辐射能谱的最佳能量范围内。

2. 平面镜的传输效率

当光束对平面镜的掠入射角为 α 时，由全反射掠入射临界角关系式（3-45）可得到平面镜光学输出的截止能量。例如，Ni 镜，$\alpha = \theta_c = 0.55°$ 时，其截止能量为 6.0 keV。

1）平面镜的反射效率

考虑表面粗糙度的影响，平面镜对入射光的反射率 ε_{PM-ref} 可用式（3-50）计算。设表面粗糙度 $\sigma = 0.5nm$，Ni 镜、Si 镜的反射率随能量变化曲线如图 5-7 所示。从图中可见，Ni 镜在 1～6keV 能段提供了高且平坦的反射率，同时切除 6keV 以上的硬 X 射线；前置镜为 Si 镜时，在 0.4～1.8keV Si 的反射率基本为一均匀平台。反射率恒定，可以保证样品处光斑通量密度恒定。

[①] 根据我们的体会，计算光源辐射特性还是用 XOP 程序功能更强大。

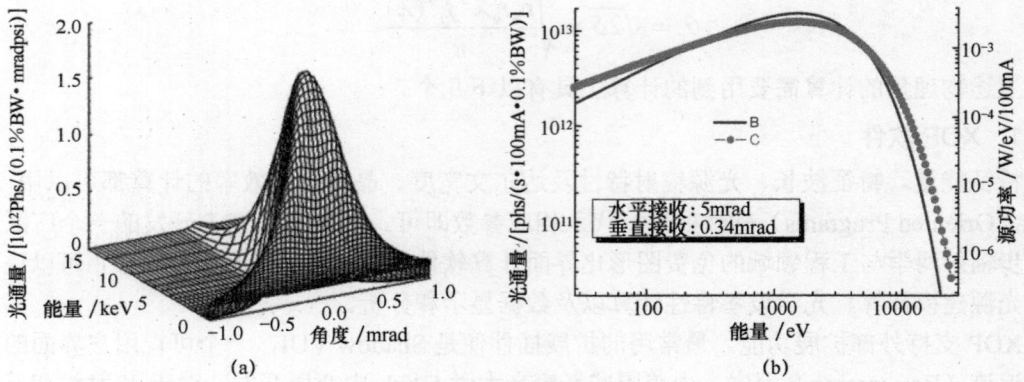

图 5-6　专用模式下 3B3 光源辐射特性

（a）辐射光通量角分布；（b）光通量谱（实线）及功率谱（点线）。

2）平面镜的垂直接收效率 ε_{PM-acc}

图 5-8 是平面镜在垂直方向光路示意图，θ 为平面镜的垂直接收角，S 为光源，R_1 是平面镜中心到光源的水平距离，$2W$ 是镜子的长度，由几何关系可得

$$\theta = \frac{W \sin \alpha}{R_1}$$

平面镜的垂直接收效率 ε_{PM-acc} 可以用误差函数 erf 表示，即

$$\varepsilon_{PM-acc} = erf(\frac{\theta}{\sqrt{2}\sigma'_\theta}) \tag{5-1}$$

则平面镜的传输效率由下式决定，即

$$\varepsilon_{PM} = R_0 \exp\left\{-\left(\frac{4\pi\sigma\cos\phi}{\lambda}\right)^2\right\} \cdot erf\left(\frac{\theta}{\sqrt{2}\sigma'_\theta}\right) \tag{5-2}$$

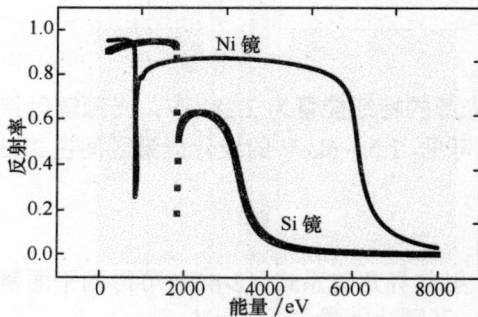

图 5-7　前置平面镜反射率曲线

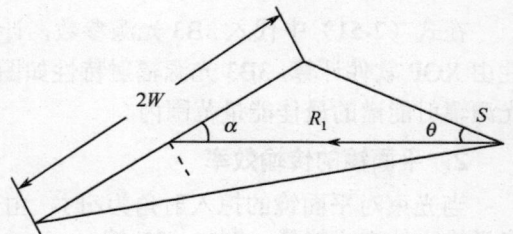

图 5-8　平面镜垂直接方向光路示意图

3. 超环面聚焦镜的传输效率

1）聚焦镜的反射效率

聚焦镜的表面也镀有 Ni，则 Ni 镀层的反射率计算方法与平面镜相同。

2）聚焦镜的垂直接收效率

图 5-9 是超环面镜聚焦系统示意图。设 a、d 分别为椭球面的长半轴和短半轴，w、h 分别为弧矢面内聚焦镜凹槽的宽度和高度。光源到镜面中心的距离（物距）为 a（a=14.25m），镜

94

面长度由 L_1 和 L_2 两部分组成，L_1 为由垂直接收角 α（在特征能量点 $\theta = 0.34\text{mrad}$）决定的接收长度，L_2 为由水平接收角 ψ（$\psi = 5\text{mrad}$）决定的接收长度。由几何关系得到

$$L_1 = a \times \theta / \sin\alpha = 14.25 \times 0.34 / \sin 0.55° = 505\text{mm} \tag{5-3}$$

$$L_2 = \frac{h}{\tan\alpha} = \frac{a}{\tan\alpha} \times \left[\sin\alpha - \sqrt{\sin^2\alpha - \frac{\psi^2}{4}} \right] = 492\text{mm} \tag{5-4}$$

式中，用到了 $h = d - \sqrt{d^2 - w^2/4}$、$d = a\sin\alpha$、$w = \alpha \cdot \psi$ 的关系。计算得镜面总长为 997 mm。

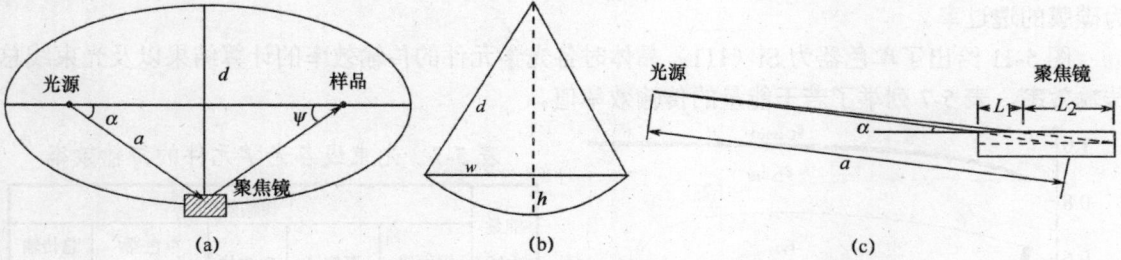

图 5-9 超环面镜聚焦系统示意图

（a）光路示意图；（b）侧视简图；（c）正视简图。

为使压弯镜提高效率，保证镜面品质，并减轻真空负担，降低造价，压弯镜长度可根据 $L_2 < L \leq L_1 + L_2$ 的关系确定。由式（5-3）可知，聚焦镜的长度大于由垂直接收角 θ 决定的长度 L_1，故其垂直接收效率为 1。则聚焦镜的效率就是 Ni 镀层的反射效率。

4. 碳滤片的透过率

透射光强度可由式（3-37）计算得到，其中碳膜质量密度 $\rho = 3.51\text{g/cm}^3$，碳膜厚度为 2μm。

5. 双平晶单色器的衍射效率

在同步光发散度一定的条件下，晶体的衍射效率由其达尔文宽度 ω_D 决定，ω_D 为微弧度（μrad）量级，与波长 λ 和晶体的反射面[hkl]有关，还与入射角有关。由 Shadow 软件计算出几个点的 ω_D（图 5-10 中的点），然后拟合出 ω_D 随能量 E 变化的函数关系曲线（图 5-10 中的实线），则晶体的衍射效率用误差函数 erf 表示为

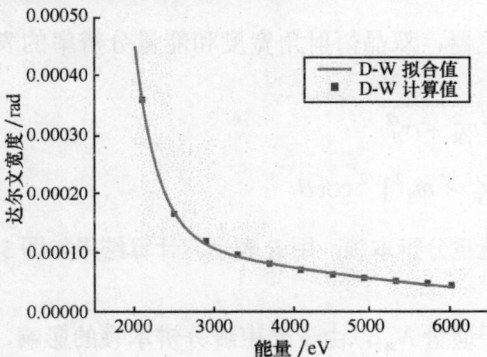

图 5-10 单晶 Si（111）达尔文宽度与能量关系曲线

$$\varepsilon_{\text{DCM-diff}} = \text{erf}\left(\frac{\omega_D}{\sqrt{2}\sigma'_\theta} \right) \tag{5-5}$$

由于晶体的大小远大于单色器位置处光斑的大小[①]，其垂直接收效率为 1，则晶体的传输效率由式（5-5）决定。

6. 光束线总传输效率

由上述分析可知，前置平面镜决定了垂直接收效率，聚焦镜决定了水平接收效率。依据前面的分析，计算得到光束线总传输效率为

$$\varepsilon_{\text{total}} = \varepsilon_{\text{PM}} \cdot \varepsilon_{\text{TM-ref}} \cdot \varepsilon_{\text{DCM-diff}} \cdot \varepsilon_{\text{C-trans}} \tag{5-6}$$

式中：ε_{PM} 为平面镜的传输效率；$\varepsilon_{\text{TM-ref}}$ 为聚焦镜的反射率；$\varepsilon_{\text{DCM-diff}}$ 为单色器的衍射效率；$\varepsilon_{\text{C-trans}}$ 为碳膜的透过率。

图 5-11 给出了单色器为 Si（111）晶体时各光学元件的传输效率的计算结果以及光束线总传输效率，表 5-7 列举了若干能量的传输效率值。

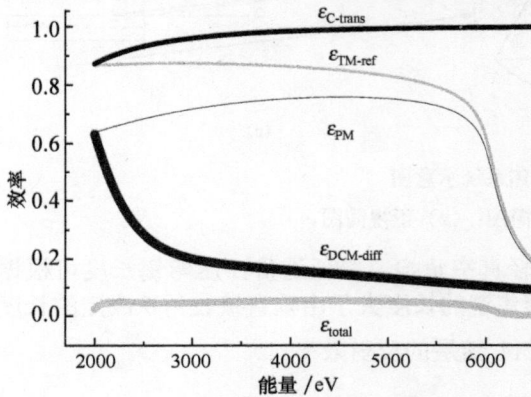

图 5-11　单色器选用 Si（111）晶体时光束线各光学元件的传输效率及总传输效率

表 5-7　光束线各光学元件的传输效率

能量 /eV	传输效率				
	平面镜	聚焦镜	C 滤片	单色器/Si（111）	总传输效率
2000	0.637	0.866	0.872	0.630	0.024
3000	0.717	0.873	0.959	0.199	0.046
4000	0.752	0.861	0.983	0.158	0.053
5000	0.751	0.828	0.991	0.130	0.050
6000	0.583	0.628	0.995	0.103	0.027

5.4.2　光学传输特性的分析

1. 实验站（样品）处光学特性

样品处的光学特性最主要的两个指标是能量分辨率和输出通量。

1）能量分辨率

考虑以（+n，-n）型排列的双平晶单色器，双晶衍射角宽度和能量分辨率的表达式分别为式（4-19）和式（4-20），重写为

$$\Delta\theta = \sqrt{\omega_{\text{R}}^2 + \sigma_\theta'^2}$$

$$\frac{\Delta\lambda}{\lambda} = \frac{\Delta E}{E} = [\sigma_\theta'^2 + \omega_{\text{R}}^2]^{1/2} \cot\theta$$

能量分辨率通常也习惯用其倒数表示，称为能量分辨本领，用 R 表示。计算结果如图 5-12 所示。

2）输出通量

图 5-6 是光源输出的 0.1%BW 内的光子通量 N_{src}，由于光束线分辨本领的影响，样品处的输出通量 N_{sam} 的计算式修正为

---

① 见本章最后的计算结果，数据如图 5-21 所示。

$$N_{\text{sam}} = N_{\text{src}} \times \varepsilon_{\text{total}} \times \frac{\Delta E}{0.1\%E}(phs/s) \qquad (5\text{-}7)$$

将光源的辐射强度、光束线的传输效率及能量分辨本领的计算结果代入式（5-7），得到 BSRF-3B3 光束线在使用不同的单色器晶体下的输出通量，其结果如图 5-13 所示。

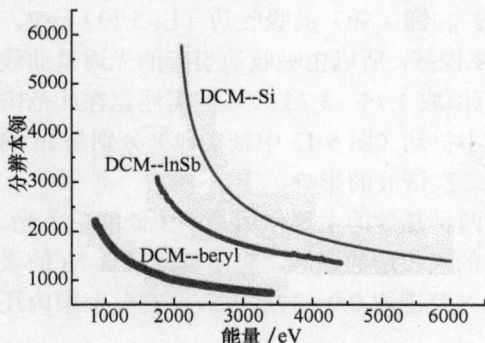

图 5-12　BSRF-3B3 光束线能量分辨本领的计算结果

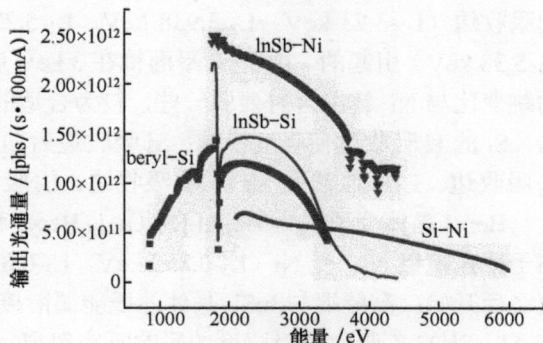

图 5-13　光束线输出光通量的计算结果

2. 计算结果分析

1）与其他同类光束线性能的对比

目前，对光束线输出特性的详尽理论分析还未见报道，通常是给出若干能点输出通量的测量结果，或是若干能点的内裏分辨率[8-13]。

能量分辨本领由高到低对应晶体的顺序是 Si、InSb、Beryl。Beryl 是天然生长晶体（但本书是按 Beryl 晶体为完美结构计算的），Beryl 晶体的非完美程度与生长条件、生长环境密切相关，同时 Beryl 晶体的热导率低，耐辐照性能差，所以实际的分辨本领要低于计算值。在 BSRF-3B3 光束线上对 Si（111）晶体分辨本领的测量结果与计算结果基本吻合[14]，与 LNLS 软 X 射线谱学光束线分辨本领的测量结果也是吻合的[8]。

计算结果表明，输出通量由高到低对应晶体的顺序是 InSb、Si、Beryl，可以认为衍射强度是随材料原子序数的增大而增强的。这与 LNLS 软 X 射线谱学光束线的测量结果一致[8]。日本 UVSOR（Ultraviolet Synchrotron Orbital Radiation Facility）的 BL7A 对 Beryl 和 KTP 在 1.2～1.7keV 范围内通量的测量结果大致相等[12]。BSRF-3B3 对 Si（111）晶体作单色器时，输出通量的测量结果与计算结果基本吻合[14]。

2）前置平面镜镀层的选择

单色器的布拉格角机械转动范围为 15°～75°，利用布拉格公式可得各晶体的能量覆盖范围（表 5-6）。由于 Ni 在 1～6 keV 能段提供了高且平坦的反射率，Si 镜的反射率在 0.4～1.8keV 范围内也基本为一均匀的平台，所以根据晶体覆盖的能区范围，KTP（011）、InSb（111）和 Si（111）应与 Ni 镜组合，而 Beryl（10$\bar{1}$0）与 Si 镜组合，反射率比较理想。但 KTP（011）、InSb（111）若与 Ni 镜组合，高次谐波会比较严重，如 KTP（011）在 1200～1500eV 范围内的 2 次、3 次、4 次谐波都存在。因此，KTP（011）、InSb（111）、Beryl（10$\bar{1}$0）晶体与 Si 镜组合，有利于光谱纯度的改善。Si（111）晶体与 Ni 镜组合很理想，因为（111）面偶次谐波是消光的，而 3 次以上谐波可以被 Ni 镜抑制，光谱成分很纯。

3）能量范围的选择

在满足布拉格条件的基础上，能量范围的选择还要考虑材料内裏性质的影响，尽量在选择的能量范围内光通量曲线比较光滑，信号也比较强。合适的能区范围分析如下（图 5-13）。

Si 是非常理想的分光晶体。在能量覆盖范围内既没有高次谐波，也无自身结构的影响，所以合适的能区范围为 2.05～6.0keV。

InSb 晶体无论与 Ni 镜组合还是与 Si 镜组合，其高能端通量曲线都不光滑，这是由铟（In）的吸收边（L_3-3.73 keV，L_2-3.938 keV，L_1-5.238 keV）和锑（Sb）的吸收边（L_3-5.132 keV，L_2-5.38 keV）引起的。由于 Si 平面镜在 3 keV 后反射率锐减，所以由吸收边引起的光通量曲线的跳变比与 Ni 镜组合时要弱一些，较为合适的能区范围取 1.75～3.7 keV。但需注意在此范围内，Si 的 K 吸收边使强度锐减；Si 吸收边后曲线的微小抖动（图 5-13 中细实线）分别是 In 的 L_3 吸收边、L_2 吸收边及 Sb 的 L_3 吸收边、L_2 吸收边的二次谐波的影响。

Beryl 晶体分子式为 $Be_3Al_2[Si_6O_{18}]$。Beryl 和 KTP 两种晶体的主要作用是产生低能单色光。由于聚焦镜镀 Ni，受 Ni（L_3-0.852 keV，L_2-0.87keV）的吸收边的影响，起始范围可从 Ni 的吸收边后开始；高能端与 InSb 晶体的低能端衔接。即能区范围取 0.9～1.75 keV。在此范围内还有 Al、Si 的 K 吸收边对强度的影响不容忽视。

KTP 晶体能区范围取 1.2～1.74keV。若扩大能量范围则存在由 P、K 和 Ti 的 K 吸收边的二次谐波引起的晶体吸收增强。这已由实验结果证实[5]。

综上所述，在 2.05～3.7keV 内，若需要高光通量，就选用 InSb（111）晶体；若要求光束线的分辨率高，就用 Si（111）晶体。KTP 晶体和 Beryl 晶体也各有优势：KTP 是人工晶体，在完美性和热稳定性方面比 Beryl 晶体好，在二者共同覆盖的能区，KTP 为首选；而 Beryl 的晶格常数更大，可以将能量向更低的能区扩展。

5.5　BSRF–3B3 光束线光学追迹

5.5.1　Shadow 追迹的结果

如图 5-14 所示，建立笛卡儿坐标系，y 轴正方向为光束传播方向，xz 平面与光束传播方向垂直，且 xyz 满足右手螺旋关系。其中，反射镜绕 x 轴的转角称为投角，绕 y 轴的转角为滚角，绕 z 轴的转角为摆角。

首先将光源参数输入弯铁参数对话框；然后在光学系统中建立 4 个光学元件，分别代表平面镜、聚焦镜、一晶和二晶，最后在每一个光学元件的对话框中设置参数。具体做法如下。

物距、像距的设置值是以图 5-14 所示光束线布局为依据的。将光源点作为平面镜的物平面；13.3m 位置处的 Beamstop 作为平面镜的像平面和聚焦镜的物平面；22.3m 处的荧光靶 Y_3 作为聚焦镜的像平面；二晶的像面就在样品上。元件的尺寸以实际值代入，由于双晶的尺寸已远大于光斑尺寸，故设双晶尺寸为无限大。因为平面镜的法线方向指向 z 轴负方向，所以平面镜的姿态取 180°，而聚焦镜的法线方向与平面镜法线方向反平行，故聚焦镜的姿态也取 180°……依此类推。光学元件的参数设置如表 5-8 所列。

在 Shadow VUI 软件中得到的物理量的大小是以该量的半高全宽 FWHM 为标准的。图 5-15 是样品处光斑尺寸，FWHM 为 1.6mm × 0.61mm，验证了光束线设计指标和实验测量结果[11]是可靠的。

图 5-16 是 E=3keV 时，样品处聚焦光斑能量带宽的追迹结果，ΔE=0.88eV，能量分辨本领 $E/\Delta E$=3400。图 5-17 是能量分辨本领的计算与 Shadow 追迹结果的对比，二者吻合很好，说

明对光束线的理论分析是正确的，计算结果也是可靠的。表 5-9 分别列出了光束线传输效率的 Shadow 追迹结果与计算结果，二者基本吻合。

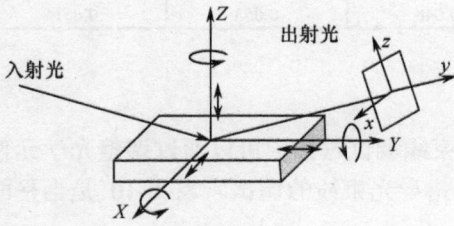

图 5-14　光束线坐标系定义图

表 5-8　Shadow VUI 软件中设置的光学元件参数

参数	平面镜	聚焦镜	一晶	二晶
物距/cm	1250	70	40	5
像距/cm	80	830	5	570
入射角/(°)	89.45	89.45		
反射角/(°)	89.45	89.45		
镜姿态/(°)	180	180	180	180
尺寸/cm	X：+3.5～−3.5 Y：+25～−25	X：+5.0～−5.0 Y：+42.5～−42.5		
半径/cm		子午 148450 弧矢 13.68		

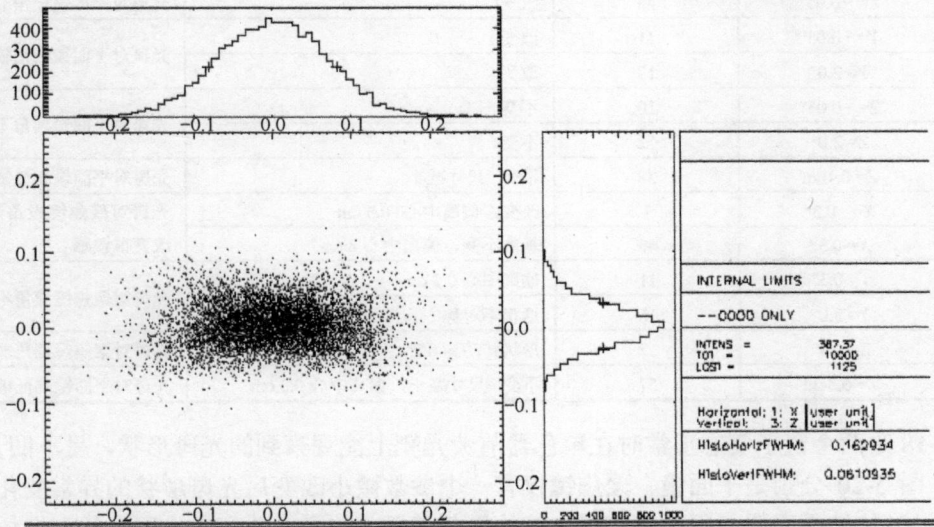

INTERNAL LIMITS

--OOOB ONLY

INTENS = 387.37
TOT = 10000
LOST = 1125

Horizontal: 1: X [user unit]
Vertical: 3: Z [user unit]

HistoHorizFWHM: 0.162934

HistoVerFWHM: 0.0610935

图 5-15　Shadow 追迹得到样品处聚焦光斑大小

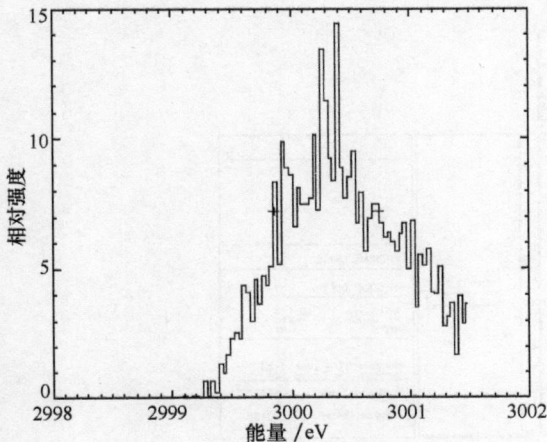

图 5-16　样品处 E＝3keV 时的带宽追迹结果

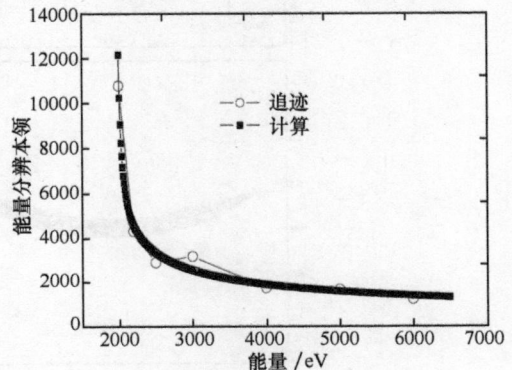

图 5-17　能量分辨本领的计算与追迹结果的对比

99

表 5-9　光束线传输效率的追迹与计算结果

能量/eV 总效率	2000	2500	3000	4000	5000
追迹	0.020	0.029	0.041	0.048	0.051
计算	0.017	0.034	0.046	0.053	0.051

5.5.2　光学元件姿态分析

Shadow 软件对追迹光斑形状非常形象化，所以在束线调试过程中可以通过调整光学元件参数值，模拟实验状态，分析各光学元件的姿态，实时指导光束线的调试。表 5-10 是当平面镜和聚焦镜姿态不正确时的追迹结果和结论。

表 5-10　改变平面镜和聚焦镜姿态后的追迹结果

元件	改变量	光子数丢失率/%	光斑形状	结　论
平面镜	$X=-0.05°$	43	改变	光斑对平面镜投角非常敏感
	$Y=-0.05°$	11	改变	光斑对平面镜滚角较敏感
	$Y=2.0°$	17	改变	
	$Z=-0.05°$	10	不变	光斑对平面镜摆角不敏感
	$Z=2.0°$	12	不变	
	$Z=0.1cm$	38	不变，尺寸减小	光斑对平面镜高低敏感
聚焦镜	$X=-0.3°$	3	改变，偏离中心-0.3 cm	光斑对聚焦镜投角沿正方向改变很敏感
	$X=0.3°$	43	基本不变，偏离中心 8 cm	
	$Y=0.3°$	11	偏离中心 0.2 cm	光斑对聚焦镜滚角不太敏感
	$Y=5.0°$	16	形状不对称	
	$Z=0.3°$	12	形状转动约80°	光斑对聚焦镜摆角非常敏感
	$Z=0.3cm$	57	不变，尺寸减小，偏离中心 0.3 cm	光斑对平面镜高低敏感

图 5-18 是两个镜子姿态正常时在单色器前荧光靶上能观察到的光斑形状，呈下凹月牙形；图 5-19、图 5-20 分别是平面镜、聚焦镜仅有一个参数微小改变后光斑形状的异常变化情况。结合表 5-10 的结果表明，平面镜、聚焦镜的投角和摆角的微小改变对光斑形状和性质将产生很大影响，这对两个镜子的机械调节精度提出了很高的要求。表 5-10 中对平面镜、聚焦镜的设计要求与 Shadow 追迹的结果吻合。

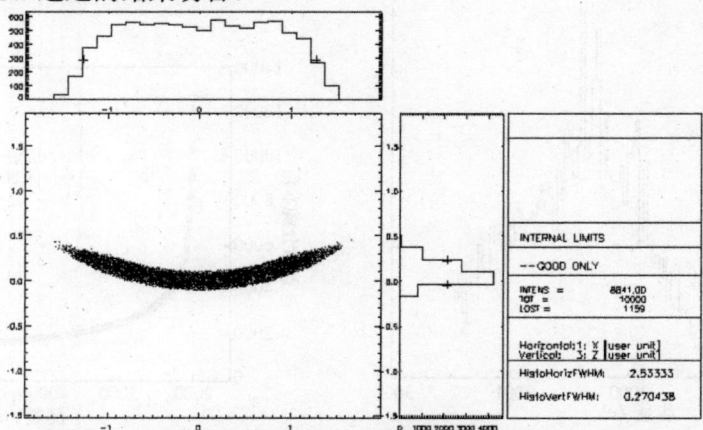

图 5-18　平面镜、聚焦镜姿态正常时荧光靶 Y_3 上的光斑形状

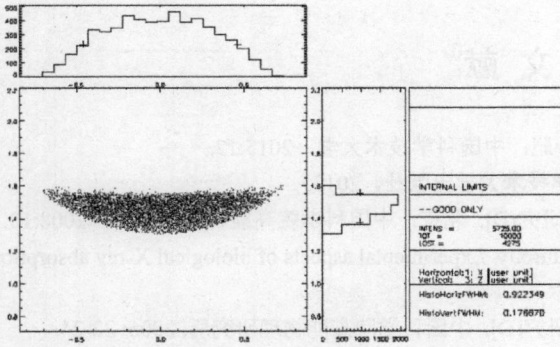

图 5-19　平面镜投角改变 $X=-0.05°$ 荧光靶
Y_3 上的光斑形状

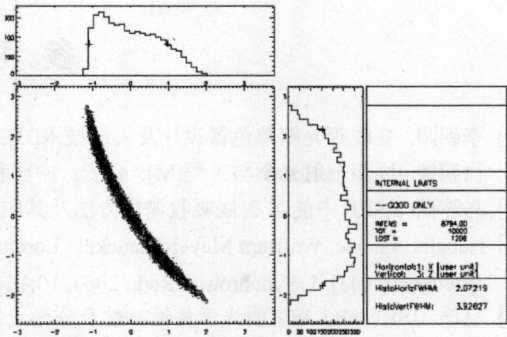

图 5-20　聚焦镜摆角改变 $Z=0.3°$ 荧光靶 Y_3 上的
光斑形状

5.5.3　光斑尺寸计算

第 4 章已指出，由于光学元件的面形误差，引起了子午面和弧矢面的像展宽，且当子午面和弧矢面的面形误差相等时，子午方向的像展宽是影响光斑尺寸的主要因素。考虑聚焦镜面形误差后，聚焦镜光斑垂直方向大小可由式（5-8）计算，即

$$\Delta S'_{\text{ver}} = \sqrt{\Delta S_{\text{ver}}^2 + 4\Delta_{\text{mer}}^2 r'^2} \tag{5-8}$$

式中：ΔS_{ver} 为不考虑面形误差时光斑的尺寸，其值由 Shadow UVI 光线模拟的方法得到。以 3B3 光束线超环面聚焦镜的子午方向面型误差的计算值 6.7μrad[2]代入式（5-8），得到 3B3 光束线上光斑尺寸与位置的关系，如图 5-21 所示。

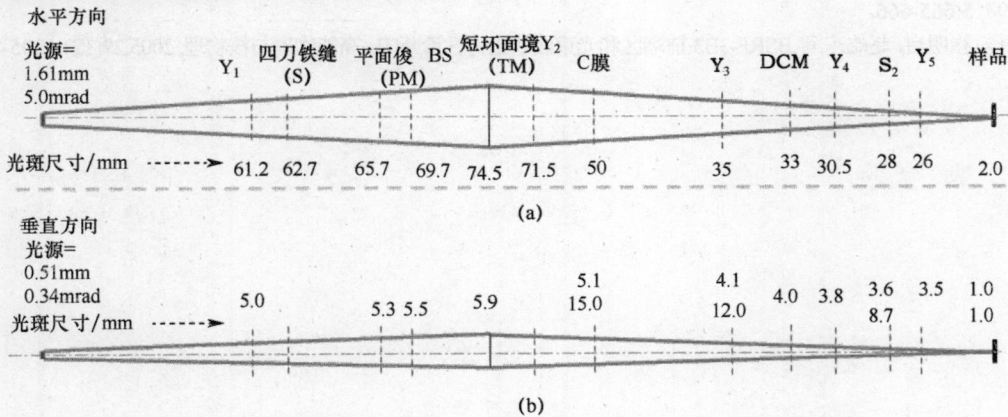

图 5-21　3B3 光束线光斑尺寸与位置关系

（a）水平方向；（b）垂直方向。

综上所述，3B3 光束线的传输特性的理论分析，是从 3B3 弯铁光源的辐射特性开始的，结合各光学元件的几何尺寸和物理、化学特性，计算了光束线的总传输效率；进而对比了单色器选用不同分光晶体时，光束线在实验站处的光学输出特性；利用 Shadow UVI 软件进行了光学模拟，验证了计算结果的可靠性和光束线设计指标的合理性；基于聚焦镜面型误差的影响，得到在光束线不同位置点的光斑尺寸。计算过程详尽且具体，为光束线的调试和诊断提供了理论依据。

参 考 文 献①

［1］李朝阳. 变线距光栅单色器设计及关键技术[D]. 合肥：中国科学技术大学，2015:12.

［2］徐朝银. 同步辐射光学与工程[M]. 合肥：中国科学技术大学出版社，2013.

［3］马陈燕. BSRF 中能 X 射线吸收谱学方法及其应用研究[D]. 北京：中国科学院高能物理研究所，2008:10.

［4］Isabella Ascone, Wolfram Meyer-Klauckeb, Loretta Murphy. Experimental aspects of biological X-ray absorption spectroscopy [J]. J. Synchrotron Rad., 2003, 10:16-22.

［5］赵佳. BSRF-3B3 光束线光学传输特性及分光元件研究[D]. 中国科学院高能物理研究所, 2006: 22-24.

［6］马礼敦, 杨福家. 同步辐射应用概论[M]. 上海：复旦大学出版社, 2000: 34-36.

［7］赵佳, 崔明启, 赵屹东. 北京同步辐射装置 3B3 光束线传输效率及输出特性的计算[J]. 高能物理与核物理, 2006, 30(4): 359-363.

［8］Abbate M. The soft X-ray spectroscopy beamline at the LNLS: technical description and commissioning [J]. J.Synchrotron Rad.,1999, 6:946-972.

［9］Michael Krumrey. Design of a Four-Crystal Monochromator Beamline forRadiometry at BESSY II [J]. J. Synchrotron Rad., 1998,5:6-9.

［10］Smith A D. Use of YB66 as monochromator crystals for soft-energy EXAFS [J]. J.Synchrotron Rad., 1998, 5:716-718.

［11］MacDowell A A. Soft x-ray beam line for surface EXAFS studies in the energy range $60eV \leqslant h\nu \leqslant 11100eV$ at the Daresbury SRS [J]. Rev.Sci.Instrum., 1986, 57(11):2667-2679.

［12］Murata T. Soft x-ray beamline BL7A at the UVSOR [J]. Rev.Sci.Instrum., 1992,63 (1):1309-1312.

［13］Dann Tang-Eh. A high-performance double-crystal monochromator soft X-ray beamline [J]. J. Synchrotron Rad., 1998, 5:665-666.

［14］赵佳,崔明启,赵屹东,等.BSRF-3B3 前端区和光束线输出特性诊断[J]. 高能物理与核物理,2005,29(12):1205-1209.

---

① 本章还参考了中国科学院高能物理研究所所以下内部资料，一并致谢！
夏绍建，朱佩平，崔明启. 中能 X 射线光束线技术设计报告.
中国科学院高能所同步辐射室. 3B3 光束线前端区设计报告.
北京正负电子对撞机国家实验室. BEPC 工程北京同步辐射装置研制报告.
肖体乔. BSRF-3B3 中能 X 射线光束线光学设计报告.

第6章 BSRF−3B3 装调及输出特性诊断

从光束线理论设计完成到获得达到设计指标的同步光，中间包含了各子系统元器件的采购、加工、验收和前端区、光束线安装、调试和性能测试等一系列环节。任何一个环节的失误不仅仅影响出射光的性能，更可能的是引起对前期一系列工作的否定，产生巨大的工作量和时间的浪费，当然也会在深度思考和重复工作中，提高认识，积累更多的实践经验。在此将BSRF-3B3 的曲折安装、调试和诊断过程翔实地记录下来，以期对光束线工程研究人员的工作有些许借鉴和参考价值。

6.1 光束线初次装调及性能测试回顾[1]

6.1.1 2003 年 11 月专用光测试情况

BSRF-3B3 光束线于 2002 年 12 月完成总体安装调试，但经 2003 年 11 月专用光的调试，光束线的性能远未达标。具体现象：同步光引出前端区后，在荧光靶 Y_1（图 5-3）上可观察到明亮的光斑，但无论怎样调整平面镜、聚焦镜的姿态，Si 光电二极管（AXUV-100G，IRD Inc.USA）探测器都测不到光束经 Si（111）双晶衍射后的光信号。取 $E=2700eV$ 能点，扫描摇摆曲线（3.6″/步）的结果如图 6-1 所示，图 6-1（a）、（b）分别为在光路中插入、退出碳滤片的结果。图（6-1（b））说明没有高能成分的光透过碳滤片，光束线没有出射 X 射线信号，荧光靶上很亮的光斑主要是低能可见光成分，经过碳滤片后基本被吸收了。

6.1.2 2003 年 12 月兼用光测试情况

在防护墙出口处，断开前端区和光束线连接管道，用 200μm 厚的铍（Be）窗（加水冷装置）封住管道口，隔离真空。在兼用光模式下，对透过铍窗后的前端区光斑性质进行检测。具体方法如下。

1. 大气环境下测量散射能谱成分

同步光透过铍窗后，经泡沫板散射，由 Si（Li）探测器在大气环境中测量散射能谱成分。泡沫板与入射光成 45°，探头与入射光成 90°，探头距泡沫板约 50cm。测量结果如图 6-2（b）所示，图（6-2（a））是由 XOP 计算的透过铍窗的光通量[2]，表明光谱成分基本满足设计要求。需要说明两点：第一，兼用模式下储存环闭轨参数与专用模式不同；第二，Si（Li）探测器[3]采用的是计数模式的测量方式，测量信号的相对强度，而 3B3 实验站采用的是 Si 光电二极管探测器，测量信号的绝对强度。所以，也许专用模式下也有 X 射线成分，但强度太弱。

2. 垂直方向光强分布测量

用空气电离室扫描垂直方向光强分布。电离室窗前固定一宽度为 200μm 竖直狭缝，电离室加偏压 300V，狭缝以 1.25μm/步由上向下、由下向上两次扫描结果，如图 6-3 所示。垂直方向强度谱没有呈对称的高斯分布，表明光斑在垂直方向被前端区物体遮挡。

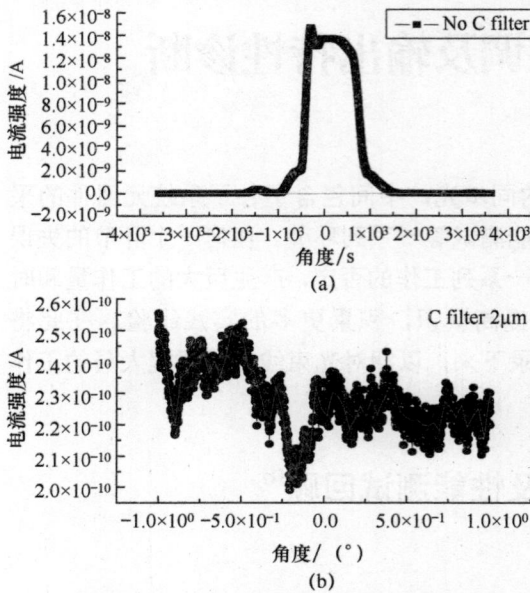

图 6-1　专用模式下的测量结果

（a）光路中无滤片；（b）光路中有滤片。

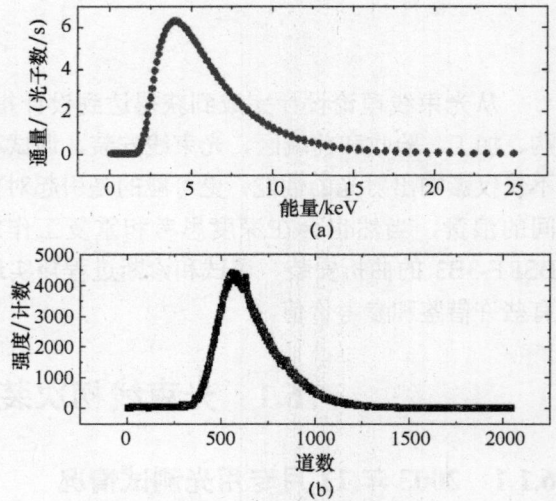

图 6-2　兼用光模式下能谱响应曲线

（a）计算结果；（b）测量结果。

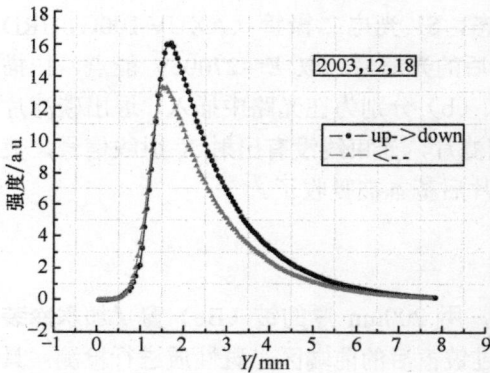

图 6-3　空气电离室扫垂直方向光强分布

3. 光斑形状拍摄

医用 X 射线胶片（Fuji50）拍摄光斑形状，图 6-4 是曝光 10s 的光斑图样，也显示光斑竖直方向强度不对称。

4. 前端区各部件工作状态检查

针对光斑不对称现象，逐一排查前端区各运动部件的工作状态，发现活动挡光器 MASK 的机械设计存在问题，MASK 开、关状态都挡光。图 6-5 是在同一张 X 射线胶片上拍摄的 MASK 开、关两种状态下的曝光结果。调整 MASK 行程后，故障得以解决。

图 6-4　X 光胶片拍摄的光斑

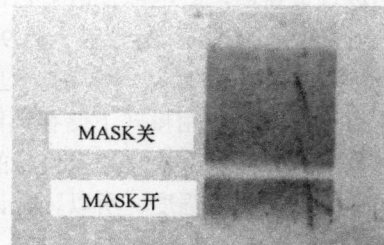

图 6-5　MASK 两种状态下的光斑

6.1.3 2004 年 4 月专用光测试情况

2004 年 4 月专用光期间，由于 1W1 光束线闭轨参数调整这一偶然原因，实验站探测到了单色 X 射线信号，诊断结果如图 6-6 所示。图 6-6（a）是实验站测得的光通量谱；图 6-6（b）是对二晶进行微区扫描（转动二晶投角，2.16″/步），得到的若干能点的摇摆曲线；图 6-6（c）是实测的 Si（111）晶体达尔文宽度 ω_D 与 XOP 软件计算结果的比较。图 6-6 说明 3B3 光束线已出射单色光，但光通量比计算值低 3～4 个量级；能够测出摇摆曲线，说明 Si（111）双晶性能完好，单色器系统工作正常。

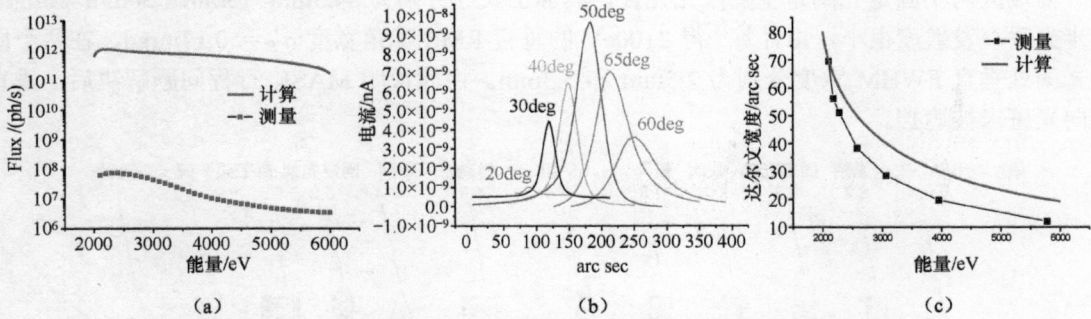

图 6-6　2004 年 4 月专用光期间对光束线传输特性的诊断结果
（a）光通量谱；（b）若干能点的摇摆曲线；（c）Si（111）晶体 ω_D 随能量变化曲线。

6.2　前端区及光束线的初次校核与诊断[1]

造成光通量过低的原因有几种可能：一是原光束线的设计指标偏高；二是光束的出射方向与管道的机械准直方向有偏差，光束线能接收到的同步光的份额太少；三是前置聚焦系统的姿态不正常或机械设计加工存在问题等。依照这个思路，对 3B3 前端及光束线的各个主要部件进行了校核与诊断。

6.2.1　光学设计审核

第 5 章所做的工作，实际上是为此目的服务的。计算结果是：当用 Si（111）晶体作分光元件时，输出通量值为 $10^{10}\sim10^{11}$phs/s，能量分辨率均大于 1000。这一结果与光束线光学设计指标是吻合的，说明原光学设计合理。

6.2.2　前端区管道准直校核

1W1 光束线闭轨参数的调整，改变了 3B3 光束线光源点的位置，此时 3B3 光束线接收到了 X 射线信号，说明光束线的实际出射光方向与原设计的同步光引出方向有了偏离，必须对前端区管道安装准直情况进行校核。

3B3 光束线光源点参数如下。

光源点 E_P 坐标为

$$X = -21653.2 \text{ mm}, \quad Y = -31478.8 \text{ mm}$$

引出光方位角为

$$158.3207°$$

以下将发射点坐标和引出光的方位角所确定的直线简称设计线。校核方式是分别校核管道在垂直方向和水平方向的偏差。

1. 垂直方向偏差分析

垂直方向的具体操作方法：以电子储存环上四极铁接缝高度为电子运动轨道平面高度，将自制 V 形板（其上分别固定水平、垂直钢板尺和一水准仪）依次架在前端区管道的 17 个接口法兰上，用光学经纬仪（BRUNSON MOD.190）读取 V 形尺上的读数。校核结果是管道总体偏低，最大偏移量在距光源 6.4m 处，为 4.5mm，如图 6-7 所示。

前端区两个固定光阑是主要限光元件，其加工尺寸分别为 54.5mm×15mm、50mm×15mm。同步光垂直发散度很小，由计算[3]得 2100eV 的垂直 RMS 半角宽度 σ'_θ = 0.17mrad，在两个固定光阑处垂直 FWHM 宽度分别为 2.5mm 和 3.3mm。由此说明 MASK 行程问题解决后，垂直方向光斑未被遮挡。

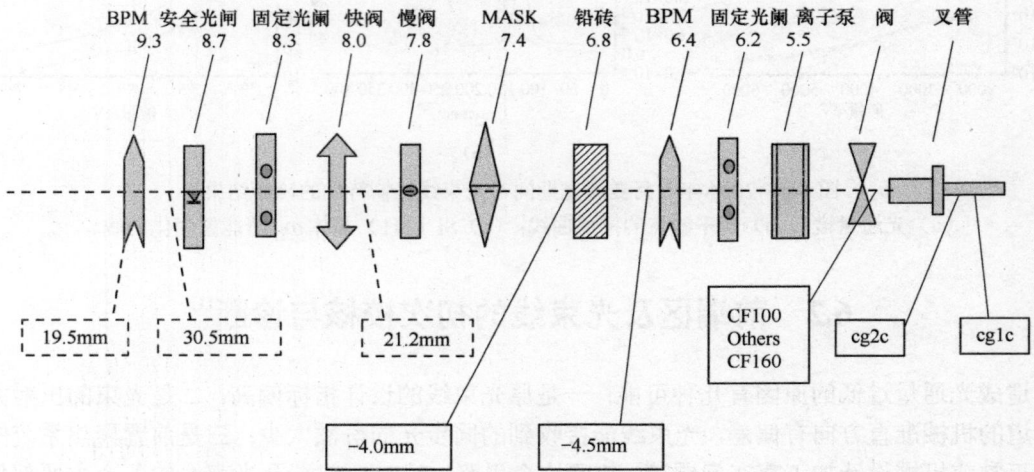

图 6-7 前端区准直图示

（虚线框为水平方向准直偏差，实线框为垂直方向准直偏差，上面一排数字为各部件与光源点距离）

2. 水平方向偏差分析

3B3 引出管道安装时，其机械中心线与设计线方向是有偏差的。为了将管道方向重合到设计线方向，安装时，在前端区利用波纹管使管道方向出现两次偏折：首先在距光源 6.2m 处将管道向设计线偏折（从光源到 6.2m 处的前固定光阑的管道为硬连接），至防护墙处与设计点重合；然后又将光束线管道偏折，沿设计线安装，如图 6-8 所示。

水平方向准直校核的方法：取光束引出管道机械中心线上的两点 cg1c、cg2c（间距 7000mm），确定该两点连线的延长线为管道准直线，简称叉管线，用激光追踪仪（The Leica Lasertracker/LTD500）读取该两点坐标；用 LTD500 追踪仪分别读取设计线、叉管线在防护墙、实验站处的位置坐标，偏差测量结果仍如图 6-7 所示，测量数据见表 6-1。表中 CGLL1、CHA6 分别为设计线、叉管线与防护墙的交点，两点水平间距（x 方向）为 56.3mm；CGLL2、CHA11 分别为设计线、叉管线在实验站的位置坐标，两点水平间距为 178.7mm。由此计算得设计线与叉管线夹角为 0.376664°=6.57mrad[①]。

---

① 两条线的交点应为引出管道接口的中心点，两点未重合，主要是因为 cg1c、cg2c 两点的定位精度不高，且两点距离又太近引起的。

考虑到 cg1c、cg2c 两点的定位精度问题，取管道的机械中心线与设计线夹角 4.5 mrad，图 6-8 给出从光源点出射的直通光传播方向示意图。由于管道的安装呈之字形，使通光口径尺寸变得狭小。由图 6-8 可见，直通光主要是受固定光阑 2 的遮挡，入射到平面镜和聚焦镜上的角宽度估计为 0.5 mrad 左右，甚至更少。

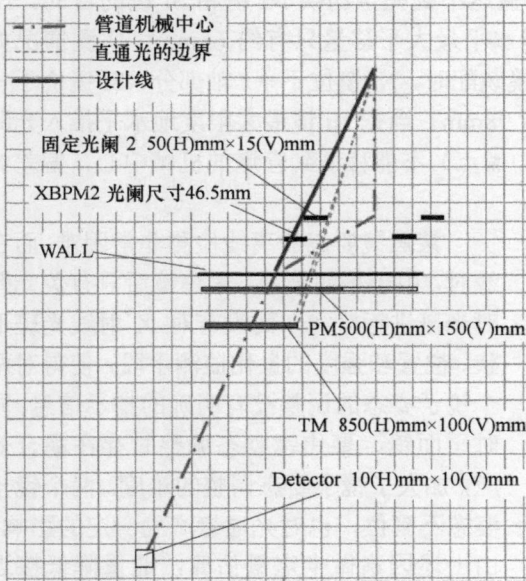

图 6-8　光源点出射的直通光方向示意图

表 6-1　LTD500 追踪仪位置坐标标定结果

BEST 坐标系			
参数	X / mm	Y / mm	Z / mm
cg1c	−23491	−30742.3	62523.78
cg2c	−24058.3	−30521.1	62523.78
CGLL1	−32070.9	−27337.5	63388.35
CGLL2	−49516.5	−20402.8	61317.52
CHA6	−32094.7	−27387.4	63149.36
CHA11	−49457.5	−20617.1	61316.74
E_P	−21653.2	−31478.8	62969.89

至此，可以对实验现象给予合理的解释：未调 1W1 闭轨参数，经管道引出的 X 射线成分太少，所以用 Si 光电二极管未测到单色 X 射线信号，而在兼用模式下，由计数方式的 Si（Li）探测器测量得到其能谱成分。半定量估算，调整 1W1 闭轨参数后，水平接收角小于 0.5 mrad，通量约降低 10^1 量级。由此可认定管道机械安装准直的缺陷是导致样品处光通量未能达到设计指标的主要原因之一。

6.2.3　前端区光斑性质诊断

撤掉铍窗，把光束线与前端区再连通，此时观察到的现象是：荧光靶 Y_1 上光斑很亮，形状比较规整，光斑大小约 62mm×16mm。但用辐射剂量监测器测不到 X 射线信号。

光斑形状规整是前端区固定光阑的限束（50mm×15mm）造成的。光斑很亮的可能原因是：由于管道在水平方向准直的偏差，使得一部分光被管壁反射，而反射光应主要是低能成分[①]。由此分析，荧光靶 Y_1 上光斑性质复杂，各种性质的光叠加在一起，使光斑看起来很亮。监测器监测不到 X 射线信号，一方面支持了管道机械安装准直存在缺陷导致光通量过低的分析；另一方面说明光谱主要是低能成分。

6.2.4　前置聚焦单元的诊断

平面镜与四刀狭缝和聚焦镜的衔接是通过镜箱前、后端ϕ100mm 法兰实现的。将平面镜前、

---

① 第 3 章已阐述了 X 射线在界面处的反射率非常小，只有在掠入射情况下才发生全反射。

后端的法兰口断开，用激光经纬仪测量平面镜前、后沿高度，确定平面镜姿态。前、后沿高度差约 5mm，说明镜子倾角基本合适，但整体偏高约 2.5mm（以四极铁接缝高度为基准线），也就是说，平面镜偏离电子轨道平面。因为在垂直方向上，同步光强度呈高斯分布，因而平面镜没有准确接收到电子轨道平面上的光，这也是光通量降低的主要原因之一。

由于机械设计的原因，平面镜水平最大平移量达不到完全切换 Ni 镜和 Si 镜的目的。Ni 镜与 Si 镜各宽 75mm，有效宽度 70mm，平面镜水平最大平移量只有约 65mm。实测情况如图 6-9 所示，坐标系的建立与图 5-14 一致。平面镜装配时，Ni 镜位于 +x 轴部分，Si 镜位于 −x 轴部分，在镜表面位置，法兰的有效通光孔径为 98mm。当把 Ni 镜最大限度地水平推入光路时，Ni 镜的右侧有 7mm 的边沿，Ni 镜中心（图中黑点）不能移动到管道的机械中心，偏差约 4.5mm，两镜切换，平移量差为 9～10mm。

75/2=37.5mm
7+37.5=44.5mm
98/2-44.5=4.5mm

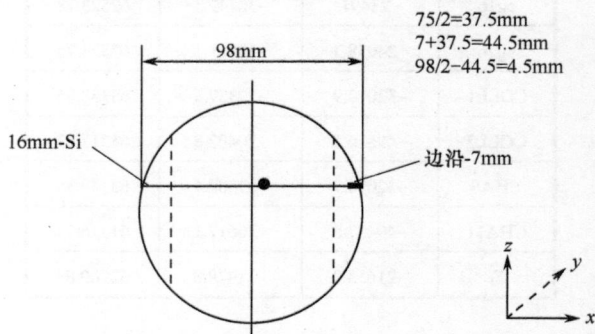

图 6-9　平面镜前端面示意图

聚焦镜姿态的离线检测非常困难，而在线时，由于平面镜前、聚焦镜后只有荧光靶对光斑进行监测，而没有对 X 射线光斑形状、位置和强度的量化监测手段，使得对两个镜子姿态的调整没有明确的指示信息；同时平面镜、聚焦镜姿态调整时存在耦合效应，加大了镜子姿态调整的难度。两个镜子姿态不到位，也对光通量产生一定的影响。由上述因素做半定量估算，通量降低接近 10^1 量级。

此外，通常由于镜面粗糙度、面型误差等因素的影响，理论计算值与实际测量值之间也会有 10^1 量级的偏差。

6.2.5　初步调试和诊断结论

（1）2004 年 4 月专用光期间，3B3 光束线的调试结果是：光束线已出射单色光，Si（111）双晶性能完好，单色器系统工作正常。但光通量的测量结果与计算值差 3～4 个量级。

（2）前端区和光束线存在的主要问题是：无法测量光束的绝对位置、形状和强度；平面镜和聚焦镜存在耦合效应及经常出现机械故障。由此增大了调试的困难并影响着光束线的输出性能。

（3）整条光束线的安装准直存在缺陷是导致样品处光通量未能达到设计指标的主要原因之一。

（4）综合诊断过程中出现的其他因素和一些不确定因素的影响，可以比较圆满地解释实验中观察到的现象和测量结果。

6.3　后期为提高光束线性能所采取的措施

6.3.1　重新准直

前端区光束引出管道的方向与 3B3 光源点引出方位角之间存在偏差，根据前期准直校核的结果，依照实际叉管线方向对前端区和光束线进行了重新准直。

6.3.2 研制束流位置监测系统[4]

1. 建立束流位置监测系统的意义[5]

从广义上讲，同步辐射光束线上的束流位置监测系统（X-ray Beam Position Monitor，XBPM）是不可缺少的重要元件。在同步光的实际应用中，有些实验对光束位置的稳定性要求很高。如要求光斑在实验站的位置漂移小于几十微米甚至更低，而由各种机械振动、储存环磁铁电源的不稳定性以及其他噪声引起的漂移通常可达几百微米以上。对于要求高稳定、高精度光源的用户而言，测量并稳定光源点束流的位置和角度极为重要。

3B3 前端区有两套刀片型 XBPM 系统，但没有安装光栅尺、没有连接读数装置、没有配备限位元件，安装时也未对每个刀片的光电子效率进行标定，所以不能将光斑强度和绝对位置信息传递到实验站，也就不能指导光束线的调试，失去了 XBPM 系统应有的作用。光束线上，除单色器（DCM）外的所有运动部件也都没有光栅尺，同步光引出前端区后无 XBPM 测量光束的位置、形状和强度。这些增大了光束线的调试难度。另外，由于 3B3 前端区机械安装、准直存在问题，使光源点位置发生了变动。

为了解决上述困难，软 X 射线光学组拟定的方案是在防护墙出口处，安装双丝型 XBPM 系统。该系统既可以监测束流的稳定性，又可以探测光斑的形状、光强的分布，由此便可以指导光束线闭轨参数的调整和光束线的准直、调试。由于光束线空间的限制，采取对防护墙出口处原有荧光靶腔体进行改装，实现 XBPM 系统和荧光靶系统共用同一腔体，当双丝退出光路后，荧光靶探测器馈入光路仍可正常进行工作。

2. 束流位置监测系统的类型特点[6]

XBPM 主要分为 3 类，即位敏丝型（单丝、双丝）、刀片型和面型。位敏丝型和刀片型 XBPM 都是根据光电效应的原理而设计的，是将探测器置于同步光的边缘并不阻挡同步光的通过；面型检测器通常是令同步光透过，根据光电导的原理而设计。3 种 XBPM 性能、作用是有差别的，表 6-2 列出了 XBPM 性能对比。

XBPM 用于弯铁光源的光位置测量可以得到很高的测量精度，已成功地应用于光位置反馈系统。但是，常用于插入元件光源的四刀片型 XBPM 却难以达到高精度的测量，产生测量误差的来源主要是弯铁辐射的混淆效应。由于储存环的结构，插入元件的上游端和下游端的弯铁辐射将进入其光束线，也到达 XBPM，从而导致光位置检测器的测量误差。近年来，人们正在尝试采用各种新的技术解决这一难题，如人工智能技术、Lattice 修复技术、光子能量的甄别技术等[7-9]。表 6-3 给出了国外部分实验室已使用的束流位置监测器类型[10-14]。

表 6-2 3 种 XBPM 性能的对比结果

BPM 类型	位敏丝型	刀片型	面型
敏感性	差	好	好
电流强度	弱	强	强
扫描能力	好	差	差
设计难易程度	易	—	难

表 6-3 国外部分实验室已使用的 XBPM

实验室	类型	材料	线性范围	测量分辨率	光源
日本 PF	双钨丝	Tungsten	±1.5mm	<1μm	Bending
	面型	Tungstent/Molybdenum	±2mm		Bending
	双面型	Tungstent/Molybdenum	X: 800μm Y: 1200μm		Undulator, Wiggler

实验室	类型	材料	线性范围	测量分辨率	光源
日本 Spring-8	四刀片	CVD Diamond		0.5～1μm	Undulator
美国 ALS	四刀片	Molybdenum		2μm，2μrad	Undulator
美国 APS	四刀片	CVD Diamond	2mm		Undulator, Wiggler
美国 NSLS	四刀片	Tungstent-Molybdenum	1.7mm	1μm	Undulator, Wiggler
美国 SSRL	二刀片	Tungsten	3mm	<1μm 精度<10μm	Bending
意大利 ELETTRA	四刀片	Tungsten			Undulator, Wiggler
德国	DORIS-3	光电二极管阵列		<1μm	Bending
英国 SRS	面型	Tungstent		<1μm	Bending
法国 ESRF	四刀片	CVD Diamond		<2μm	Undulator

3．束流位置监测系统的设计

1）位敏丝型 XBPM 的原理

当 X 射线照射金属丝上时，由于光电效应，会从表面镀层材料中激发出光电子。丝材料通常选择镀金钨丝，因为金的化学性质稳定，光电子产额高；钨的熔点高，耐辐照性能好。发出的光电子易于检测，信噪比较好。

在同步辐射装置上，大量使用位敏丝型 XBPM，其最突出的优点是结构简单。双位敏丝结构原理如图 6-10 所示。双丝为发射极，经过电流计接地，两侧的偏压极板为收集极，用于收集光电子。当极板加高电位、丝加低电位时，光电子在电场的作用下向极板运动，经电流计导出电荷信号，在外电路产生电流。电荷信号的大小正比于照射到位敏丝上的 X 射线的强度，也正比于入射光子能量。

位敏丝沿竖直方向扫过光斑后，会得到电流强度随探测器竖直位置变化的曲线，即光强在竖直方向的分布曲线（理论上为高斯曲线）；当用 XBPM 监测束流的稳定性时，可将双丝的几何中心固定在单丝扫描时测得的光斑中心，根据双丝的电流信号强度比 $k = i_1/i_2$ 随时间 t 的变化曲线监测束流的稳定性。

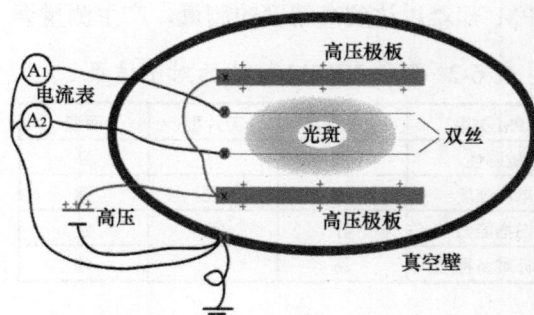

图 6-10　双丝位敏探测器原理

2）XBPM 的物理设计

双丝位敏探测器主要由两根平行的光敏丝、两块平行的偏压极板和支架构成，光敏丝采用镀金钨丝，两侧的偏压极板选用无氧铜材料。双丝平面垂直于光路安置，并可沿竖直方向扫描。图 6-11 是双丝位敏探测器结构示意图。

双丝 XBPM 的结构设计参数如下。

双丝材料：镀金钨丝 d=0.1mm；

钨丝长度：120mm；

双丝间距：5mm；

偏压极板间距：45mm；

偏压极板宽度：26mm；

偏压极板高度：4mm；

偏压极板材料：无氧铜；

偏压极板与固定板间距：8mm；

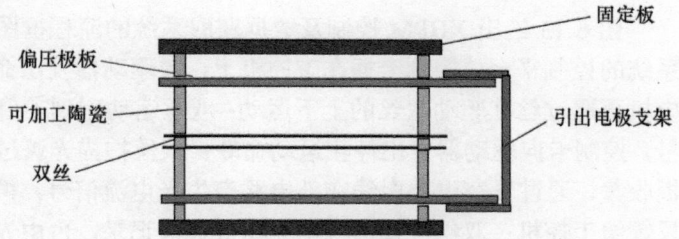

图 6-11　双丝位敏探测器结构示意图

双丝移动行程：向下 25 mm；向上能退出光路，荧光靶能移动到腔体中央。

参数取值主要是依据光源的发散度确定的。

XBPM 系统距光源约 12m，光源的垂直发散度 0.34mrad，双丝位置主光斑垂直宽度 4.1mm，所以取双丝间距为 6.0mm，使双丝位于光路中，又不遮挡主光斑，对光通量的影响可以忽略。

同步光引出防护墙后，水平发散度为 5 mrad，光斑水平宽度为 60 mm。为避免光斑水平偏移，光束照射到两端的支架上，引起测量误差，钨丝长度增加了较大的富余量，取两倍光斑宽度。

从两个发射极发出的电子，如互相干扰，会产生 "窜音" 问题，这与偏压极板与位敏丝之间的距离、偏压极板的形状等因素有关。为避免"串音"，偏压极板与位敏丝尽量靠近；但二者之间还要有足够的空间，以避免偏压极板挡光和完全避免同步光照射到极板上，产生附加电流，引起测量误差。

3）XBPM 的机械设计要求

机械设计时主要考虑的因素有以下几个。

（1）XBPM 系统工作在高真空下，材料要具有真空兼容性。

（2）金属丝在高功率辐照下有线膨胀的性质，设置预紧装置。

（3）XBPM 系统和荧光靶系统共用同一腔体，但二者的工作状态要互不影响，空间运动范围互不影响。

（4）双丝、双极板及基体框架之间彼此要电绝缘，两侧支架选用绝缘材料。

（5）信号线要从真空室引出。

（6）滑台与光栅尺、数显卡相连，读取升降高度，且配限位装置。

具体要求如下。

真空：2×10^{-9} torr；

引出电极：4 个（2 个双丝电极、2 个阳极板共 1 个电极、1 个空）；

绝缘材料：可加工陶瓷；

预紧装置：弹簧片，张紧程度 10mm；

步进电机：GBM 步进电机；

光栅尺：GSC-X；

测量精度：10μm。

双丝装置置于腔体上方，荧光靶置于腔体下方。

为便于光束线搬迁后可能引起的观察方位的改变，在腔体的两侧均安装观察窗。XBPM 系统装置照片如图 6-12 所示。

4）XBPM 控制系统工作流程

图 6-13 给出 XBPM 控制及数据获取系统的流程框图，由工控机终端写入命令，工控机是系统的控制平台，控制卡插在工控机上，向驱动器发出命令，驱动器驱动步进电机转动，步进电机再通过丝杠驱动双丝的上下运动；双丝运动碰到上/下限位器后，向控制卡发出限位反馈信号，控制卡向驱动器发出停止运动命令；双丝扫描光斑过程中产生的光电子由加正向偏压的极板收集，通过真空电极引线在外电路产生光电流信号，再通过弱电流计（6517，Keithley,USA）反馈给工控机；双丝位置信号由光栅数显尺记录，再由光栅数显表读数也反馈给工控机；在工控机终端上显示信号强度随位置变化的二维图形。

图 6-12　双丝 XBPM 系统装置照片

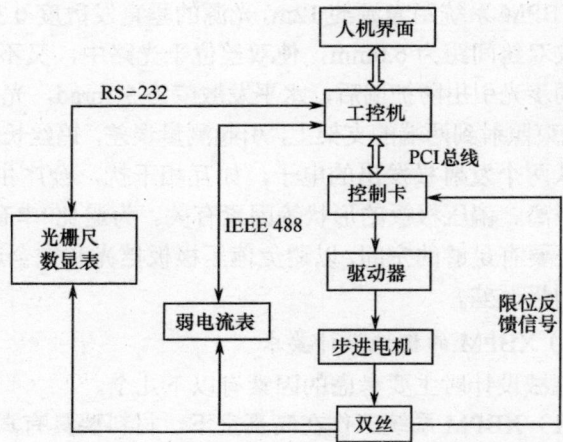

图 6-13　XBPM 控制及数据获取系统流程框图

4．束流位置监测系统性能的检测

1）闭轨参数的调整

3B3 光束线以实际叉管线重新准直之后，闭轨参数需要重新调整。闭轨参数调试过程如下。

（1）用单丝在垂直方向对光斑信号扫描，得到峰值数据和峰值位置坐标及垂直方向的半高全宽 FWHM。

（2）将单丝放在电子运动轨道平面 1200mm 高度，然后调整校正磁铁参数，再重复步骤（1）。

（3）不断重复步骤（1）、（2），直到将峰值信号调到 1200mm 位置。

（4）反复微调校正磁铁，最终得到大致呈高斯型的信号分布曲线和合适的信号强度及FWHM 值（根据光束线设计参数计算得到）。

表 6-4 是相应的闭轨参数和 XBPM 测量结果，表中最后一栏简要说明了参数需要继续调整的原因。但由于 BSRF 属于第一代光源，各光源之间存在相互影响，特别是 3B1 和 3B3 光束线共用 BV_1、BV_2、BV_3 校正磁铁，为了同时满足两条束线的工作要求，最后确定的闭轨状态将3B3 光束线的光斑中心位置上移了 4mm。

图 6-14 是几次有代表性的闭轨参数调整时单丝扫描结果。

表6-4　XBPM 的测量结果及相应的闭轨参数

时间	04-12-12 10:52	04-12-12 19:21	04-12-22 14:59	04-12-22 20:15
储存环束流/mA	46.3	57	51	48.1
步长/(脉冲/步)	100	100	200	200
峰值信号/µA	2.35	3.1	6.0	4.1
FWMH/mm	6.5	3	8.5	7.0
峰值位置/ (1200mm 为基准)/mm	−0.5	3.0	1.0	0.0
校正磁铁 BV$_1$	4.5	4.2	7.05	8.86
校正磁铁 BV$_2$	−2.2	−1.98	−4.42	−6.97
校正磁铁 BV$_3$	1.8	1.51	6.10	12.12
校正磁铁 BV$_4$		3.53	3.68	3.62
光斑形态调整原因	位置偏低	宽度太窄	位置偏高	合适

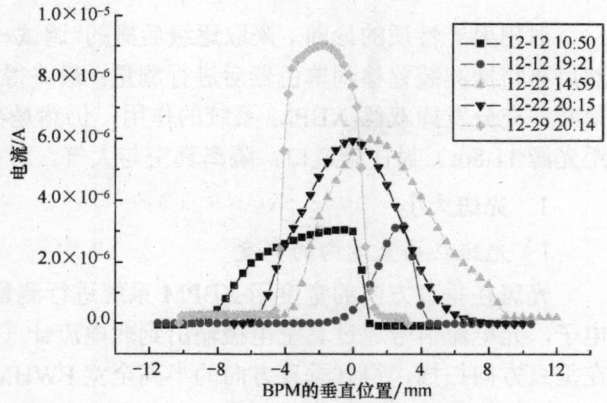

图 6-14　闭轨参数调整时的单丝扫描结果

2）束流稳定性监测

将双丝都接上弱电流计（接法见图 6-11），偏压极板加 300V 电压，选择在能量 $E=4.0$keV 点监测束流的稳定性，监测结果如图 6-15 所示。上图是电离室的两个收集极的测量信号[15]，信号随时间减小，表明储存环束流在衰减；下图是双丝的电流信号 i_1、i_2。由于 XBPM 系统的步进电机扭矩太小、滚珠丝杠的摩擦力过小，即使在加电情况下，光栅尺也缓慢地向下滑移。测量时，是用小铁棍支撑住光栅尺，但稳定性仍不够理想，下图中显示上丝信号有增大的趋势，下丝信号逐渐减小。用双丝 XBPM 系统对束流稳定性的监测不够成功。

上述方法只能对束流稳定性进行定性监测，若要获得光斑位置、角度改变的定量信息，需要对扫描信号进行归一化处理，得到强度—位置的关系曲线，另外需要标定每一根丝的动态响应范围。

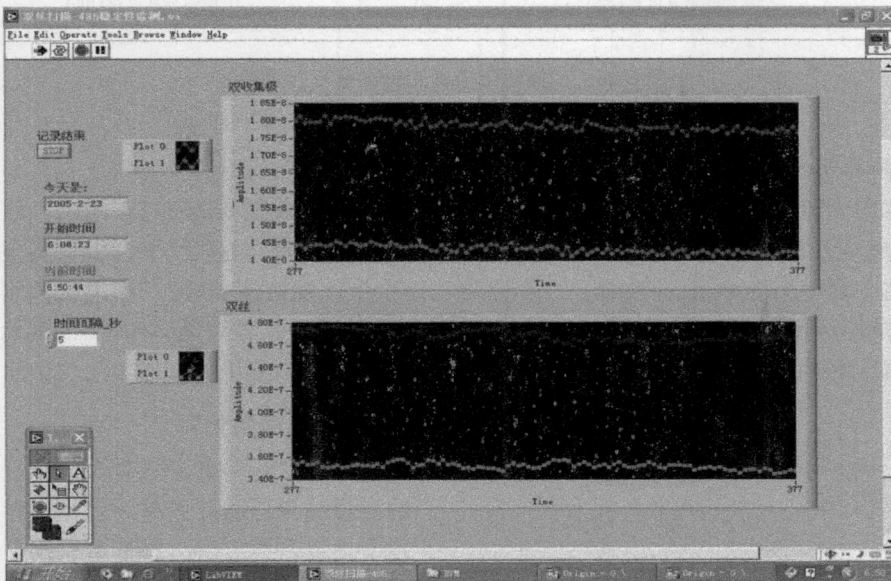

图 6-15　束流稳定性监测结果

113

6.3.3 前端区光斑性质诊断

对出射光性质的诊断，采取逐级后撤的"调试+诊断"方案。首先诊断前端区出射光的性质；然后再将探测装置移到单色器后进行测量；最终得到实验站处的输出性能。对前端区出射光的诊断，充分发挥双丝 XBPM 系统的作用，仍然是在屏蔽墙出口处，用水冷铍窗（厚 200μm，距光源 11.8m）封住管道口，隔离真空与大气。对前端区出射光的测试均在大气环境下进行。

1. 光斑大小

1）光斑在垂直方向的宽度

光斑在垂直方向的宽度用 XBPM 系统进行测量。偏压极板上加正偏压 300V，用于收集光电子，光电流信号通过真空电极输出到弱电流计（6517，Keithley,USA），单丝以 200 脉冲/步在垂直方向扫描，得到垂直方向的半高全宽 FWHM 图谱（半高全宽通常表示实际光斑尺寸）。图 6-16（a）、（b）分别是电子运动轨道平面位于 1200mm 和 1204mm 位置时的扫描结果。图 6-16（a）垂直方向强度谱基本呈对称的高斯分布，图 6-16（b）FWHM 有所减小。这主要是由于 3B1 和 3B3 共用一块校正磁铁，使电子轨道平面局部发生变化引起的。本小节下述的测量结果均在图 6-16（b）的闭轨状态下得到。

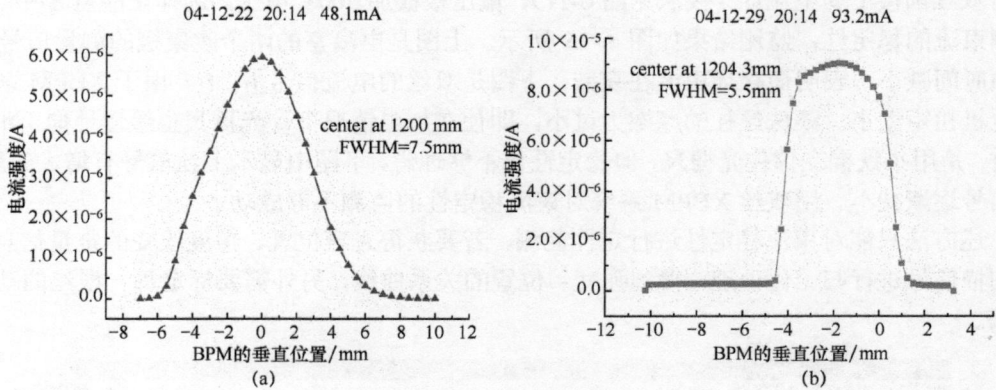

图 6-16 前端区出墙处光斑垂直方向尺寸

（a）峰值信号在 1200mm；（b）峰值信号在 1204.3mm。

2）光斑在水平方向的宽度

水平方向光斑尺寸用空气平行板电离室进行测量，实验装置如图 6-17 所示。铍窗厚度为 200μm，空气电离室距铍窗的长度为 Y_1，空气电离室长度为 Y_2。在空气平行板电离室的有机膜外竖直粘贴一宽度为 200μm 的狭缝。电离室置于滑台上，加偏压 400V，由电机控制滑台做水平扫描，实测结果是 62mm(H)×5.5mm(V)，如图 6-18 所示。计算得到 XBPM 位置处光斑的大小为 59mm(H)×4.0mm(V)，表明前端区出射光斑尺寸与设计值相符。

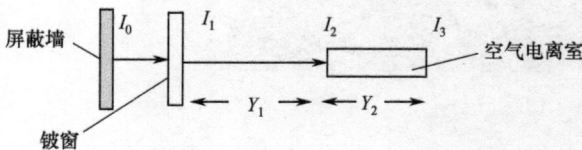

图 6-17 光通量测量实验装置

2. 光通量估算

图 6-18 是电离室对光斑水平方向强度的测量结果，以此数据为依据，对光通量进行了估算。半定量估算基本思路是假设光子能量为单一值，估算方法有以下几步。

114

1）单一能量 ε 的取值

同步光透过铍窗的能量下限为 2000eV（透过率[①]为 6%），3B3 光源的特征能量 $\varepsilon_c = 2288.8eV$，取光谱能量的上限为 $5\varepsilon_c = 11450eV$，上下限能量的平均值 $\varepsilon = 6869eV$。

2）将电流强度用光通量表示

在图 6-17 中，I_0、I_1、I_2、I_3 分别为光源、透过铍窗、入射电离室、出射电离室的光通量值。已知空气的电离能 $W_0(x,r) \approx 33.73eV$ [16]，则量子效率为 $\eta \approx \varepsilon/W_0$，电离室测得的电流强度为

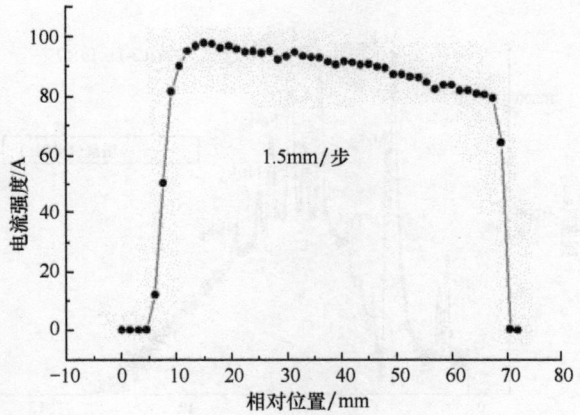

图 6-18　光斑水平方向强度分布

$$i = (I_2 - I_3) \times \eta \times 1.6 \times 10^{-19} (A) \tag{6-1}$$

3）I_1、I_2、I_3 之间的关系

设 μ 为空气对 X 射线的线性吸收系数，根据式（3-37），I_1、I_2、I_3 之间的关系为

$$\frac{I_3}{I_2} = e^{-\mu Y_2}, \frac{I_2}{I_1} = e^{-\mu Y_1} \tag{6-2}$$

4）计算空气对单一能量 X 射线的吸收系数

实际测得 $Y_2 = 0.02m$，$Y_1 = 0.115m$，计算得室温下（T=295K）、$\varepsilon = 6869eV$ 的 X 射线透过 13.5cm 空气后，光强度衰减为 0.77，则有

$$\frac{I_3}{I_1} = e^{-\mu \times 0.135} = 0.77 \Rightarrow \mu = 1.936 m^{-1} \tag{6-3}$$

5）光通量估算

计算得 $\varepsilon = 6869eV$ 的 X 射线对 200μm 厚铍窗的透过率为 0.94，即

$$\frac{I_1}{I_0} = 0.94 \tag{6-4}$$

则由式（6-1）至式（6-4），得

$$i \approx 9.77 \times 10^{-19} I_0 (A) \tag{6-5}$$

根据图 6-16 所示的测量数据，以 i=90nA 代入式（6-5），但考虑到狭缝宽度仅为 200μm，而测得的铍窗处光斑尺寸约 64mm，所以光源实际光通量估算为

$$光通量 = \frac{64}{0.2} \times I_0 = 2.9 \times 10^{13} \text{phs/s} \tag{6-6}$$

估算结果与理论计算值在同一量级，参见图 5-6 的理论计算结果。

3. 光斑能谱响应范围

前期的诊断中，由于荧光靶上看到很亮的光斑，而且垂直方向光斑很宽，想当然地认为光束中一定包含 X 射线成分，于是浪费很多精力在实验站搜寻经单色器衍射的 X 射线信号。可见，确定前端区的光谱成分是调试光束线和保证光束线性能的关键一环。

---

① 第 5 章已介绍，可利用 http://henke.lbl.gov/optical_constants 网址提供的软件计算透过率。

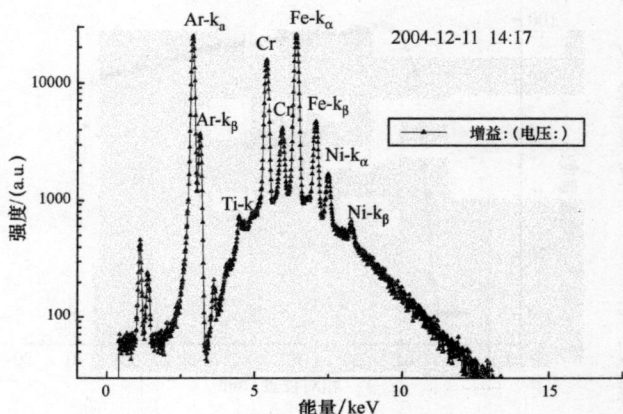

图 6-19　前端区光斑的散射能谱响应曲线

对前端区能谱成分的检测：首先用泡沫、不锈钢以及 Cu、Mo、Ti、Nb 靶等散射材料将从铍（Be）窗出射的同步光散射，然后用 Si（Li）探测器测量散射能谱的响应范围。图 6-19 是出射铍窗的同步光，通过 70cm 长空气后，由平面镜镜箱箱体（材料为不锈钢）散射的能谱响应曲线，主要峰值信号是由各种元素的吸收边产生的（图中已标注）。由于铍窗和空气对低能段吸收的影响，图中 3.5keV 以下的强度较弱；而图中 3.2keV 以下的低能成分信号是同步光与空气物质相互作用的结果。由此说明前端区出射光能谱范围符合 3B3 弯铁光源的设计要求。

6.3.4　光束线调试的中间阶段

光束线重新沿弯铁引出叉管的机械中心线方向准直后，前期存在的调试困难问题仍未解决。除了 6.2.5 小节中提到的聚焦镜后没有对 X 射线光斑形状、位置和强度的量化监测手段以及平面镜、聚焦镜姿态调整时存在耦合效应的问题外，还有第三个困难，就是平面镜、聚焦镜绕水平轴（xy 是水平面，y 方向为光传播方向）转动时，转轴不是唯一的。如图 6-20 所示，A、B、C 三点分别由 3 个电机带动做升降运动，任意一点的运动，实际上都包含了平动和转动两种效应，这使镜子角度的调整更加困难。

3B3 光束线调试过程的光路布局如图 6-21 所示。探测系统由一小型标定靶室提供真空环境，Si 光电二极管置于靶室内探测器支架上，支架可以手动方式上下移入和退出光路。靶室末端用 200μm 铍窗隔离真空，铍窗后再接一个玻璃法兰，在玻璃上均匀涂抹一层荧光粉，以便观察光斑位置和形状。玻璃法兰可随时拆卸，则在大气中还可采用其他手段检测光斑性质。

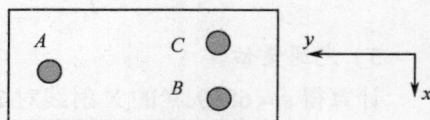

图 6-20　平面镜、聚焦镜调整机构示意图

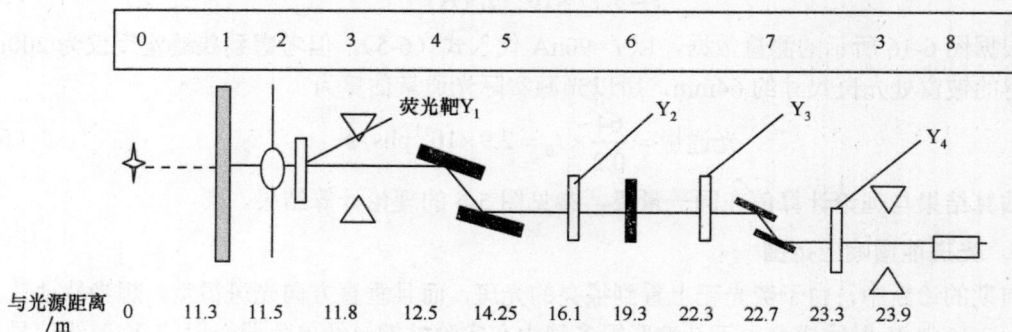

图 6-21　3B3 光束线调试过程中光路草图

0—光源；1—前端区屏蔽墙；2—BPM；3—四刀狭缝；4—平面镜；5—聚焦镜；6—碳膜；7—双晶单色器；8—探测器

调试过程中采用的主要方法和步骤如下。

（1）利用 Shadow 软件模拟荧光靶上的光斑形状，初步判断平面镜、聚焦镜姿态，并做出相应的调整。

（2）根据平面镜、聚焦镜的几何尺寸计算同步光通过二镜前后的入射光、出射光高度（图 6-22），用激光经纬仪测量荧光靶 Y_1、Y_2 上光斑的位置，对比二者的结果，粗调二镜高度。

（3）用 2μm 厚碳膜吸收同步光中的低能成分，对比单色器前后荧光靶 Y_3、Y_4 上光斑垂直方向的实际宽度和计算宽度（图 5-21），粗调二镜的角度。

（4）在铍窗后荧光靶上观察布拉格角转动过程中，光斑是否上下移动，以判断同步光是否入射到一镜的中心，据此精调二镜的高度。

（5）以图 5-11 为参考，根据能谱扫描得到的高能端（6keV 附近）信号的强度，判断入射光与镜面的夹角，精调二镜的角度。

（6）用激光经纬仪检测 Y_4 和铍窗后大气中的荧光靶上光斑是否在同一高度上，由此判断入射光是否水平，再调整二镜的角度。

（7）在能量扫描过程中，根据铍窗后荧光靶上光斑水平方向的漂移情况，调整一镜的滚角。

上述步骤都不是孤立进行的，在调试过程中要将它们有机结合，经过反复多次、耐心细致地调整，才能得到比较满意的结果。

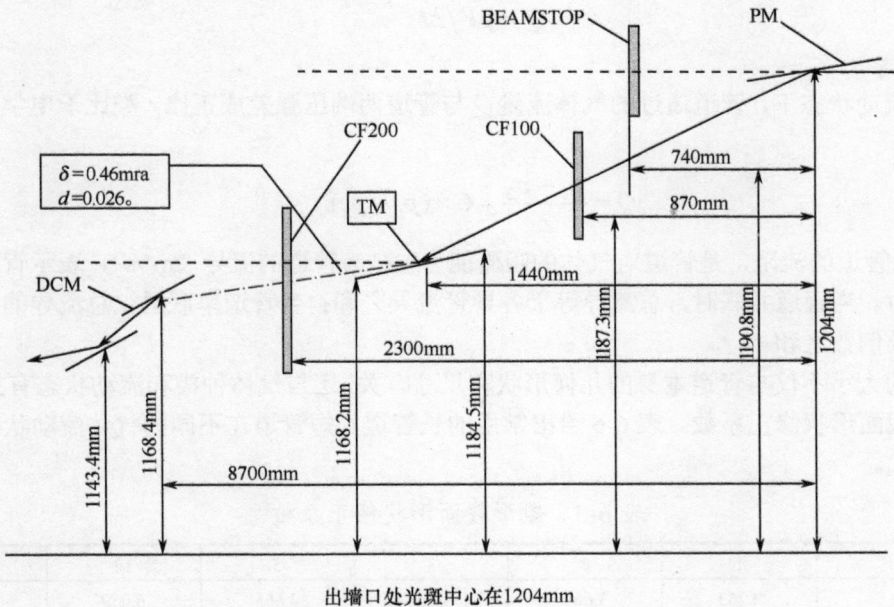

出墙口处光斑中心在1204mm

图 6-22　光斑的位置高度

6.3.5　真空系统的复核及修正[17]

光束线真空控制及其保护系统的根本作用[18]：一是当光束线上的铍窗或其他易裂元件破裂时，真空保护系统能够自动拦截住直接冲入储存环真空系统的大气冲击波，把漏进储存环真空系统的气体量减少到最低限度；二是为光束线前端区的各种阀门/光子罩等部件的运行提供手动及自动控制；三是对于软 X 射线能区的光束线，真空系统还有防止光学元件被真空玷污的特殊意义。但 3B3 光束线装调后，发现真空设备保护系统不能正常工作。为此，对光束线真空系统的设计进行了审核。

1．3B3 光束线真空系统设计中的问题

原设计在计算差分流导时，取分子最概然速率 v_p=13.072m/s，而根据麦克斯韦速率分布率，按国际单位制计算气体分子热运动的平均速率 $\bar{v}$ 和最概然速率 v_p 分别为

$$\bar{v} = \left(\frac{8RT}{\pi\mu}\right)^{1/2} = 468\text{m/s}, \quad v_p = \left(\frac{2RT}{\mu}\right)^{1/2} = 414\text{m/s} \tag{6-7}$$

式中：R 为摩尔气体常量（$R = 8.31\text{J}/(mol \cdot K)$）；$T$ 为气体热平衡温度（取 T=300K）；μ 为空气分子摩尔质量（$\mu = 29 \times 10^{-3}\text{kg}/\text{mol}$）。显然，原设计对 $\bar{v}$ 和 v_p 的取值比实际值低一个量级。

2．与真空技术有关的几个概念

1）流量

流量是单位时间通过某一截面的气体量，对管道来讲，各截面的流量是相等的。管路中气体流量的定义为

$$Q = pS_P \left(\text{Pa} \cdot \text{m}^3/\text{s}\right) \tag{6-8}$$

式中：p 为真空泵入口压强（Pa）；S_P 为真空泵入口抽速（m^3/s）。

一定温度下，气体流量 Q 还可用单位时间内流过管道某一截面的气体流量表示，即

$$Q = pV/\Delta t \tag{6-9}$$

2）流导

各种流动状态下，管道通过的气体流量 Q 与管道两端压强差成正比，类比于电学中的欧姆定律，有

$$Q = \frac{p_1 - p_2}{Z} = C \times (p_1 - p_2) \tag{6-10}$$

式中：Z 为管道的流阻，是管道对气体的阻碍能力；C 为管道的流导（m^3/s），表示管道对气体的导通能力。当管道并联时，总流导等于各导管流导之和；当管道串联时，总流导的倒数等于各导管流导倒数之和。

流导的大小不仅与管道本身的几何形状和尺寸有关，还与气体种类和流动状态有关。表6-5给出矩形截面形状修正系数。表6-6给出常用的长管道、短管道在不同的气体流动状态下的流导计算公式。

表 6-5　矩形截面形状修正系数

a/b	1	2	3	5	12	100
$f(a/b)$	2.253	3.664	4.203	4.665	6.059	6.299
b/a	1	0.667	0.5	0.333	0.2	0.125
K	1.108	1.126	1.151	1.198	1.297	1.4

3）有效抽速

有效抽速 S 是真空泵性能的主要参数之一。其定义为：在泵的进气口，在任意给定压强下，单位时间内流入泵内的气体体积，即

$$S = \frac{\Delta V}{\Delta t}\bigg|_{p=p_1} \tag{6-11}$$

则由式（6-9），有效抽速 S 可表示为

$$S = Q/p \qquad (6\text{-}12)$$

式（6-12）表明，泵的有效抽速 S 不是一个常数，与压强 p 有关。一般真空泵给出的是泵的最大抽速。

4）气体量恒等关系

当气体在真空系统中的流动达到稳定状态时，在单位时间内流过导管任意截面的流量应相等，此为气体流量恒等关系，即

$$Q = p_1 S_1 = p_2 S_2 \qquad (6\text{-}13)$$

根据式（6-10）、式（6-13），化简后得

$$\frac{1}{S_1} = \frac{1}{S_2} + \frac{1}{C} \qquad (6\text{-}14)$$

将 S_1 视为管道入口的有效抽速，S_2 视为泵的有效抽速，则由于管道流阻的影响，使得泵作用于容器的有效抽速 S_1 小于泵口的有效抽速。所以，当泵的有效抽速一定时，应尽可能选用流导大的管道。在设计真空系统时，泵的有效抽速的选择、管道形状的选择、尺寸计算都非常重要。式（6-14）没有考虑容器内表面的放气率（放气或虚漏），实际情况下对泵的选择还应考虑容器可能的漏气和解吸气体负荷。

表 6-6　不同的气体流动状态下的流导计算公式

管道类型	黏滞流流导	分子流流导	说明
圆截面 长直管 $L/D \geqslant$ 20	$C = 0.0309 \dfrac{D^4}{\lambda_1 L} \sqrt{\dfrac{RT}{\mu_0}} \bar{p}(\mathrm{m^3/s})$ $= \dfrac{\pi D^4}{128\eta L} \bar{p}(\mathrm{cm^3/s})$	$C = \dfrac{1}{6} \sqrt{\dfrac{2\pi RT}{\mu_0}} \cdot \dfrac{D^3}{L}(\mathrm{cm^3/s})$	L：管道长度/cm D：管道内径/cm μ_0：气体摩尔质量 η：气体的内摩擦系数 $\bar{p}$：气体平均压强/torr λ_1：气体分子的平均自由程 （$p=1\mathrm{Pa}$） R：摩尔气体常量 T：气体热平衡温度
	$C = 182 \dfrac{D^4}{L} \bar{p}(\mathrm{L/s})$	$C = 12.1 \dfrac{D^3}{L}(\mathrm{L/s})$	20℃ 空气
矩形截面管道	$C = \dfrac{ab^3}{51\lambda_1 L} f\left(\dfrac{a}{b}\right) \sqrt{\dfrac{RT}{\mu_0}} \bar{p}(\mathrm{m^3/s})$	$C = 97 \dfrac{a^2 b^2}{L(a+b)} \sqrt{\dfrac{T}{\mu_0}} K\left(\mathrm{m^3/s}\right)$ $= \dfrac{8}{3}\left(\dfrac{RT}{2\pi\mu}\right)^{1/2} \dfrac{(ab)^2}{(a+b)L} K(\mathrm{cm^3/s})$	a：矩形截面的长 cm b：矩形截面的宽 cm L：cm $\bar{p}$：torr $f(a/b)/K$：截面形状修正系数
	$C = 260K \dfrac{(ab)^2}{L} \bar{p}(\mathrm{L/s})$	$C = 309 \dfrac{(ab)^2}{(a+b)L} K(\mathrm{cm^3/s})$	20℃ 空气
圆截面 短管 $L/D < 20$	$C = 182 \dfrac{D^4}{L+0.383Q} \bar{p}(\mathrm{L/s})$	$C = 12.13 \dfrac{D^3}{L+1.33D}(\mathrm{L/s})$	20℃ 空气 Q：torr·（L/s） L，D：cm $\bar{p}$：torr

注：160rr≈133Pa

3. 真空系统设计复核

1）各差分段流导复核

图 6-23 是原设计真空系统差分简图，图中"圆""扁"表示管道截面形状，管道尺寸的实

测数据也标于图上。图中各符号意义如下。

p（1，2，3，4）表示压强。

S（1，2，3，4）表示各泵站有效抽速。

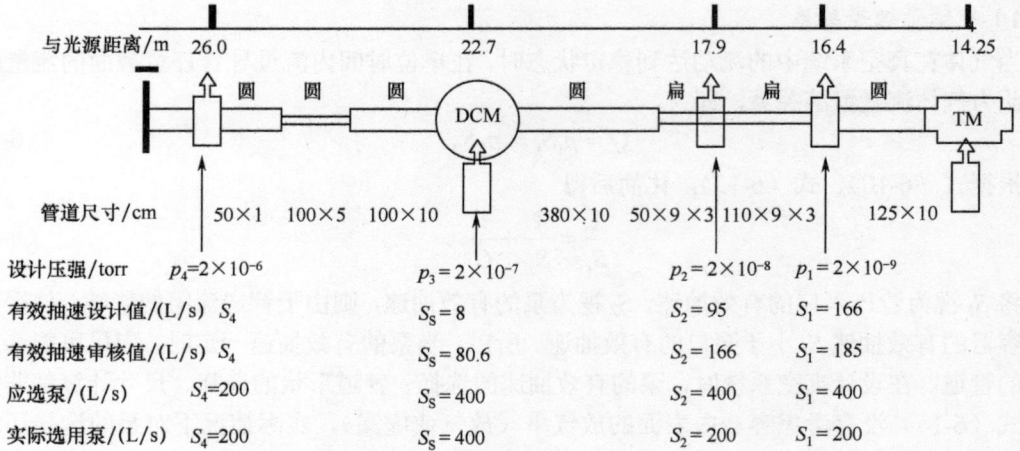

与光源距离/m	26.0	22.7	17.9	16.4	14.25
管道尺寸/cm	50×1 100×5 100×10	380×10	50×9×3 110×9×3	125×10	
设计压强/torr	$p_4=2×10^{-6}$	$p_3=2×10^{-7}$	$p_2=2×10^{-8}$	$p_1=2×10^{-9}$	
有效抽速设计值/(L/s)	S_4	$S_S=8$	$S_2=95$	$S_1=166$	
有效抽速审核值/(L/s)	S_4	$S_S=80.6$	$S_2=166$	$S_1=185$	
应选泵/(L/s)	$S_4=200$	$S_S=400$	$S_2=400$	$S_1=400$	
实际选用泵/(L/s)	$S_4=200$	$S_S=400$	$S_2=200$	$S_1=200$	

图 6-23　原设计差分系统简图

用 C（21，32，43）表示相邻泵站间流导，将气体分子热运动的平均速率 $\bar{v}$ 和各差分段管道内壁尺寸的实测数据代入表 6-6 的相应公式中，CGS 单位制下的计算结果列于表 6-7 中。

表 6-7　各差分段流导的计算结果

类型	C_{21}/(L/s)	C_{32}/(L/s)	$C_{33'}$/(L/s)	C_{43}/(L/s)
原设计	14.17	10.9		1.865
复核原设计	20.6	46.4		12.7
改进设计	20.6	26	86	12.7

用 Q（1，2，3，4）表示各泵站气载，各泵站热解吸气载和光电解吸气载之和，将各差分段流导的计算结果代入式（6-15）的每个泵站动态平衡方程，即

$$\begin{cases} S_1 p_1 = Q_1 + C_{21}(p_2 - p_1) \\ S_2 p_2 = Q_2 + C_{32}(p_3 - p_2) - C_{21}(p_2 - p_1) \\ S_3 p_3 = Q_3 + C_{43}(p_4 - p_3) - C_{32}(p_3 - p_2) \\ S_4 p_4 = Q_4 - C_{43}(p_4 - p_3) \end{cases} \qquad (6-15)$$

得到各泵站应取的有效抽速值，图 6-23 中表示为有效抽速审核值，可见各泵站的有效抽速审核值均大于有效抽速设计值，这导致光束线上各差分段真空度达不到真空连锁保护系统设定的初始工作条件，因而传感器不能进入正常的工作状态。

2）泵的复核

图 6-23 中 P_1 点泵的有效抽速审核值为 $S_1 = 185$L/s，根据泵有效抽速特性曲线（图 6-24），再考虑到泵出口流导损失 20% 有效抽速，该点泵有效抽速应为

$$S_1' = (185/0.6) × 1.2 = 370 \text{L/s}$$

由此，该处应选标称有效抽速为 400L/s 的离子泵。同理，P_2 点也应选标称有效抽速为 400L/s 的离子泵。而在这两点实际选用的泵有效抽速低了，抽运能力不够。

3）真空系统修正

为更好地利用现有各泵站，降低 P_1、P_2 点的抽运负荷，真空系统修正措施是在单色器前增加一个标称抽速为 200L/s 的溅射式穿心离子泵。新增泵泵口处压强设为 $p_3' = 6\times10^{-8}\text{torr}$，修正后每个差分段流导的计算值也列于表 6-7 中，每个泵站动态平衡方程改写为

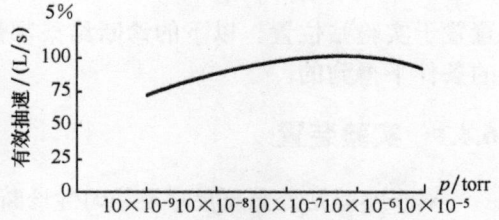

图 6-24 溅射离子泵有效抽速曲线

$$\begin{cases} S_1 p_1 = Q_1 + C_{21}(p_2 - p_1) \\ S_2 p_2 = Q_2 + C_{32}'(p_3' - p_2) - C_{21}(p_2 - p_1) \\ S_3' p_3' = Q_3 + C_{33}'(p_3 - p_3') - C_{32}'(p_3' - p_2) \\ S_3 p_3 = Q_3 + C_{43}(p_4 - p_3) - C_{33}'(p_3 - p_3') \\ S_4 p_4 = Q_4 - C_{43}(p_4 - p_3) \end{cases} \qquad (6\text{-}16)$$

得到的各泵站的有效抽速值（图 6-25）。

4）修正验证

仍然根据泵抽速特性曲线，且考虑泵出口流导损失 20%抽速，分别对有效抽速 S_1、S_2、S_3、S_3' 的各泵进行审核，从而确定应选泵的标称有效抽速。根据各泵站实际配置的商用泵的有效抽速，由式（6-16）换算成差分系统各泵站的实际压强（假设样品室真空为 $2\times10^{-6}\text{torr}$）上述计算结果参如图 6-25 所示。计算的压强值均低于相应各点的设计压强值，将传感器加到光束线上后，真空设备保护系统可以正常工作，光束线系统也能正常运行，说明对真空系统的修正是有效的。

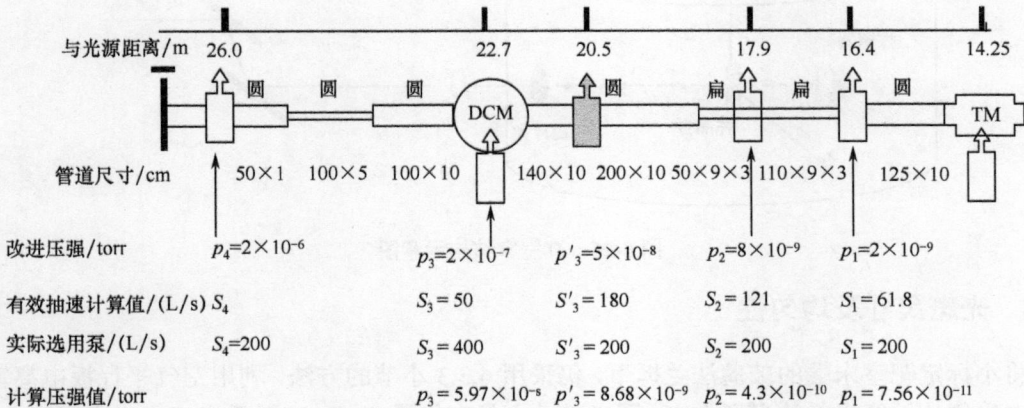

图 6-25 改进设计后的真空差分系统

6.4 光束线输出特性的再诊断

同步辐射光束线输出特性研究又称为光束线诊断，主要包括光通量、光斑尺寸及均匀性、能量范围、能量标定、能量分辨率和高次谐波等。这是逐级推进的最后一级，探测装

置置于实验站位置。以下的诊断结果都是在 Si（111）或 KTP（011）作为单色器分光晶体的条件下得到的。

6.4.1 实验装置

对于实验站处光斑尺寸及均匀性诊断、Si（111）高次谐波的诊断，是通过小标定靶室实现的；对氩（Ar）吸收谱的测量是通过稀有气体电离室[15]进行的；光束线的其他输出特性的诊断，是由图 6-26 所示的圆柱形腔体装置完成的。

圆柱形腔体是实验站大型标定装置的真空室，通过调整腔体外部底座平台，可实现真空室整体沿 z 轴的上下平移。真空室内样品台、探测器由计算机控制，实现 $\theta\sim2\theta$ 的扫描转动。样品台通过滑台实现沿 x 方向的平移运动，以满足样品馈入或退出光路的需要。距真空室入口约 10cm 处，固定一垂直光路放置的直径约 15cm 的圆盘形滤片架，在直径 11cm 的同心圆上，均匀分布 9 个直径约 3cm 的圆孔，用于粘放滤片或粉末样品。Si 光电二极管探测器（AXUV-100G，IRD Inc.USA）固定在探测器的转臂上，用于测量同步光强度，由弱电流计（6517，Keithley，USA）送入计算机，光束线末端真空管道中的 Ni 网作为光电发射入射光强监测器，其信号用于入射光强 I_0 的归一修正。

测量装置有两种工作模式：一是在特定的 θ 和 2θ 角度下，测量样品反射率随能量的变化曲线（能量扫描模式）；二是样品和探测器分别以 θ 和 2θ 的同步联动角度扫描，得到特定的入射光子能量下样品反射率随角度的变化曲线（角度扫描模式）。

使用工控机上由 LabView 编制的程序，控制样品和探测器的转动，实现单色器的能量扫描，并在扫描过程中获取相关数据并记录在文件中。

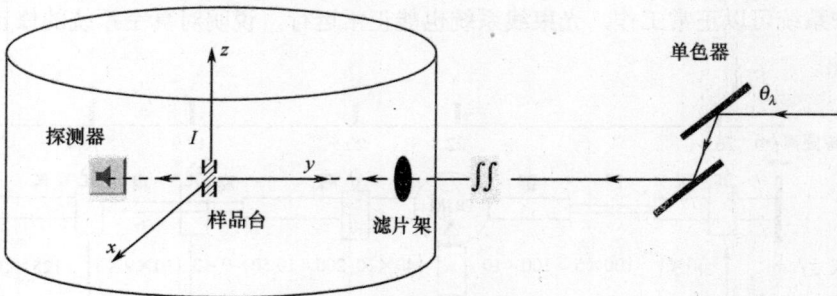

图 6-26 真空室结构示意图

6.4.2 光斑尺寸及均匀性

将小标定靶室末端的玻璃法兰拆下，仍采用 6.3.3 小节的方法，利用空气平行板电离室在大气中检测从铍窗出射的光斑大小。图 6-27（a）是在能量 E=4keV 时垂直方向光斑强度分布。将狭缝方向转 90°，水平粘在有机膜外，扫描得到水平方向光斑强度分布，如图 6-27（b）所示。

光斑水平和垂直宽度（FWHM 值）约为 1.7mm×0.7mm。因为聚焦系统采用 1∶1 聚焦方式，在焦点处像差极小，与光源尺寸 1.61mm×0.51mm 基本一致，所得到的光斑大小优于 2mm×1mm 的设计指标。

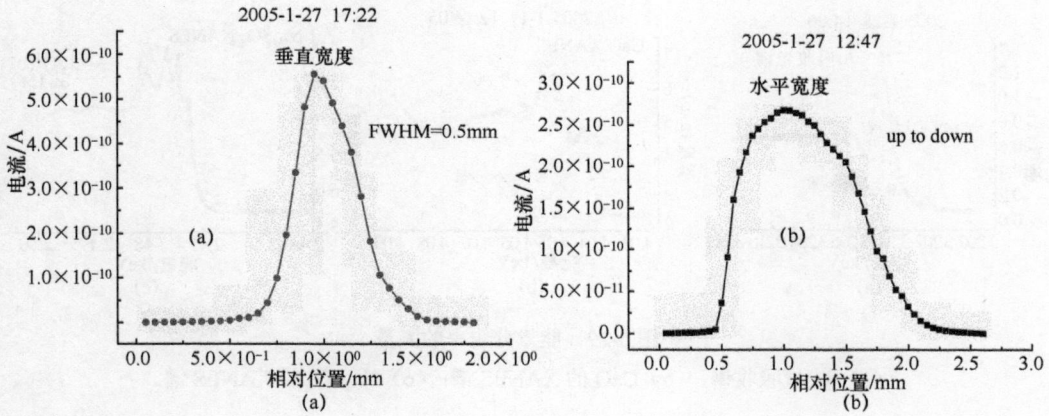

图 6-27　实验站处光斑大小

（a）垂直方向光斑宽度；（b）水平方向光斑宽度。

6.4.3　能量标定

　　能量标定就是测量单色器出射 X 射线能量的准确度，通过调节单色器相关参数，使出射光子的标称值与实际值尽可能吻合。单色器能量标定通常采用的方法是测量固体薄膜的吸收谱和某些已知气体的电离谱，利用元素的吸收边确定。利用实验站的测试系统进行能量扫描，分别测量插入滤光片时的光强 i_1 和移出滤光片时的光强 i_0，将计算得到的 $i_1(E)/i_0(E)$（所用滤光片透过比）值与滤光片材料的吸收边的理论计算结果进行比较，得出单色器标称能量与出射光实际能量的差值[18]。反复调节单色器控制参数，直到偏差最小。图 6-28 是利用真空室对 Mo 滤光片进行能量标定的结果。

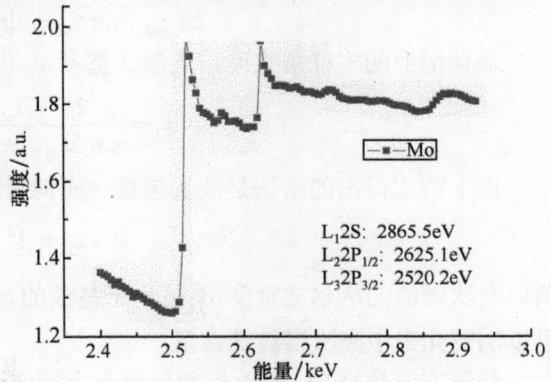

图 6-28　Mo 滤光片进行能量标定结果

6.4.4　能量分辨率

　　能量分辨率可通过式（4-20）计算，也可以通过测物质的吸收谱，利用吸收边的特性获得。图 6-29 是通过不同的实验方法，得到了若干能点的分辨率。图 6-29（a）是由 VUV/EUV 稀有气体电离室得到的 Ar 的吸收谱；图 6-29（b）是将 CaO、V_2O_5、Na_2SO_4、NaCl 粉末样品均匀涂抹在胶带纸上，并固定于真空室的滤片架上，对样品进行能谱扫描（单色器晶体是 Si（111）），分别测量透过样品和入射样品的光强，得到 Ca、V、S 和 Cl 的 XANES 谱；图 6-29（c）是用 KTP（011）晶体作为分光元件，也采用上述方法对 Na_2SO_4 粉末样品进行了 XANES 谱的测量。

　　上述测量结果是：在 Ar 的 K 吸收边（3206eV）附近能量分辨本领优于 5000；Ca（4038.5eV）、V（5465eV）、S（2472eV）元素在 K 吸收边附近能量分辨本领分别优于 2000、1800、2500；用 KTP（011）分光晶体时，$\Delta E \approx 1.2eV$。

　　无论是 KTP（011）还是 Si（111）晶体作分光元件，光束线的分辨本领均达到并超过了设计指标。

123

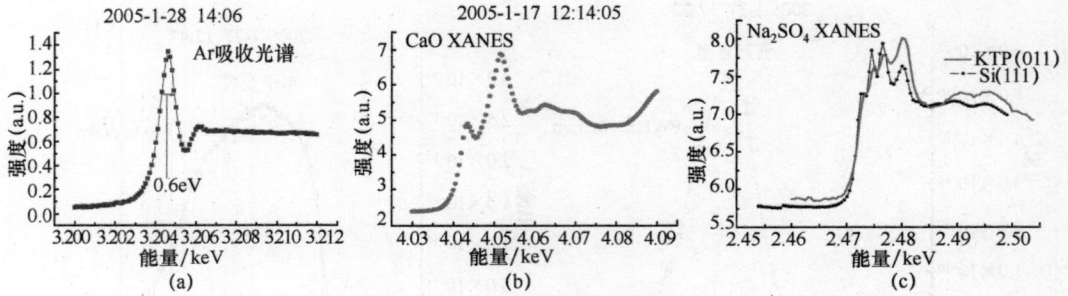

图 6-29　能量分辨率的测量

（a）Ar 气吸收谱；（b）CaO 的 XANES 谱；（c）Na$_2$SO$_4$ 的 XANES 谱。

6.4.5　高次谐波[①]（Si（111）分光晶体）

晶体衍射存在高次谐波问题，式（4-5）表明了高次谐波与基波的关系。高次谐波的存在严重影响着单色谱线的纯度。抑制高次谐波一般采用镜面全反射或二晶的失谐来实现[19]。3B3 光束线采用二晶失谐的方式进行。为了说明这种方法的基本思想，再把相关的关系式列出来。

晶体衍射的布拉格方程，即式（4-5）为

$$2d_{nhnknl}\sin\theta_B = \lambda|n \quad n = 1,2,3,\cdots$$

晶体衍射的本征角宽度，达尔文宽度 ω_D 由式（4-7）表述，即

$$\omega_D = \frac{2}{\sin 2\theta_B}\cdot\frac{r_e\lambda^2}{\pi V}C|F_{hkl}|e^{-M}$$

由上两式得出的结论是波长越长（光能量越低）达尔文宽度越大，即

$$\omega_D \propto \lambda^2 \propto \frac{1}{n^2} \tag{6-17}$$

所以高次谐波的达尔文宽度 ω_D 值小于基波的 ω_D 值。若将二晶适当失谐（偏离布拉格角位置），可以削弱光束中高次谐波的含量。

测量方法是将 Si（Li）探测器置于小标定靶室的铍窗后，在大气中测量从铍窗透射的同步光的强度。对若干能量点的测量，均没有出现高次谐波；即使在低能端 2.1keV 处，3 次谐波含量也仅为基波的 10^{-4}，远低于设计指标高次谐波成分小于 5% 的要求（表 5-6），测量结果如表 6-8 所列。由于 Si（111）面偶次谐波是消光的，3 次以上的谐波又被前置水冷平面镜抑制了，所以光谱成分很纯，实验结果与理论分析吻合。

理论和实验都表明，对于 Si（220）面的衍射用失谐的方法来抑制高次谐波效果不理想，因为（220）面的二次谐波较强，且 ω_D 值增大了[20]。

6.4.6　光通量的诊断（Si（111）分光晶体）

进行光通量诊断时，需要把真空室内滤片架、样品台退出光路，探测器置于零位，连续转动布拉格角做能谱扫描，实验站处光通量的实测结果如图 6-30 中点线所示。实测光通量值大于 7×10^{10}phs/s，达到了 $10^9\sim10^{10}$phs/s 的设计指标。高能端光通量偏低，表明平面镜和聚焦镜的角度调节还有偏差。通过精细调节平面镜和聚焦镜的角度，高能端的光通量还可以进一步提

[①] KTP（011）为分光晶体时的高次谐波测量方法及光通量的测量将在第 7 章详细介绍。

高，但在现有条件下做高精度调节比较困难，因为在平面镜或聚焦镜后缺少如丝 XBPM 类的定量测量系统。

图 6-30 中实线表示光通量的计算结果，高于测量值一个量级。通常由于镜面表面粗糙度、面型等因素的影响，计算值和测量值之间的一个量级之差，属于正常偏差。

表 6-8　高次谐波含量的测量结果（Si（111）晶体）

能量 /keV	谐波级次	空气透过率	铍窗透过率	探测器计数	真空计数	与基波比例/%	探头与铍窗距离/cm	死时间/%
2.1	1	0.013	0.084	7294.8	6503113		8	23
	2	0.531	0.750	18.5	47	0.0007		
	3	0.830	0.919	740.6	971	0.0149		
2.2	1	0.008	0.117	3842.2	4235205		10.3	12
	2	0.492	0.780	4.6	12	0.0003		
	3	0.812	0.929	74.2	98	0.0023		
2.3	1	0.014	0.154	11160.9	5195051		10.3	31
	2	0.537	0.805	21.3	49	0.0009		
	3	0.834	0.937	43.5	56	0.0011		
2.4	1	0.012	0.194	4797.5	2013846		12	15
	2	0.529	0.827	3.9	9	0.0004		
	3	0.830	0.944	6.0	6	0.0003		
2.5	1	0.020	0.236	9740.1	2055430		12	28
	2	0.569	0.845	14.7	30	0.0015		
	3	0.848	0.950	0.9	1	0.0001		
2.6	1	0.023	0.279	11542.5	1808360		13	33
	2	0.581	0.861	20.2	40	0.0022		
	3	0.854	0.955	0.6	1	0.0000		
2.7	1	0.030	0.321	12457.0	1299873		13.5	35
	2	0.605	0.875	24.0	45	0.0035		
	3	0.864	0.959	0.4	1	0.0000		
2.8	1	0.023	0.362	3622.2	434076		14.5	11
	2	0.600	0.887	1.8	3	0.0008		
	3	0.864	0.963		0	0.0000		
2.9	1	0.034	0.403	8464.5	613052		16	25
	2	0.619	0.898	10.7	19	0.0032		
	3	0.870	0.966	0.0	0	0.0000		
3	1	0.080	0.441	5386.9	153264	0.0122	12	37
	2	0.711	0.907	12.1	19			
3.5	1	0.056	0.603	5273.1	156876	0.0085	19.5	34
	2	0.708	0.942	8.9	13			
4	1	0.006	0.716	5713.8	1358421	0.0008	40	18
	2	0.544	0.958	6.9	11			
6	1	0.752	0.907	3827.2	5608	0.0457	10	12
	2	0.967	1.000	2.5	3			

6.4.7 glitch 诊断

glitch 是单色器晶体在能量扫描过程中必会相伴而生的产物。它是由于晶体有两个衍射面对入射光同时满足布拉格条件，从而使探测器的信号突然加强或减弱。glitch 通常是随机出现的且不连续，其宽度由衍射面的摇摆曲线宽度决定，在软 X 射线区域最宽为 1～2eV，越过双衍射区域后，信号强度又恢复正常[21]。

glitch 不能消除，但可以通过改变双晶中任一晶体的方位角而使产生 glitch 的能点移动[22]，避开实验中感兴趣的能量区域。对不同次的能量扫描，glitch 出现的能点位置一般是不重复的。即使双晶的相对位置没有改变，但如果光源不稳定，光斑有漂移，也会使满足 glitch 出现条件的衍射面发生变化，产生能点的移动。

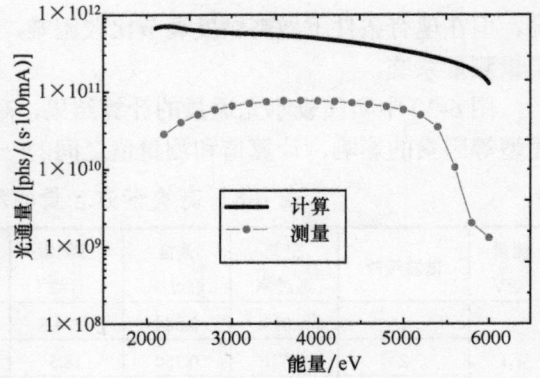

图 6-30 Si（111）为分光晶体时光束线的输出光通量

图 6-31（a）、（b）分别是 Si（111）双晶和 KTP（011）双晶，各自在同一条件下做能谱扫描，得到的部分 glitch 图谱。由于小步长扫描非常耗时（$\Delta E = 1\text{eV}$，扫描 2.05～6.0keV 需 4～5h，储存环束流在这样长的时间段内衰减会比较严重），故采用先粗扫找到 glitch 位置，后局部细扫的方式进行测量，然后对测量信号做归一化修正并进行线性拟合，就得到 glitch 点的相对强度。

如果产生 glitch 的原因是由组成晶体材料的元素吸收边引起的[23]，那么能点位置是固定的。例如，YB_{66}（400）衍射时，存在由 YB_{66}（600）在光靶 Y 的 L_3 和 L_2 吸收边的反常散射引起的两个 glitch。

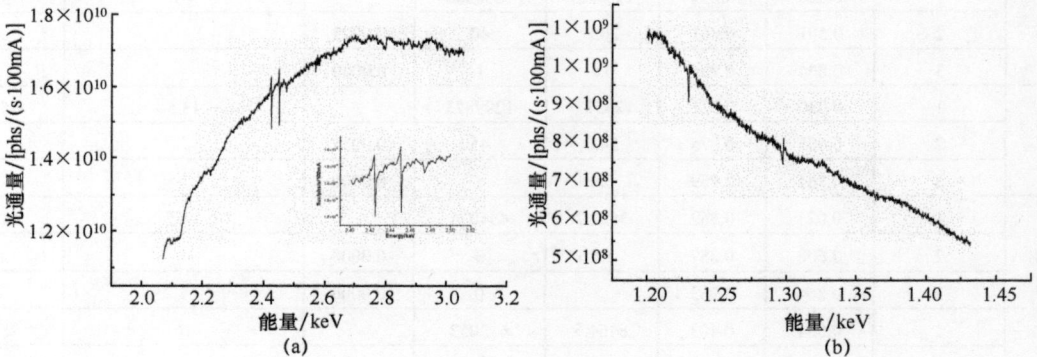

图 6-31   3B3 光束线部分 glitch 图谱
（a）Si（111）双晶单色器；（b）KTP（011）双晶单色器。

6.5   BSRF-3B3 光束线与国内外光束线传输特性的对比

2003—2005 年间，我所的软 X 射线课题组对 BSRF-3B3 光束线进行了多次调试和细致的诊断，并进行了局部改造，使光束线的性能达到了比较优化的状态。上述诊断结果与设计指标的逐项对比（表 6-9）表明，所有性能指标均达到或超出设计指标。同时，也将 3B3 光束线的性能与国内外同类型光束线的传输性能进行了对比。

表 6-9 3B3 光束线设计指标与诊断结果比较

参数	设计指标	测量结果
能量范围/keV	1.5～6.0	1.2～6.0
能量分辨率（$E/\Delta E$）	1000～4000	1500～5000
光斑尺寸/mm	2（H）×1（V）	1.7（H）×0.7（V）
光通量/（phs/s）	10^9～10^{10}	1×10^9～7×10^{10}
高次谐波份额	<5%	Si（111）<1.5×10^{-4}
		KTP（011）<5%

1. 能量分辨率的比较

中国台湾第三代光源 SRRC 装置上也有一条软 X 射线光束线，也测量了 Ar 的吸收谱，实验装置与 BSRF-3B3 光束线一样（气体电离室、Si（111）作为单色器晶体），测量结果如图 6-32 所示。在横坐标（能量间隔）完全一致的前提下，两图谱基本重合。SRRC 报告说，它的软 X 射线光束线在 Si（111）作单色器晶体时分辨率优于 5000[24]；BSRF-3B3 的测量结果是 0.6eV@3204.6eV，在 Ar 的 K 吸收边附近能量分辨率优于 5300。说明 Si（111）为分光晶体时，两束线的分辨率相当。

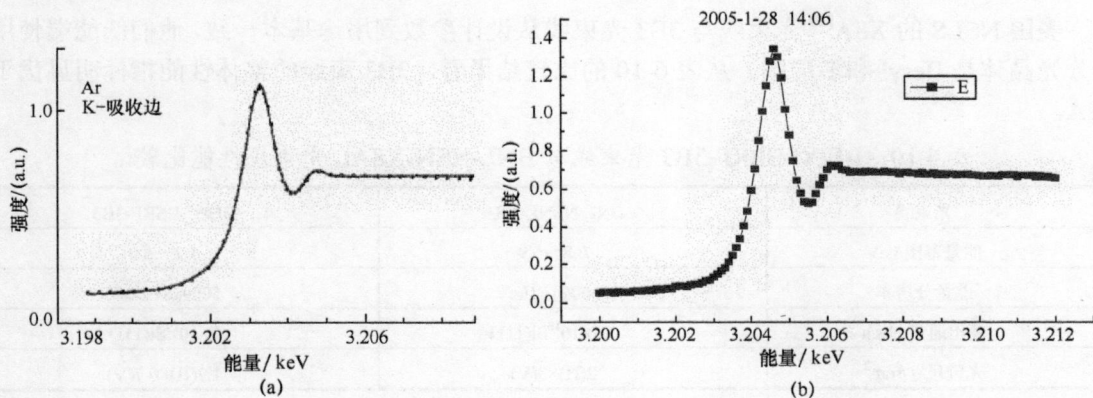

图 6-32 Ar 吸收谱测量结果对比
（a）SRRC 结果；（b）BSRF-3B3 结果。

ESRF-ID12A 光束线在 Si（111）为分光晶体时，$\Delta E = 0.4\text{eV}$，KTP（011）作分光晶体时测量的能量分辨率 $\Delta E = 0.04\text{eV}$ [25]。此结果略高于 3B3 光束线的性能，但 ESRF 属于第三代光源，所以 3B3 光束线的分辨率达到此程度，是比较理想的结果。

2. 输出通量的比较

3B3 光束线与巴西 LNLS 弯铁光源（1.37GeV/100mA）的软 X 射线光束线[26]在光源特性、束线布局、结构等多方面非常相似。LNLS 的软 X 射线光束线，光源发散度是 12mrad(H)×0.37mrad(V)，垂直发散度与 3B3 基本一致，它的超环面聚焦镜距光源 6.5m，也采用 1:1 的聚焦方式。图 6-33 是该束线的输出光通量，最高值 3×10^{10}phs/s。电子运动轨道面上，水平方向单位发散度的光通量正比于电子束能量 E，即 $\text{d}F/\text{d}\theta \propto E$，若将其结果归一到 2.2GeV 的电子束能量和水平发散度 5mrad 下，LNLS 软 X 射线光束线的最高光通量应为 2.43×10^{10}phs/s。可见 3B3 束线的光通量高于 LNLS 软 X 射线光束线。

图 6-34 是日本 UVSOR- BL7A 光束线对 KTP 晶体输出光通量的测量结果[27]，输出光通量低于 Ge（111）10^1-10^2，而 Ge（111）的输出通量约是 Si（111）的 2～3 倍[28]，可以推知 Si（111）的光通量谱应高于 KTP（011）一个量级，这与诊断结果一致。

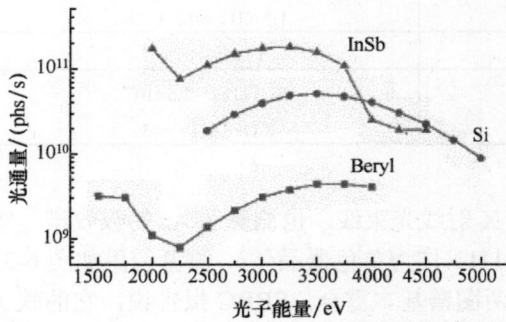

图 6-33　LNLS（1.37MeV/100mA）
软 X 射线光束线的输出光通量

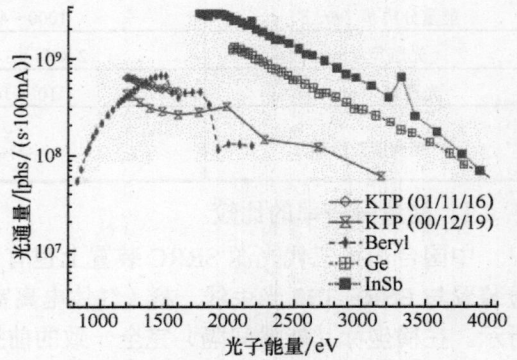

图 6-34　KTP（011）与 Ge（111）晶体
输出光通量的比较

3. 与美国 NSLS-BNL 光束线的比较

美国 NSLS 的 X8A[29]光束线与 3B3 光束线从设计参数到用途基本一致，他们低能端使用的分光晶体是 Beryl 和多层膜。从表 6-10 的比较结果看，3B3 束线的整体性能指标明显优于 X8A。

表 6-10　BEPC-BSRF-3B3 光束线与 BNL-NSN-X8AL 光束线性能比较

光束线	BNL-NSNL-X8A	BEPC-BSRF-3B3
能量范围/keV	0.8～5.9	1.2～6.0
能量分辨率	2060@3.1keV	5000@3.2keV
输出通量 phs/s	$1.7×10^{10}$Si(111)	$7×10^{10}$Si(111)
光斑尺寸/mm²	2(H)×3(V)	1.7(H)×0.7(V)

BSRF-3B3 光束线经过两年多的曲折安装、调试和诊断过程，最终达到了比较满意的输出性能。从而说明，检测手段的定量化对光束线的顺利调试和诊断具有重大意义。另外，对光束线这一复杂系统的设计需要格外细致和认真，任何一个环节的疏漏都会引起牵一发而动全身的效果。由于光束线的建设耗资巨大，所以，光束线的设计不仅是一个科学问题，还是一个经济问题，需要在有限的资金条件下，不仅要尽可能使光束线的输出性能最优化，还要考虑调试和诊断过程的快捷和方便，以利于节省宝贵的机时。

遗憾的是由于机时的原因，未能对 InSb（111）晶体为分光元件时的输出性能进行详细诊断。比较 3 对分光晶体，InSb（111）晶体的输出通量最高，但熔点最低，只有 535℃。在 SRS（表面 EXAFS）软 X 射线光束线仅稳定运行了 1 年（约 2000h）后，由于提高了束流强度（300mA、2GeV），一晶表面就熔化了[26]。

参 考 文 献[①]

［1］赵佳,崔明启,赵屹东,等. 北京同步辐射装置 3B3 光束线输出特性初步诊断[J]. 核技术, 2005, 28(8): 583-588.

［2］赵佳,崔明启,赵屹东. 北京同步辐射装置 3B3 光束线传输效率及输出特性的计算[J]. 高能物理与核物理, 2006, 30(4):359-363.

［3］Saad A M. High quantum efficiency of UV enhanced silicon photodiode [J]. Can. J. Phys, 2002, 80: 1601–1608.

［4］赵佳,崔明启,赵屹东,等. BSRF-3B3 束流位置监测系统的研制[J]. 光电工程, 2008, 35(6): 141-144.

［5］Nawrocky R J, Bittner J W, Ma Li. Automatic beam steering in the NSLS storage rings using closed orbit feedback [J]. Nucl. Instrum. Meth. A, 1988, 266:164-171.

［6］Aoyagia H, Kudoa T, Kitamura H. Blade-type X-ray beam position monitors for SPring-8 undulator beamlines [J]. Nucl. Instrum. Meth. A, 2001,467-468: 252-255.

［7］Shu D, Ding H, Barraza J, et al. Smart X-ray Beam Position Monitor System Using Artificial-intelligence Methods for the Advanced Photon Source Insertion-device Beamlines [J]. J. Synchrotron Radiation, 1998, 5(3):632-635.

［8］Decker G, Singh O, Friedsam H, et al. Reduction of X-BPM Systematic Errors by Modification of Lattice in the APS Storage Ring [C]. New York: Proceedings of the 1999 18th Particle Accelerator Conference, 1999: 2051-2053.

［9］Galimberti A, Bocchetta C J, Gambitta A, et al. A New Approach to Photon Beam Position Monitoring at ELETTRA [C]. New York: Proceedings of the 1999 18th Particle Accelerator Conference, 1999: 2060-2062.

［10］Mitsuhashi T, Ueda A, Katsura T. High-flux photon beam position monitor [J]. Rev. Sci. Instrum.,1992. 63(l): 534-537.

［11］Tony Warwick, Nord Andresen, Greg Portmann, et al. Performance of photon position monitors and stability of unduiator beams at the advanced light source [J]. Rev. Sci. Instrum., 1995, 66(2): 1984-1986.

［12］Holldack K, Peatman W B, Schroeter T. Vertical Photon Beam Position Measurement at Bending Magnets Using Lateral Diodes [J]. Rev. Sci. Instrum., 1995, 66(2): 1889-1891.

［13］Schildkamp W, Pradervand C. Position Monitor and Readout Electronics for Undulator and Focused Bending Magnet Beamlines [J]. Rev. Sci. Instrum., 1995, 66(2): 1956-1959.

［14］Galimbertia A, Bocchettaa C J, Fava C, et al. A new detector for photon beam position monitoring designed for synchrotron radiation beamlines [J]. Nucl. Instrum. Meth. A, 2002, 4777: 317-322.

［15］郑雷. 基于 **SR** 的气体和薄膜光吸收截面的测量研究[D]. 北京: 中国科学院高能物理研究所, 2006.

［16］安继刚, 卿上玉, 邬海峰. 充气电离室[M]. 北京: 原子能出版社, 1997:14-15.

［17］赵宝升. 真空技术[M]. 北京: 科学出版社, 1998: 20-25.

［18］赵屹东. SR 软 X 射线光束线输出特性研究及探测器性能研究[D]. 北京:中国科学院高能物理研究所, 2002.

［19］Winick H, Doniach S. Synchrotron radiation research[M]. New York: Plenum Press,1980:51.

［20］杨平,赵际勇,蒋建华. 同步辐射 X 射线的谐波成分计算[J]. 物理学报, 1993, 42(3):437-445.

［21］MacDowell A A, West J B, Greaves G N. Monochromator and beamline for soft x-ray studies in the photon energy range 500eV-5keV [J]. Rev. Sci. Instrum., 1988, 59(6): 843-852.

［22］Gordon E, Brown Jr., Glenn A Waychunas. X-ray Absorption Spectroscopy: Introduction to Experimental Procedures [EB/OL]. http://www-ssrl.slac.stanford.edu/mes/xafs/xas_intro.html.

---

① 本章还参考了中国科学院高能所以下内部资料, 一并致谢!
中国科学院高能物理研究所加速器中心, BSRF-3B3 光源设计报告。
中国科学院高能物理研究所同步辐射室. 3B3 光束线前端区设计报告。
刘涛. 束流位置监测器设计报告。
姜晓明,田玉莲,赵际勇,等,X 射线(n,-n)双晶衍射抑制高次谐波的实验研究。

［23］ Wong Joe, Tanaka T, Rowen M et al. YB66 - a new soft X-ray monochromator for synchrotron radiation. II. Characterization [J]. J. Synchrotron Rad.,1999, 6: 1086-1095.

［24］ Dann Tang-Eh. A high-performance double-crystal monochromator soft X-ray beamline [J]. J. Synchrotron Rad., 1998, 5:665-666.

［25］ Rogalev A, Goulon J, Malgrange C, et al. Instrumentation Developments for Polarization Dependent X-ray Spectroscopies [J]. Lecture Notes in Physics, 2001, 565: 60-86.

［26］ Tolentino H, Compagnon-Cailhol V, Vicentin F C. The LNLS soft X-ray spectroscopy beamline [J]. J. Synchrotron Rad., 1998, 5: 539-541.

［27］ Murata T. Soft x-ray beamline BL7A at the UVSOR [J]. Rev.Sci.Instrum., 1992,63 (1):1309-1312.

［28］ MacDowell A A. Soft x-ray beam line for surface EXAFS studies in the energy range $60 \leqslant h\nu \leqslant 11100eV$ at the Daresbury SRS [J]. Rev.Sci.Instrum., 1986, 57(11):2667-2679.

［29］ 赵佳,崔明启,赵屹东,等. BSRF-3B3 前端区和光束线输出特性诊断[J]. 高能物理与核物理, 2005, 29(12): 1205-1209.

第 7 章　国产 KTP 晶体分光性能的研究

KTP（KTiOPO$_4$，磷酸钛氧钾）晶体作为性能优良的非线性光学晶体，广泛用于制作倍频、混频、电光调制、光学参量振荡和光学波导等元器件[1]。近些年又将 KTP 晶体作为同步辐射软 X 射线波段新型分光晶体。1998 年，ESRF-ID12A 光束线首次将其作为同步光的分光元件并获得成功；2001 年，UVSOR-BL1A 光束线引进 KTP 后，成功地进行了 Mg 元素和 Al 元素的 K 吸收边 XAFS 测量[2,3]。BSRF-3B3 光束线后续引入了 KTP（011）晶体作为分光元件，使 3B3 光束线的低能端从 1.5keV 扩展到 1.2keV，拓宽了吸收谱学研究的范围。单色器晶体的衍射效率与光束线的输出效率密切相关，由于对 KTP、YB$_{66}$ 等新型分光晶体衍射效率、达尔文宽度、辐照损伤等性能的系统研究报道极少，所以，对 KTP 晶体的热学、光学等方面的性能进行了实验研究。

7.1　同步辐射软 X 射线分光晶体

7.1.1　同步辐射软 X 射线分光晶体的性能要求

同步光的高强度和宽频谱，对软 X 射线（仍讨论 1.2～6keV 能区）分光晶体的性能提出了苛刻的要求[4,5]。

从 X 射线衍射性能的角度分析，分光晶体必备的条件：①指定晶面的反射率要高，以保证输出通量满足实验站的要求；②摇摆曲线的 FWHM 要窄，以保证晶体的内禀分辨率高；③晶体的晶格常数要大，以满足软 X 射线分光的要求。

在材料性能方面，除强调晶体具备高真空下稳定性好、热稳定性好、机械强度高、抗辐射能力强的特点外，还要求晶体是大尺寸的完整单晶，并且自身结构和成分对光通量影响小（如不存在元素吸收边）。

晶格常数大与稳定性高是一对矛盾，单色光能点越低，晶格常数越大，晶体稳定性就越差。从完整晶体的尺度看，人工生长的 50mm 以上的大尺度晶体难以获得[6]，而天然晶体由于受环境因素、热力学、动力学等的影响，生长过程极为复杂，晶体缺陷较为严重，准完美晶体也不易得到。

7.1.2　软 X 射线分光晶体的性能分析

按照分光元件的化学性质和物理结构，可以将它们分为[4,5]无机晶体、有机晶体、插层复合体、LB 膜和多层膜 5 类。有机晶体如 KAP（001）、LiF（200）、PET（002）等，通常作为低通量 X 射线管或低强度光源（如激光等离子体光源）产生的软 X 射线分光晶体[7,8]，在同步光照射下，仅几分钟就受到损伤。插层复合体在真空下不稳定。LB 膜不具有真空稳定性和热稳定性。多层膜的周期厚度很难做得很小，能量分辨率低。所以从材料性能的角度分析，除无机晶体外，其他类型的分光元件均不满足条件，可以排除[4]。

非常有限的无机晶体可以满足上述的大多项要求。在软 X 射线能区常用的分光晶体有石英 Quartz（10$\bar{1}$0）、Si（111）、Ge（111）、InSb（111）、绿柱石 Beryl（10$\bar{1}$0）、YB$_{66}$（400）和 KTP（011）等，具体分析如下。

Si、Ge 是软 X 能区首选的理想分光晶体，在二者所提供的单色光能区范围内，没有自身结构的影响。但 Ge（111）的下限约为 1.980keV，恰好低于 P 元素的 K 吸收边。随着对原子序数 Z 低的元素的广延 X 射线吸收精细结构谱（Extended X-ray Absorption Fine Structure，EXAFS）研究兴趣的增长，需要晶格常数大的晶体做单色器，使下限能达到钠（Na）元素的 K 吸收边（1.0708keV 能点），能够满足这种要求的晶体有 Beryl（10$\bar{1}$0）、云母（002）和 β-Al$_2$O$_3$（002）。

Beryl 晶体抗辐射能力差，只能用在低能环上，以降低硬 X 射线成分对它的损伤[3]。云母晶体的能量分辨率虽然较好，但输出的光谱通量受材料本身的吸收影响较大，并且存在严重的二次谐波问题[5]。β-Al$_2$O$_3$ 虽然在美国康奈尔高能同步辐射光源（Cornell High Energy Synchrotron Source，CHESS）上经过 100h、平均功率密度 28W/cm^2 白光的辐照后证明是稳定的[4]，但辐射计量太小，不足以证明其热稳定性。此外，β-Al$_2$O$_3$ 的能量分辨率比较低，在 0.930keV 能量实测值为 ΔE=1.66×10^{-3}keV[9]，也不能满足谱学研究的要求。

Beryl、Quartz、YB$_{66}$、KTP 晶体所提供的单色光能区范围覆盖了 Mg、Al、Si 元素的 K 吸收边和高 Z 元素的 L、M 吸收边。但 Quartz 晶体对热辐射很敏感[10]，在 SRS 的 STATION 3.4 上分别正常使用 8d 和 4d，摇摆曲线的品质就降低了，且材料本身还富含 Si 成分，作为分光晶体它的性能不够优越。

YB$_{66}$ 是近些年开发的富硼（B）人造晶体[11]，在日本的 UVSOR 和 Spring-8 以及英国 SRS、美国斯坦福同步辐射光源（Stanford Synchrotron Radiation Lightsource，SSRL）的相应光束线上对其特性都进行了比较细致的研究[11-13]。YB$_{66}$ 突出的优点有以下 3 点。

（1）热稳定性好。在 Spring-8 累积照射 3×10^{8}J 后，摇摆曲线特征未变。在 UVSOR（750MeV）低能环，热负载产生的晶格常数的变化所引起的能点漂移小于 0.15eV（一晶的热负载小于 0.03W/mm^2），热负载对 YB$_{66}$ 形变的影响可忽略；对于高能环（如 SSRL）能点漂移至 3eV，需进行周期性的校准。

（2）分辨率比较高，为 2000～4000。实测结果是 0.25eV@1100eV、0.5eV@1500eV、1.0eV@2000eV，分辨率优于 Beryl 和 InSb 晶体。

（3）在 1～2 keV 没有材料本身吸收边的影响（钇（Y）元素的 L$_3$ 吸收边在 2080eV），尤其适于研究硅酸盐材料。

YB$_{66}$ 的不足之处：一是（400）面的反射率只有 3%，输出通量比较低，这使 YB$_{66}$ 仅适于体效应的 EXAFS 研究，而不适合进行表面 EXAFS 研究；二是存在由 YB$_{66}$（006）在 Y 元素的 L$_3$ 吸收边和 L$_2$ 吸收边（2155.5eV）的反常散射引起两个 glitch（1385.6eV、1438eV）。这两个 glitch 在第三代光源上可以通过调节螺旋波纹机来消除，而在弯铁或摇摆光源上要加 Si 或 SiC 镜进行抑制。所以 YB$_{66}$ 更适合做第三代光源的软 X 射线单色器分光晶体。

KTP 晶体与 YB$_{66}$ 晶体相比有 3 个优势：一是在 1.2～2.145keV 能区（P 元素的吸收边前）没有自身结构的影响；二是在 1.2～2.1keV 能区输出光通量比 YB$_{66}$ 高 10 倍；三是 ESRF ID12A 进行的一系列测试证明 KTP 晶体热稳定性很好，KTP 双晶在没有任何冷却设施的条件下，经历长时间辐照后，摇摆曲线宽度没有改变[3,14]，这与我们的实验结果是一致的（见 7.3.5 小节）。

综上所述，虽然软 X 射线分光晶体并不算少（表 7-1），但能够作为高能同步光分光元件的晶体却不多。在晶格常数大的分光晶体中，KTP（011）晶体应是比较理想的选择。考虑到 3B3 光束线的研究目标，在该束线上增加一对 KTP（011）分光晶体，可使 3B3 光束线的能区范围的低能端扩展到 1.2keV，为 Mg、Al、Si 等功能性材料的研究提供了谱学研究实验平台。

表 7-1　软 X 射线常用的分光晶体及其参数

晶体名称	晶格常数 $2d$/Å	能区范围 / keV	耐辐照性	分子式
KAP（001）	27.64	0.50～0.93	差	$CO_2HC_6H_4CO_2K$
$\beta-Al_2O_3$（002）	22.53	0.58～1.60	较好	$Na_2O[Al_2O_3]$
云母（002）	19.84	0.67～1.25	差	$KAl_2[Al_2O_3]$
Beryl（10$\bar{1}$0）	15.95	0.90～2.00	差	$Be_3Al_2[Si_6O_{18}]$
Quartz（10$\bar{1}$0）	8.5102	1.50～2.90	差	SiO_2
YB_{66}（400）	11.72	1.20～2.50	好	YB_{66}
KTP（011）	10.95	1.20～3.40	好	$KTiOPO_4$
PET（002）	8.74	1.50～2.80	差	$C(CH_2OH)_4$
InSb（111）	7.48	1.75～3.00	较好	InSb
Si（111）	7.271	2.10～7.00	好	Si
Ge（111）	7.532	2.00～7.00	好	Ge
LiF（200）	4.027	3.30～7.20	差	LiF

7.2　晶格常数的测定

KTP 晶体有很高的非线性系数、高热导率，不吸潮、不潮解，在 900℃ 以下不分解，力学性能良好、晶体表面易于抛光。其基本物理和化学参数如下。

正交晶系　　　点群：mm^2　　空间群 P_{n2_1a}。

晶胞参数：a=1.2814nm，b=0.6404nm，c=1.0615nm。

熔点：　　　　1172℃，至 1150℃ 部分分解。

密度：　　　　2.945 g/cm^3。

比热容：　　　0.1737 cal/（g·K）。

热导率：　　　0.13W/（cm·K）。

KTP 晶体结构由 Tordjman 等人于 1974 年确定[15]。它是由扭曲的 TiO_6 八面体和 PO_4 四面体交替所形成的链状结构，且沿 C 方向延伸，形成-PO_4-TiO_7-PO_4- TiO_6 的无限晶格阵列。K$^+$ 位于沿 C 方向的框架的通道中，沿此通道 K$^+$ 很容易扩散。Ti 原子是 6 配位的，P 原子是 4 配位的，K 原子与 O 原子形成 8 配位或 9 配位。每一个扭曲的 TiO_6 八面体包括一个反常短键、Ti═O 双键（0.174nm）和一个反常长键，Ti─O 键（0.210mn），最大键长差 0.036nm。这导致了 TiO_6 八面体的高度扭曲性。KTP 晶体结构如图 7-1 所示。

KTP（011）晶体为山东大学晶体所研制。KTP-2 号样品（10mm×10mm×1mm）用金刚石线切割机切割，双面抛光；Beryl-4 号（15mm×15mm×2mm）样品用内圆切割机切割，单面抛光；Beryl 晶体是产自四川省平武县虎牙矿区的未经加工的天然晶体。

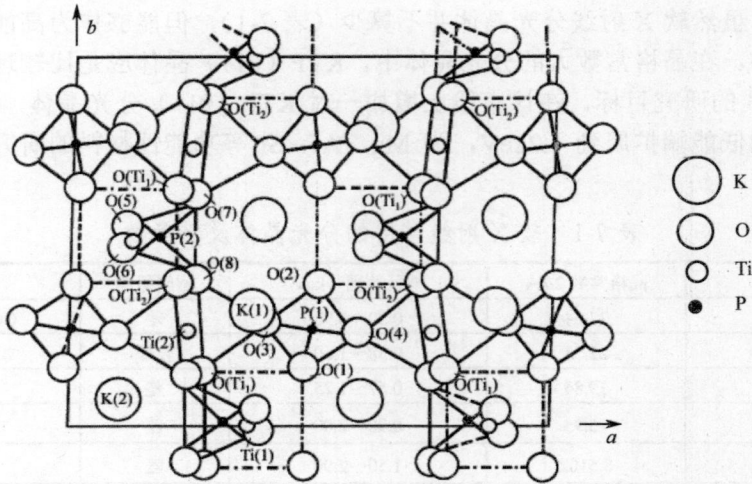

图 7-1　KTP 晶体结构（001）方向

7.2.1　实验方法及步骤

KTP 和 Beryl 样品的晶格常数的测定是在 BSRF-1W1A 光束线的漫散射实验站上进行的[16]。该光束线可输出能量为 4.933keV、8.072keV、13.968keV 的单色光，光斑尺寸为 0.5 mm×0.3 mm，在 8.0keV 能点的光通量、分辨率分别为 10^8phs/s 和 $\Delta E/E = 4.4\times10^{-4}$。测量方法采用单色 X 射线衍射法，在漫散射实验站的 Huber 五圆衍射仪上对样品进行 $\theta \sim 2\theta$ 联动扫描，测出样品在单色光照射下衍射峰值强度对应的角度，利用布拉格定律计算晶体的晶格常数。

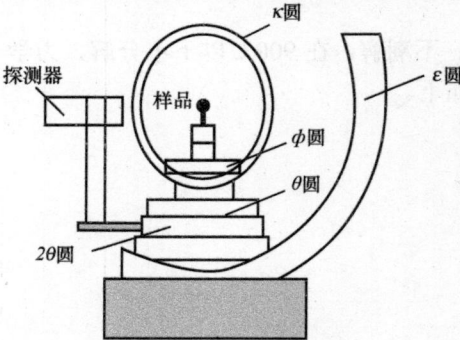

图 7-2　Huber 五圆衍射仪结构

实验主要设备是 Huber 五圆衍射仪，它由 θ 圆（样品角度扫描）、2θ 圆（探测器角度扫描）、ϕ 圆（样品圆，可在 κ 圆上转动）、κ 圆（样品圆，可在 θ 圆上转动）、ε 圆（使这 4 个圆可在水平和垂直两个状态切换，为同步光的线偏振特性而设置）组成，图 7-2 是 Huber 五圆衍射仪结构示意图。衍射仪绝对精度为 30″，可重复精度 2″。

测试 KTP-2 号样品的 X 射线波长为 1.54Å，测试 Beryl 样品的 X 射线波长为 0.89Å。

实验前，首先扫描 2θ 圆，确定探测器零位；然后将样品切入光路，扫 θ 圆并调节 κ 圆，直到 θ 位于最大光强 1/2 处，确保样品表面同入射光平行；之后用反射角准确确定样品零位：2θ 圆置于 0.4°，扫描样品得到一反射峰，将此反射峰位置定为 0.2°；最后做 $\theta \sim 2\theta$ 扫描，测量样品的衍射强度。衍射信号由电离室测量，经 NaI 闪烁计数器读出。

7.2.2　实验结果

图 7-3 是确定样品零位的结果，$\theta_0 = -0.005°$。图 7-4、图 7-5 分别是 KTP-2 号和 Beryl-4 号样品的某次测量的拟合结果，对这两个样品的多次测量数据列于表 7-2 中。Beryl-5 号样品的（0001）和 $(10\bar{1}0)$ 面也测到了衍射信号，但由于样品的外形不规整，在测角头上固定不牢，在 $\theta \sim$

134

2θ扫描过程中，样品有滑动，未能测到高级衍射峰，而且一级衍射测量结果偏差较大。

根据布拉格公式（4-4），有 $2d = m\lambda / \sin\theta$，$d$ 值测量不确定度由衍射角 θ 和入射波长 λ 的不确定度传递。由实验站给出的能量分辨率数据，可以判定波长 λ 的不确定度对结果影响甚微，可以忽略，则测量 d 值的不确定度可表示为

$$\begin{cases} u_c(2d) = \dfrac{|\cos\theta|}{\sin^2\theta} u_c(\theta) \\ u_c(\theta) = \sqrt{u_A^2(\theta) + u_B^2(\theta)} \end{cases} \qquad (7\text{-}1)$$

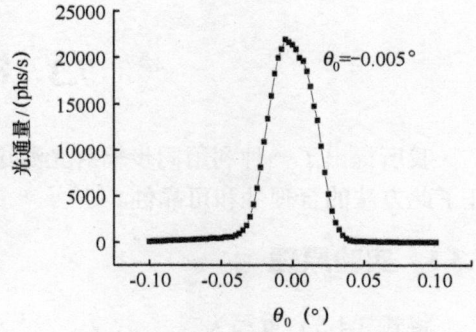

图 7-3 样品零位扫描结果

式中：$u_A(\theta)$、$u_B(\theta)$、$u_C(\theta)$ 分别为标准不确定度 A 类分量、标准不确定度 B 类分量、合成标准不确定度。

将测量值代入式（7-1）中，d 值的计算结果及不确定度估计均列于表 7-2 中。由于机时的限制，测量次数太少，使得用统计方法处理测量数据产生的偏差较大。另外，对不同级次的测量不是连续进行，θ、2θ 角的回程误差也是产生误差的原因之一。

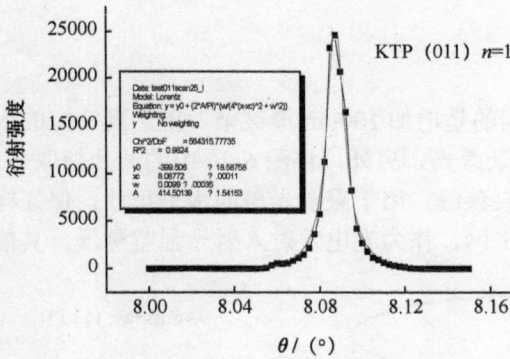

图 7-4 KTP-2 号样品一级衍射拟合结果

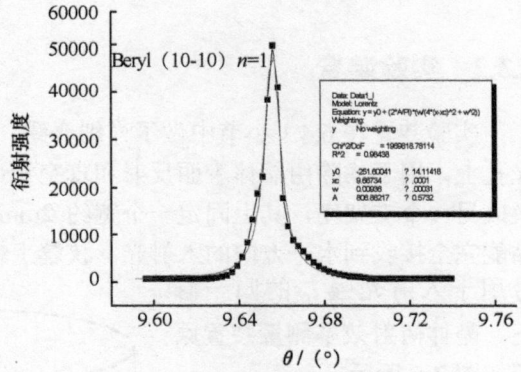

图 7-5 Beryl-4 号样品一级衍射拟合结果

表 7-2 KTP-2 号和 Beryl-4 号样品晶格常数的测量结果

样品	波长 λ/Å	衍射级	θ_{stand} / (°)	$\theta_{\exp}$ / (°)	$2d_{\exp}$ /Å	$\overline{2d} \pm u(2d)$ /Å	$2d_{\mathrm{stand}}$ /Å
Beryl $(10\bar{1}0)$	0.89	一	3.198	3.185	17.019	17.02±0.04	15.95
				3.1825	17.031		
		二	7.4075	7.405	15.956	15.959±0.007	
				7.4025	15.962		
KTP （011）	1.54		8.0758	8.085	10.943	10.940±0.004	10.95
				8.0877	10.939		
				8.0898	10.937		
		二	17.318	17.224	11.020	11.014±0.002	
				17.232	11.015		
				17.238	11.011		
				17.241	11.009		

7.3　衍射效率的测定

我所提出了一种利用同步辐射光源进行晶体衍射效率测量的方法，并用 Si（111）样品验证了此方法的合理性和可靠性。

7.3.1　实验原理

将式（4-5）重写为

$$2d_{nhnknl} \sin\theta_B = \lambda|n \quad n = 1,2,3,\cdots$$

可知，当 X 射线以某一布拉格角 θ_B 入射晶体表面时，除分离出 $n=1$ 的基波外，还夹杂有 $n=2, 3, 4,\cdots$ 对应的 $\lambda/2$、$\lambda/3$、$\lambda/4$、$\cdots$ 的高次谐波。为测定晶体对基波（或某一谐波）的衍射效率，应使晶体处于一级衍射布拉格角位置，单色器晶体出射基波（或某一谐波）的光。设光源的发散度为 0（入射光束为平行光）时，入射晶体的光强为 I_0，衍射光峰值强度为 I，则晶体对基波或某一谐波峰值衍射效率可表示为

$$\eta = \frac{I}{I_0} \tag{7-2}$$

7.3.2　实验装置

实验装置在 6.4.1 小节中做了详细介绍。所不同的是增加 100μm 厚铍箔，置于真空室的入光孔上，用于滤除由晶体表面反射和真空管道内的杂散光。另外，将图 6-26 中的滤片架取下，换成另一个支架座，其上固定一个宽约 2mm 的竖直狭缝，用于限制光斑的水平尺寸，保证样品能完全接收到水平方向的入射光。狭缝上粘有 Ni 网，作为光电发射入射光强监测器，其信号用于入射光强 I_0 的归一修正。晶体衍射效率测量装置原理如图 7-6 所示。

当测量装置工作在能量扫描模式时，用于实验开始前精确确定布拉格角所对应的单色光能点；当其工作在角度扫描模式下，用于在计算机控制下连续测量不同能点的衍射效率。

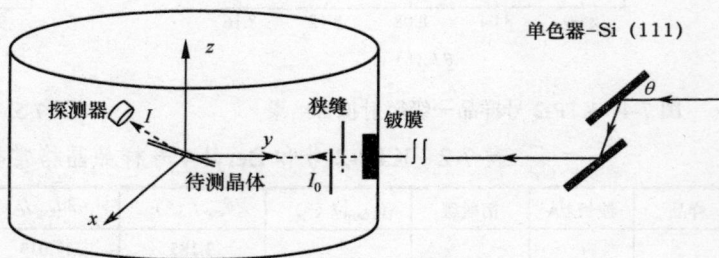

图 7-6　衍射效率测量装置原理

7.3.3　实验方法及测量结果

晶体峰值衍射效率的测量是在 BSRF-3B3 中能 X 射线光束线上进行的，单色器的分光晶体是 Si（111）。前面已分析过，从 Si 双晶单色器出射的光谱中不含高次谐波成分，光谱很纯。

1.　样品和探测器初始零位的确定

如图 7-6 所示，样品沿 x 方向水平退出光路，转动探测器，对入射光强进行角度扫描。由于探测器面积为 10mm×10mm，峰值信号 I_d 会出现一个平台（宽约 2.2°），将探测器零位定在平台的中心，保证在 θ 和 2θ 联动角度扫描过程中，探测器位置有约 ±1° 的余量，满足 $\theta\sim2\theta$

角度在机械运动过程中有微小不匹配时，探测器仍能完全接收衍射信号。然后样品馈入光路，转动样品台，对样品进行角度扫描以确定样品零位。探测器信号强度 I_s 最大时，表明样品表面与同步光传播方向平行，将其峰值位置定为样品零位。在此状态下，进一步调整真空室外部底座平台，使 I_s 恰为 I_d 的一半，则样品位于光路 z 轴方向的中心。扫描结果如图 7-7 所示。实验站探测器用 Si 光电二极管（AXUV-100G，IRD Inc.，USA），经弱电流计（6517A，Keithley Instruments Inc.，USA）读出信号。

2. I 和 I_0 的测量

Si 光电二极管为探测器，探测器信号、Ni 网信号均经弱电流计 6517 输入计算机。由布拉格定律确定初始能点所对应的衍射角 θ，将样品、探测器置于 $\theta \sim 2\theta$ 位置，单色器进行能量扫描，探测器记录衍射信号 I。由于样品零位定位的影响，实际峰值能点与计算值会有微小偏差。将单色器能点校准到实际峰值能点，此时单色器、样品、探测器位置相匹配。使用计算机中的控制和取数软件、设置参数值，包括能量扫描的起始值（峰值能点）、步长、对应每个 $\theta \sim 2\theta$ 位置时单色器的扫描范围等，运行程序自动进行光子能量扫描，同时把不同 $\theta \sim 2\theta$ 位置时，扫描信号、峰值能点及对应的信号写入指定的文件中。样品水平退出光路，探测器回到零位，将前面记录的峰值能点文件名输入测量 I_0 的控制和取数软件并运行，程序会自动指令单色器依次输出对应峰值点能量的单色光，并将测到的 I_0 信号写入指定的文件中。

3. Si（111）标样基波衍射效率

待测 Si（111）标样（40mm×20mm）置于图 7-6 中样品台上。如前所述，在 2.05～6.0keV 区间，从 Si 双晶单色器出射的光谱中不含高次谐波成分，所以式（4-5）中取 $n=1$，即测量的是 Si（111）标样的基波衍射效率。由于储存环中束流强度随时间衰减，I、I_0 信号不是同时测量，用 Ni 网信号修正所获得的电流信号，式（7-2）改写为

$$\eta = \frac{I/I_{Ni}}{I_0/I_{0-Ni}} \tag{7-3}$$

式中：I_{Ni}、I_{0-Ni} 分别为测量 I、I_0 时的 Ni 网信号强度。

下文中涉及的 I、I_0 信号均指归一化强度。取若干能点的测量结果及用 XOP 软件的计算结果，如图 7-8 所示。二者存在较大出入的主要原因是理论计算是在平行光入射（无光源发散度）、完美晶体的前提下进行的，但实际光源有发散度，且人工晶体并非完美无缺。

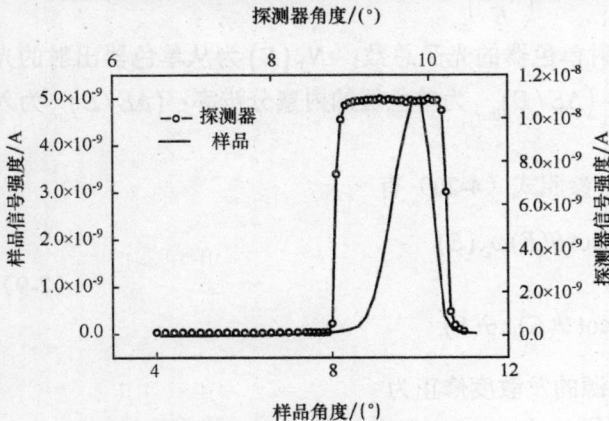

图 7-7　样品和探测器零位扫描结果　　　图 7-8　Si（111）晶体的衍射效率

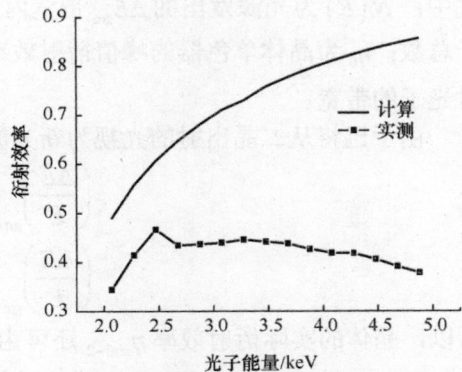

7.3.4 Si（111）标样测量结果的修正[17,18]

1. 光源的发散度

单一光学元件的输出效率是其反射（或透射）效率与垂直接收效率的乘积。在实验之前，已利用单色器后的四刀狭缝限制光斑尺寸，从样品架的荧光靶上观察，光斑大小约 5mm（H）×1.5mm（V）。衍射角越小，光斑垂直高度在样品表面的投影越长。经计算得 $E = 6\text{keV}$ 时，$\theta = 19.24°$，投影长度为 4.5mm，小于样品表面尺寸，则分析晶体的垂直接收效率为 1，所以分析晶体的传输效率就是其衍射效率。衍射效率的计算方法如下。

将从单色器二晶出射的光视为入射分析晶体的新光源，$\Delta\theta$ 为新光源垂直发射 RMS 半角宽度。根据式（2-65），将 $\Delta\theta$ 表示为

$$\Delta\theta = \sqrt{\omega_R^2 + \sigma_\theta'^2} \tag{7-4}$$

参照式（5-5）分析晶体的衍射效率 $\varepsilon_{\text{cryst}}$ 可表示为

$$\varepsilon_{\text{cryst}} = \text{erf}(\frac{\omega_D}{\sqrt{2}\Delta\theta}) \tag{7-5}$$

2. 数据修正方法

1）由入射晶体的光强 I_0 修正

设 η_0 为平行光入射（光源不发散）、完美晶体条件下的衍射效率。由于光源发散度的影响以及晶体 ω_D 的限制，入射晶体的光子未能全部衍射，所以入射晶体的光强 I_0 修正为

$$I_{0-\text{corrected}} = I_0 \varepsilon_{\text{cryst}} \tag{7-6}$$

将式（7-6）代入式（7-2）并考虑到 ω_D 的数值在计算时一般取摇摆曲线的半高全宽 FWHM，即对应 $\pm 2.35\sigma_{\text{RMS}}/2$，占摇摆曲线下面积的 76%，所以晶体的实际衍射效率为

$$\eta_{\text{real}-1} = \frac{\eta_0 \varepsilon_{\text{cryst}}}{0.76} \tag{7-7}$$

2）由光源发散度修正

由弯铁光源发出的同步光经平晶单色器后出射的光子通量表达式[19]为

$$N_T(E) = N(E)\eta_0 \frac{\left(\dfrac{\Delta E}{E}\right)_{\text{intr}}}{\left(\dfrac{\Delta E}{E}\right)_{\text{src}}} \tag{7-8}$$

式中：$N(E)$ 为光源发出的 ΔE_{src} 带宽内入射单色器的光子总数；$N_T(E)$ 为从单色器出射的光子总数；η_0 为晶体单色器的峰值衍射效率；$(\Delta E/E)_{\text{intr}}$ 为单色器的内禀分辨率；$(\Delta E/E)_{\text{src}}$ 为入射光子的带宽。

由于已将从二晶出射的光视为新光源，参照式（4-20）有

$$\left(\frac{\Delta E}{E}\right)_{\text{intr}} = \cot\theta(E)\omega_D(E)$$
$$\left(\frac{\Delta E}{E}\right)_{\text{src}} = \cot\theta(E)\Delta\theta(E) \tag{7-9}$$

所以，晶体的实际衍射效率 $\eta_{\text{real}-2}$ 还可由光源的发散度修正为

$$\eta_{\text{real}-2} = \frac{N_T(E)}{N(E)} = \frac{I}{I_0} = \eta_0 \frac{\omega_D}{\Delta\theta} \tag{7-10}$$

3）光束追迹

利用 Shadow VUI 应用软件对光束追迹的方法是最准确的[20]。首先在 Shadow VUI 界面设置参数。光源参数为：点光源且呈高斯分布；某一能点下，单色光的发散度取式（7-5）的计算结果；其带宽可由布拉格公式、由式（7-4）、式（7-9）得到。光学系统设置为：单一元件的平面反射模式；单一元件为 Si（111）块状完美晶体；衍射方式是考虑吸收的布拉格衍射。然后运行程序，得到追迹方法下的晶体实际衍射效率 η_{real-3}。

3 种方法得到的对理论值 η_0 修正后的晶体衍射效率 η_{real-1}、η_{real-2}、η_{real-3}，如图 7-9 所示。

3．测量结果的不确定度估计

设 x 代表式（7-3）中任意意物理量 I、I_0、I_{Ni}、I_{0-Ni}；Δ_i、Δ_e 分别代表仪器的最大允差和测量者的估算误差，则标准不确定度关系为

$$\begin{cases} u_C^2(x) = u_A^2(\bar{x}) + u_B^2(x) \\ u_B^2(x) = \Delta_i^2 + \Delta_e^2 \end{cases} \tag{7-11}$$

实验时，在取数软件中已将 I、I_0 及 Ni 网修正信号的测量设置为采集 50 次记录一个数据，并同时计算标准不确定度 A 类分量。由式（7-3）得到衍射效率的相对测量不确定度为

$$\frac{u_C(\eta)}{\eta} = \sqrt{\left(\frac{u_C(I)}{I}\right)^2 + \left(\frac{u_C(I_0)}{I_0}\right)^2 + \left(\frac{u_C(I_{Ni})}{I_{Ni}}\right)^2 + \left(\frac{u_C(I_{0-Ni})}{I_{0-Ni}}\right)^2} \tag{7-12}$$

已知弱电流放大器 6517 读数的相对测量不确定度 $u_B(x)/x \sim 1\%$[21]；但由于光源稳定性欠佳，使 Ni 网信号对 I_0 修正的相对不确定度估计约 5%（图 7-10 同一次注入期间不同时刻以及不同次注入对 I_0 修正的结果），所以由式（7-11）、式（7-12）得到 η 的相对测量不确定度为

$$\frac{u_C(\eta)}{\eta} \approx \sqrt{2 \times (0.01)^2 + \left(\frac{u_A(\bar{I})}{\bar{I}}\right)^2 + \left(\frac{u_A(\bar{I}_{Ni})}{\bar{I}_{Ni}}\right)^2 + (0.05)^2} \tag{7-13}$$

式中：$u_A(\bar{I})$、$u_A(\bar{I}_{Ni})$ 在数据文件中已求出，则由式（7-3）、式（7-13）可得到合成标准不确定度 $u_C(\eta)$，结果见图 7-9。

4．修正结果的分析

结果表明，光束模拟的结果与对 η_0 的两种修正方法的结果吻合；测量结果在误差范围内也基本上与 η_{real-1}、η_{real-2}、η_{real-3} 的结果一致。说明无论是采用哪种修正方法，η 与 η_0 存在差异的根本原因都是因为光源具有发散度。

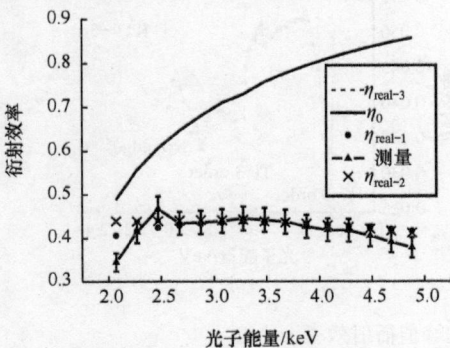

图 7-9　Si（111）晶体峰值衍射效率的修正结果

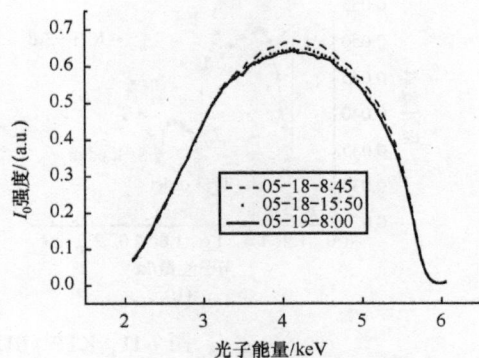

图 7-10　不同时刻 I_0 的修正结果

由于数据处理时都是基于 ω_D 的理论值，但人工生长的 Si（111）晶体，其 ω_D 的测量结果与理论值有一定偏差（图 6-6（c）），使得对 Si（111）晶体衍射效率的估计出现偏差，由此也引入了对 η_0 的修正偏差。

此外，图 7-9 显示修正结果与测量结果在高能端（大于 2.67keV）吻合得比较好，而在低能端前者高于后者，主要原因是样品台转轴与探测器转轴的同轴性不好。在联动扫描过程中，θ 角较小（高能点）时，探测器能够全部接收衍射光斑，随着 θ 值增大（低能点），探测器逐渐产生横向偏移，衍射光斑有一部分漂移出探测器的接收范围，使测量的 I 信号比实际值小。

总之，本小节提出的将被测晶体作为分析晶体，利用单色器提供连续可调的单色同步光测量晶体峰值衍射效率的实验思想，通过对 Si（111）样品峰值衍射效率的测量，验证了依照这一思路进行实验操作的可行性，也证明数据处理方法的合理性，并强调了光源的发散度与晶体的衍射效率密切相关。由此实现了对 KTP（011）晶体的各级峰值衍射效率的测量，即高次谐波诊断。

7.3.5　KTP（011）晶体高次谐波诊断

1．测量结果

测量 KTP（011）晶体峰值衍射效率的实验方法基本与 Si（111）样品的测量方法一致，光路布局仍如图 7-6 所示。唯一不同的是在测量某能点的高次谐波衍射效率时，待测 KTP（011）样品（10mm×10mm×3mm）仍处于该能点的一级衍射布拉格角位置，单色器晶体处于该能点的高次谐波能量对应的布拉格角位置。选择 Si（111）作单色器的分光晶体是由于 Si（111）的光谱成分很纯，6keV 以下不含高次谐波成分（见表 6-8）。图 7-11 是 KTP（011）晶体的峰值衍射效率的测量结果。

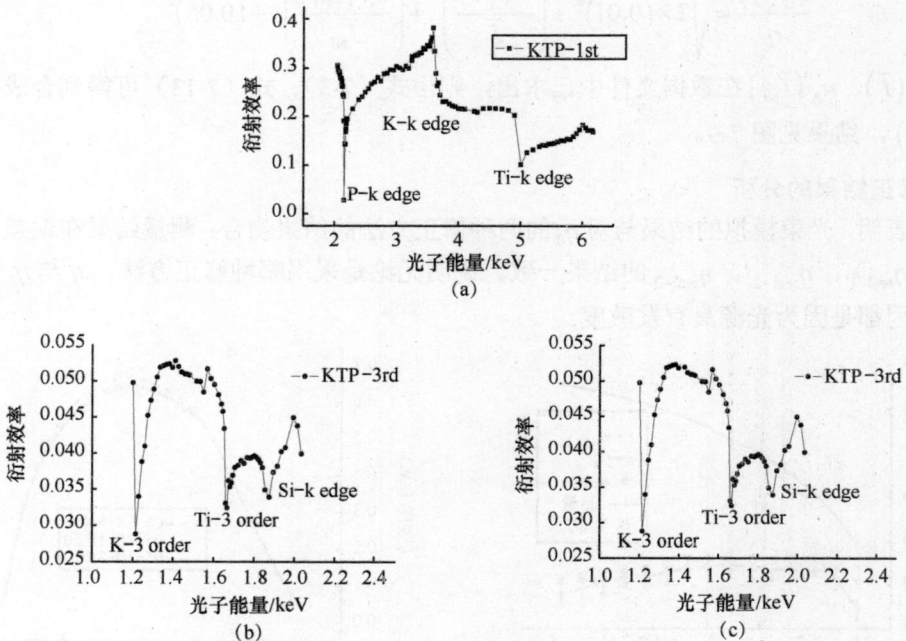

图 7-11　KTP（011）晶体的峰值衍射效率
(a) 一级衍射；(b) 二级衍射；(c) 三级衍射。

2. ω_D 的测量

由前面的分析可知，晶体的衍射效率由光源的发散度与晶体的 ω_D 决定，所以对 KTP 晶体 ω_D 的测量也是非常必要的。将单色器分光晶体换成一对 KTP（011）晶体，真空靶室中的样品架退出光路，探测器回到零位。转动二晶投角，步长为 3.6″，测量 $E=2600$eV 时的摇摆曲线，并将摇摆曲线的 FWHM 值作为相应能点的 ω_D，如图 7-12 中实线所示。可以发现，虽然 FWHM 并不大，约为 36″，但曲线底部很宽。为了排除本底信号对测量结果的影响，在标定靶室前插入铍膜，再重复测量，两种情况下结果基本一样，如图 7-12 中点线所示。

测量 KTP（011）晶体在不同能点下的摇摆曲线，得到 KTP（011）晶体 ω_D 随光子能量变化曲线如图 7-13 所示。

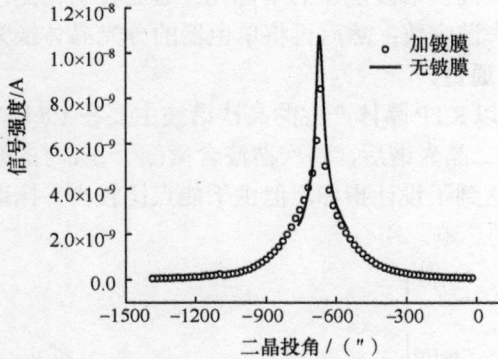

图 7-12　KTP（011）摇摆曲线（$E=2600$eV）

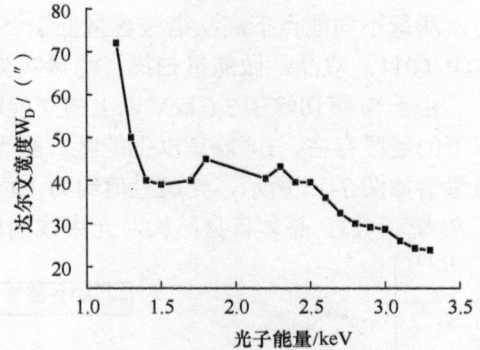

图 7-13　KTP（011）晶体 ω_D 随光子能量变化曲线

3. 结果分析

由于 KTP 含有钾（K）（K 吸收边：2145.5 eV）、钛（Ti）（K 吸收边：4967.4 eV）、磷（P）（K 吸收边：3608.4 eV）成分，所以图 7-11 中显著的信号强度突变分别是由这 3 种元素的 K 吸收边所造成。

由图 7-11 可见，KTP 晶体的高次谐波比较严重，二次谐波衍射效率与基波的衍射效率不相上下。实验中尝试用二晶失谐的方式降低高次谐波的影响，若保证高次谐波含量低于 5%，失谐大致范围在 26″～32″，而 KTP（011）晶体的摇摆曲线宽度约在 40″，在降低高次谐波比例的同时，大大削弱了基波信号的强度。用二晶失谐的方法抑制 KTP（011）晶体的高次谐波效果不理想，失谐 250″ 都不能使信号强度降到本底。可见，并不是所有晶体衍射的高次谐波都可以用失谐的方式抑制，在 3B3 光束线上研制高次谐波抑制镜非常必要。

参见图 7-12，插入铍膜后，摇摆曲线底部度宽并未改变，说明不是低能杂散信号的影响，而是 KTP（011）晶体固有的性质，这与 Si（111）晶体的摇摆曲线特点有很大差别。所以，尽管 KTP 晶体的 FWHM 值较小，但摇摆曲线的总宽度（几百秒）已远远大于光源（从二晶发出的光）的发散度，真空靶室中 KTP 分析晶体能将入射光束完全衍射。故在现有实验条件下，不必对其衍射效率进行修正。

由式（4-7）和式（4-8）可以推出 $\omega_D \propto \lambda^2 / \sin 2\theta_B \propto \tan \theta_B$，但图 7-13 中达尔文宽度并未随着能量的增加测量单调递减，曲线并不光滑。可能的原因是由于摇摆曲线的底部太宽，由高斯或洛伦兹函数拟合的曲线与测量结果偏差较大。另外，在有些能点，二晶投角的扫描范围偏窄，测量结果没有显示完整的摇摆曲线，也使这些点的 FWHM 计算有偏差。

7.4 KTP（011）为分光晶体时光束线的输出通量

KTP（011）作为分光晶体，测量光束线的光通量时，需要把前置平面镜由 Ni 镜换为 Si 镜，且光通量的测量是分别在二晶不失谐或失谐两种条件下进行。不失谐条件下的光通量谱如图 7-14 所示，1.84keV、2.15keV 点强度的减弱分别由 Si 元素和 P 元素的 K 吸收边引起。

在失谐状态下光通量的诊断方式：首先根据 7.3 节介绍的衍射效率的测量方法，即 KTP（011）分析晶体置于真空室样品架上，布拉格角置于基波衍射角位置，Si（111）双晶为单色器晶体，置于相应能点的高次谐波角位置，提供高次谐波能量的单色光。通过转动二晶投角，测量不同能点下高次谐波含量低于 5%时二晶失谐度数；然后再将单色器的分光晶体换为 KTP（011）双晶，做能量扫描，测量实验站处的光通量。

由于 Si 镜切除了 3.6 keV 以上的高能同步光，所以 KTP 晶体产生的高次谐波主要在 1.8 keV 以下的能段存在，1.8 keV 以上能区二晶无需失谐。二晶失谐后，高次谐波含量低于 5%时的光通量谱如图 7-15 所示，光通量值约为 10^9 phs/s，也达到了设计指标。但由于能点比较少，掩盖了 Si 镜和 KTP 晶体自身结构对光束线输出光通量的影响。

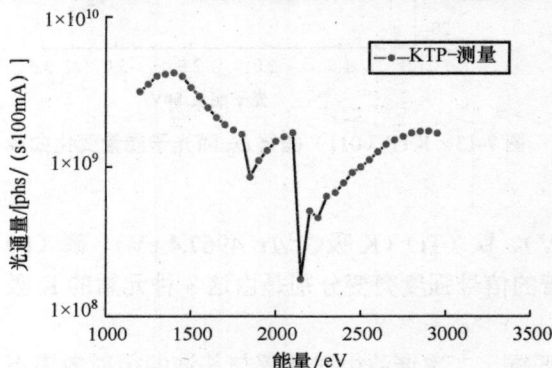

图 7-14　二晶不失谐条件下 KTP 晶体
输出的光通量谱

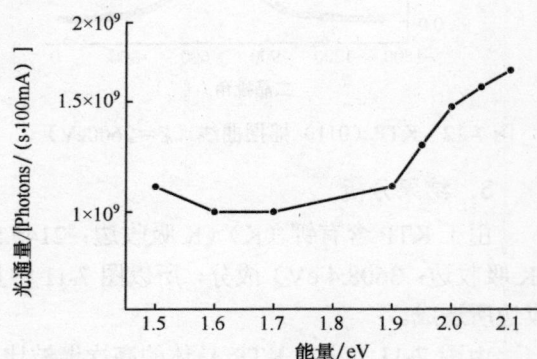

图 7-15　高次谐波低于 5%条件下 KTP 晶体
输出的光通量谱

由图 7-11 可知，KTP（011）晶体作为单色器的分光元件时，选择的能量范围应尽可能避开吸收边的影响。文献[3]指出，在 1200～2145eV（P 吸收边前）没有自身结构的影响，这一结论是不完全正确的。在该能区，晶体的一级衍射不受自身结构的影响，但若高次谐波抑制效果不理想，还会存在钾（K）元素吸收边的二次衍射和钛（Ti）元素 K 吸收边的 3 次衍射的影响。如果按照单色器的 θ 角的有效运动范围确定 KTP 晶体的能区范围，那么光通量曲线是不光滑的。所以根据图 7-11 所示的测量结果，KTP 晶体的理想能区为 1.2～1.75keV，这与理论分析的结果是一致的（表 5-5）。

7.5 KTP 晶体的缺陷研究

实际晶体中往往存在一些缺陷，利用同步辐射形貌术可直观地对较大块晶体做无损测试，快速获得单晶体的完整缺陷信息。对 KTP 晶体的缺陷研究是在 BSRF-4W1 光束线的 X 射线成像实验站上进行的。

7.5.1 BSRF—4W1 成像实验站

BSRF-4W1 光束线由单极扭摆器引出白光，全长 43m，光束线光源参数见表 7-3。束线末端与实验站由铍窗连接，以隔绝真空，铍窗后还封有铝窗用以保护铍窗。一套可调四刀狭缝与铝窗固定在一起，用于调整出射光斑的尺寸。

表 7-3   BSRF-4W1 光束线光源参数

能量范围	3.5 ~ 22 keV	最大水平发射度	1.0 mrad
特征能量	5.8 keV	最大垂直发射度	0.36 mrad
光通量	6×10^{10}[phs/(s·mrad^2·mA·0.1%BW)] (λ=1.34 Å, E=9256eV)	周期长	136cm
		K_y	228.64

X 射线形貌术包含了一系列不同的实验方法[22]，若按几何布置分类，有劳厄透射和布拉格背反射。前者入射和衍射 X 射线在晶体表面的两侧；后者则在晶体表面的同侧，光路示意图如图 7-16 所示。由于被照射到的晶体部位所有缺陷均投影于底片上，所以劳厄透射法主要用于研究晶体内部缺陷的投影分布和体分布；当 X 射线波长 λ 较大或 θ 角较小时，射线穿透深度很小，衍射仅在晶体表面区产生，布拉格背反射主要用于研究表面层的缺陷。

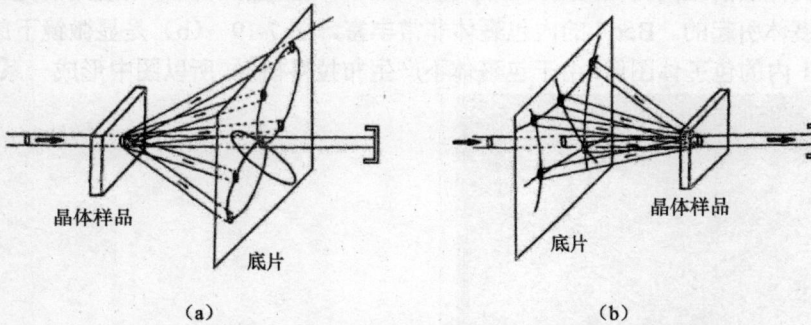

图 7-16   同步辐射白光形貌术的示意图
(a) 劳厄法；(b) 布拉格法。

BSRF-4W1 形貌站主要有白光形貌和单色光形貌技术。白光形貌术是最常用、最简单也很有效的实验技术，即利用同步辐射的连续谱，结合劳厄透射技术，直接在底片上记录衍射信号。每一个斑点都对应一簇衍射面的衍射，每一个斑点都含有所研究晶体完整性的信息。一次拍摄可以得到对应于不同晶面簇产生的衍射斑，也就是说，可以得到许多张形貌图。因此，用白光拍摄劳厄像无需精确调节样品的取向，便能够得到更多的信息，曝光时间通常为几秒。

7.5.2 实验测量与结果分析

实验样品 KTP（011）~1 购自山东大学晶体研究所，单面抛光；对比样品 Beryl$(10\bar{1}0)$~3 产自四川平武虎牙矿区，双面抛光；对比样品 Beryl$(10\bar{1}0)$~5 产自四川平武虎牙矿区，天然样品。

KTP-1 样品垂直光路放置，采用透射法获得其白光形貌像，曝光时间 5s。底片（Fuji 胶片）到样品的距离为 10cm。经单面显影，在显微镜下放大 4 倍后，经 CCD 采集的劳厄形貌像如图 7-17 所示。图中表现出渐次的明暗变化，可能是晶体内部的应力场造成的。图像衬度基本均匀，几乎未观察到缺陷的存在，说明人工生长的 KTP 晶体完美性很好，这与山东大学的检测结果是一致的。Hu 等[23]指出，高纯度 KTP 晶体均匀性较高，生长位错较低。

图 7-18 是 Beryl$(10\overline{1}0)$～3 样品的劳厄白光形貌像，曝光时间 2s，底片到样品的距离为 7cm。其拍摄和图像采集方式同上。图 7.18 方可见几处衬度较强的位错线；图 7.18 还可看到一条条平行的深浅不同的生长条纹，这是生长过程中温度或生长速率起伏引起杂质浓度波动所产生的[24]。

 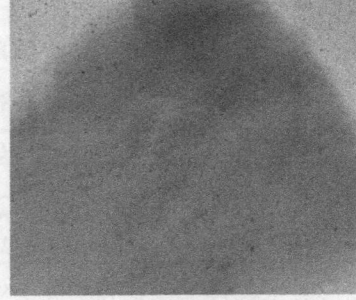

图 7-17　KTP～1 样品的劳厄形貌像　　　　图 7-18　Beryl～3 样品透射法的白光形貌像

天然 Beryl～5 样品呈无色－浅绿色，透明度高，玻璃光泽，晶体呈板状，其柱面$(10\overline{1}0)$面发育不很充分。该样品用于拍摄背反射形貌像，图 7-19（a）是$(11\overline{2}1)$面垂直光路放置的背反射形貌像，底片到样品的距离为 15cm。曝光时间 60s，单面显影。图中不规则的亮斑可能是由样品内丰富的包裹体引起的。Beryl 的内包裹体非常丰富，图 7-19 （b）是显微镜下放大 500 倍后观察到的 Bery1 内的包裹体图像，由于包裹体不产生布拉格衍射，所以图中形成一系列白色区域。

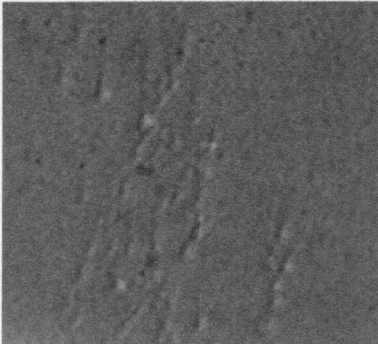 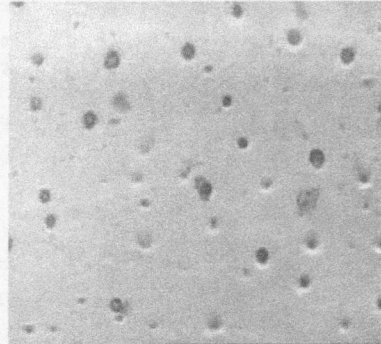

(a)　　　　　　　　　　　　　　　　(b)

图 7-19　天然绿柱石 Beryl～5 样品内部缺陷

（a）背反射形貌图；（b）Beryl 内的包裹体。

通过两种晶体形貌像的对比可见，国产人工生长的高纯度 KTP 晶体生长缺陷极少；而天然生长的 Beryl 晶体，由于其在形成时化学成分和温度、压力等条件都未经控制，容易存在大量的微观缺陷。亓等[25]的研究工作指出，四川平武 Beryl 晶体中存在的缺陷有线缺陷（位错）、面缺陷（层错、双晶）和点缺陷（空位、包裹体）。实验结果基本反映了上述几种缺陷。

7.6　KTP 晶体辐照损伤能力测试

7.6.1　样品透过率的实验测试

材料的辐照效应主要指中子、带电粒子或电磁波等各种射线的辐照与固体材料产生的相互作用。对 KTP 样品和对比 Beryl 样品的辐照损伤实验也是在 BSRF-4W1 光束线上进行的。KTP

样品、Beryl 样品的大小分别为10mm×10mm×3mm 和 24mm×9mm×1mm 。

被辐照样品置于光束线四刀狭缝后的光路中，调整四刀狭缝，使入射样品表面的光斑与晶体表面重合。空气平行板电离室置于样品后，其有机窗上竖直粘贴一狭缝，用于测量同步光的强度。

设同步光透过样品后的电离电流强度为 i_2，取下被照样品，同步光直接入射电离室引起的电离电流强度为 i_1，则样品的透过率为 $k = i_2/i_1$。考虑到储存环束流 I 随时间衰减，对透过率修正为 $k' = m \cdot k = kI_1/I_2$，$m$ 为束流修正系数，I_1、I_2 分别对应测量 i_1、i_2 时储存环的束流强度。电离室加偏压 400V，实验数据记录

表 7-4　Beryl、KTP 样品透过率的实验数据

样品	KTP	Beryl
尺寸/mm²	10×10×3	24×9×1
i_1/A	2.45×10^{-7}	4.93×10^{-7}
I_1/mA	82	82
i_2/A	1.58×10^{-9}	5.17×10^{-8}
I_2/mA	78.9	78.2
m	1.04	1.05
透过率 k'	0.007	0.12

在表 7-4 中，计算得 KTP 样品和 Beryl 样品的透过率分别为 0.007 和 0.12。

7.6.2　辐照剂量估算

表 7-5 列出了辐照实验的数据。由于实验是利用的 4W1 光束线的空闲时间，所以每次辐照时长不等，束流强度也不一样，所以，要给出一个近似计算累计吸收辐射剂量的关系式。方法如下。

表 7-5　辐照实验的数据

日期/月.日	起始束流 I_1/mA	关闭束流 I_2/mA	辐照时间/min	辐照样品
3.25	78	65.2	52	KTP
	84		9	KTP
3.26	78	95.1	210	KTP
	70	90	110	KTP
4.8	90.6	80.9	57	KTP+Beryl
4.13	45.1		45	KTP+Beryl
4.14	52.2	0	48	KTP+Beryl
	110	99.1	37	KTP+Beryl
	60.8	100	70	KTP+Beryl
4.15	57	107.5		KTP+Beryl
	50.3	107	660	KTP+Beryl
7.16	68.1	61	80	KTP+Beryl
7.17	72.3	50	240	KTP+Beryl
	98.8	75	165	KTP+Beryl
	65.4	85		KTP+Beryl
	57.3	55	18	KTP+Beryl
其他	70.9	70	10	KTP+Beryl
	53.5		20	KTP+Beryl
	72.5	77.2	18	KTP+Beryl
	65.6	60.3	60	KTP+Beryl
	88.5	88	8	KTP+Beryl
	67.7	60.8	73	KTP+Beryl
	87.6	65	420	KTP+Beryl

当储存环束流 $I_0 = 100\text{mA}$ 时，设 $N_0(E)$ 为入射晶体前能量为 E 的同步光的光子数，$\text{d}N(E)$ 为光子在 $E \sim E + \text{d}E$ 能量间隔内的光子数，P_{I_0} 为晶体吸收的辐射功率。又设 I_1'、I_2' 分别是辐照开始、结束时储存环的束流强度，近似认为储存环束流衰减与时间成线性关系，则单位时间晶体吸收能量 P 及晶体累计吸收能量 W 分别为

$$P = \int_{I_0} N_0(E) \times E \times (1 - k') \times \text{d}N(E) \qquad (7\text{-}14)$$

$$W = \int P \text{d}t = \int P_{I_0} \times \frac{I_1' + I_2'}{2 I_0} \text{d}t (J) \qquad (7\text{-}15)$$

根据表 7-3 给出的光源参数，在 XOP 软件中进行设定，狭缝参数按晶体尺寸确定，可以得到照射在样品上的光通量谱（图 7-20）和功率谱（$I_0 = 100\text{mA}$）。根据表 7-5 所列的实验数据，由式（7-14）、式（7-15）计算的结果如图 7-21 所示。计算结果：KTP 样品累计接受辐照时间 2410min，约 40h，累计接受辐照能量 $2.35 \times 10^6 \text{J}$；Beryl 样品累计辐照时间 2030min，约 33h，累计接受辐照能量 $3.84 \times 10^6 \text{J}$。

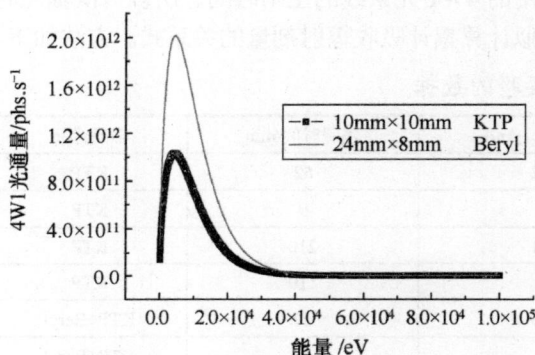

图 7-20　Beryl 和 KTP 样品的光通量谱

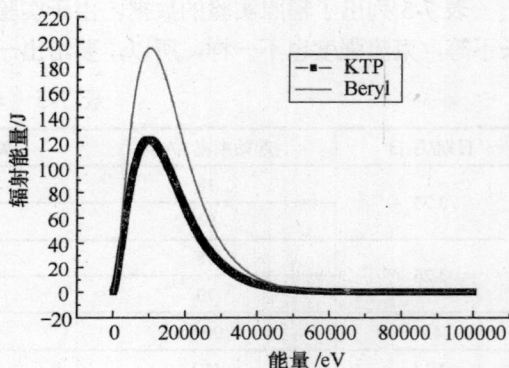

图 7-21　Beryl 和 KTP 样品接受辐照计量结果

7.6.3　辐照损伤结果

Beryl 和 KTP 样品接受辐照前后，均在 BSRF-3B3 光束线利用真空靶室对其峰值衍射效率进行了测量。KTP 样品辐照前后的反射率曲线如图 7-22 所示；Beryl 样品辐照前的测量结果列于表 7-6 中；辐照后的衍射效率如图 7-23 所示。结果表明，破坏性实验前后，KTP 样品的衍射效率在辐照前后基本没有变化，这与 ESRF ID12A 的测量结果是一致的；但 Beryl 晶体已完全非晶化，探测不到衍射峰。说明 KTP 晶体的耐辐照能力优于天然晶体 Beryl，非常适合于高能储存环同步辐射光源的分光元件。

表 7-6　Beryl 样品辐照前衍射效率的测量结果

能量/eV	2094.4	2195.3	2394.4	2597.3	2792.4	2992.1	3488.2	3985.7	4483.8
效率	0.039	0.042	0.051	0.06	0.061	0.078	0.101	0.126	0.17
分辨率	0.0219	0.0241	0.0249	0.0258	0.0234	0.0266	0.0272	0.0276	0.0221

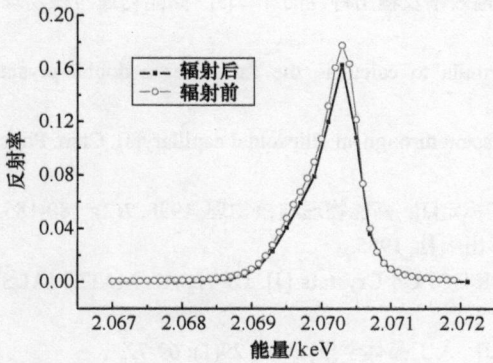

图 7-22　KTP 样品被辐照前后的反射率曲线

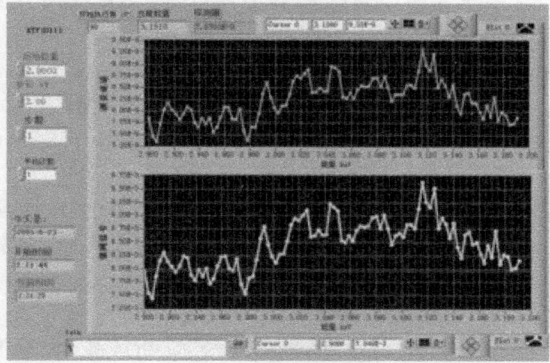

图 7-23　Beryl 样品辐照后衍射效率

参 考 文 献

[1] 桑梅,薛挺,于建,等. 周期极化 KTP 晶体光参量振荡特性研究[J]. 光子学报, 2003, 32(11): 1287-1290.

[2] Atsunari Hiraya, Toshio Horigome, Norio Okada, et al. Construction of focusing soft x-ray beamline BL1A at the UVSOR [J]. Rev Sci Instrum, 1992, 63(1): 1264-1268.

[3] Takata Y, Shigemasa E, Kosugi N. Mg and Al K-edge XAFS measurements with a KTP crystal monochromator [J]. J. Synchrotron Rad, 2001, 8: 351-353.

[4] Wong J, Roth W L, Batterman B W, et al. Stability of some soft x-ray monochromator crystals in synchrotron radiation [J]. Nucl. Instrum. Meth., 1982, 195:133-139.

[5] Gerrit Van der Laan, Jeroen B, Goedkoop, et al. Soft x-ray monochromatisation using a multilayer-single crystal combonation [J]. Nucl. Instrum. Meth. A, 1987, 255: 592-597.

[6] 但唐谞. SRRC BL11B 1～5keV 光束线设计报告[R]. 新竹：SRRC/RBM/IM/94-02.

[7] 熊先才,钟先信,段绍光,等. 软 X 射线分光晶体 KAP 的反射率特性[J]. 光子学报, 2004, 33(1): 73-75.

[8] Pikuz T A, Faenov A Ya, Foerster E, et al. Measurements and calculations of flat and spherically bent Mica crystals reflectivity and using them for differdnt applications in the spectral rang 1～19 Å [J]. SPIE, 1995, 2515: 468-486.

[9] Atsunari HIraya, Kazunori Matsuda, Yang Hai, et al. Performance check of β-alumina as a soft X-ray monochromator crystal [J]. Rev. Sci. Instrum, 1995, 66(2):2102-2103.

[10] Wong Joe, Tanaka T, Rowen M, et al. YB66 - a new soft X-ray monochromator for synchrotron radiation. II. Characterization [J]. J. Synchrotron Rad.,1999, 6: 1086-1095.

[11] Tanaka T, Otani S. Ishizawa Y. Preparation of Single Crystals of YB_{66} [J]. J. Cryst. Growth, 1985, 73:31-40.

[12] Masaru Kitamuraa, Hideki Yoshikawaa, Tetsuro Mochizuki et al. Performance of YB66 double-crystal monochromator for dispersing synchrotron radiation at SPring-8 [J]. Nucl. Instrum. Meth. A, 2003, 497:550-562.

[13] Masaru Kitamura, Hideki Yoshikaw, Takaho Tanaka, et al. Non-existence of positive glitches in spectra using the YB66 double-crystal monochromator of BL15XU at SPring-8 [J]. J. Synchrotron Rad, 2003. 10: 310-312.

[14] Rogalev A, Goulon J, Malgrange C, et al. Instrumentation Developments for Polarization Dependent X-ray Spectroscopies [J]. Lecture Notes in Physics, 2001, 565: 60-86.

[15] Zhang Kecong, Wang Ximin. Structure sensitive properties of KTP-type crystals [J]. Chinese Science Bulletin, 2001, 46(2):2028-2036.

[16] Dong S Q, Li L Q, Liu P, et al. Investigation of the topological shape of bovine serum albumin in solution by small-angle x-ray scattering at Beijing synchrotron radiation facility [J]. Chin. Phys. B, 2008, 17:4574.

[17] 杨平,赵际勇,蒋建华. 同步辐射 X 射线衍射的谐波成分计算[J]. 物理学报, 1993, 42(3): 437-445.

［18］赵佳,崔明启,赵屹东. 北京同步辐射装置 3B3 光束线传输效率及输出特性的计算[J]. 高能物理与核物理, 2006, 30(4):359-363.

［19］Manuel Sanchez del Rio, Olivier Mathon. A simple formula to calculate the flux after a double-crystal monochromator [J]. SPIE, 2004 5536:157-164.

［20］Lin X Y, Li Y D, Sun T X, et al. Simulation of x-ray transmission through an ellipsoidal capillary[J]. Chin. Phys. B, 2010, 19: 070205.

［21］崔聪悟,崔明启,易荣清. 软 X 射线绝对光强测量系统及其标定[J]. 高能物理与核物理, 1998, 2(2): 180-185.

［22］担纳 B K. X 射线衍射形貌术[M]. 赵庆兰, 译. 北京: 科学出版社, 1985.

［23］Hu X B, Liu H, Wang J Y, et al. Comparative Study of KTiOPO4 Crystals [J]. OPTICAL MATERIALS, 2003, 23:369-372.

［24］胡秀琴,官文栋,牟其善,等. Cr:KTiOPO4 晶体缺陷的研究[J]. 人工晶体学报, 2000, 29(1): 69-72.

［25］亓利元,裴景成,周开灿,等. 四川平武富碱 Beryl 晶体的晶格缺陷与生长机制[J]. 地质科技情报, 2001, 20(1): 54-70.

第8章 同步辐射软 X 射线光学实验平台及其应用

1996—2008 年，约 10 年时间，BSRF 软 X 射线光学课题组与中国工程物理研究院联合在 BSRF 建立了国内唯一开展软 X 射线光学技术基础及综合应用研究的实验平台。硬件方面主要包括 3 条不同能区的单色聚焦 X 射线光束线、高精度 X 射线综合测试分析装置、软 X 射线综合偏振测量装置、X 射线绝对光强监测系统及若干探测器标定装置等。所开展的研究工作可大致分为 3 类：第一类是与绝对标定相关的工作，如光束线输出特性诊断、软 X 射线绝对光强测量、探测器精密标定技术与实验方法研究；第二类是偏振特性方面的研究，如光束线偏振特性测量、偏振光学元件测试及偏振光应用等；第三类是软射线吸收谱学涉及的应用研究[1]。

8.1 北京同步辐射装置软 X 射线实验平台硬件设施

8.1.1 软 X 射线光束线概况

1. 3W1B 软 X 射线光束线[2]

3W1B 光束线是软 X 射线光学建造的第一条软 X 射线光束线，建于 1996 年，能量为 0.05～1.5keV。3W1B 光束线由 BEPC 第 III 区的编号为 3W1 的扭摆磁铁（Wiggler）旁轴 5.3 mrad 处引出。图 8-1 所示为光束线光路图，表 8-1 所列为光束线主要参数和设计指标（专用模式 2.2GeV、100mA）。

3W1B 光束线主要光学元件包括前置球面镜（SM）、平面镜（PM）和变线距光栅（VSPG）。前置镜的作用是实现光束线的水平偏转，使光束线有足够的机械装配空间，并使光斑在水平方向聚焦到样品，同时吸收高能辐射，降低单色器的热负荷。单色器系统由平面镜和变线距光栅组成，作用是实现同步光的单色化，提供实验所需的能量范围，消除像差影响，使光斑在垂直方向上聚焦到出射狭缝，并且使出射光方向与入射光方向一致。光阑主要用来俘获零级光和其他方向的衍射光，其目的也是为了进一步减少杂散光，以提高单色器效率。

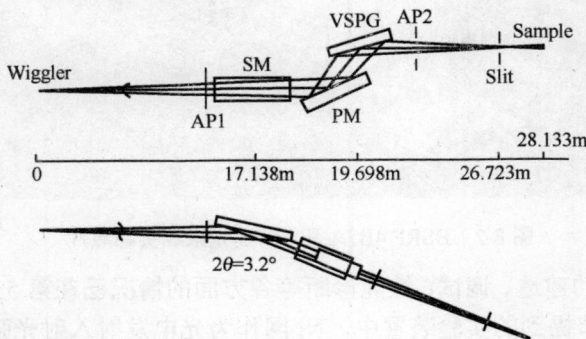

图 8-1 3W1B 光束线光路图

表 8-1　专用模式下 3W1B 光束线主要参数和设计指标

能量	0.05～1.5keV（保证值） 0.05～20.keV（争取值）	垂直接收角	0.24～1mrad
能量分辨率/[phs/（s·mA·0.1%BW）]	$4×10^{-3}$～$8×10^{-4}$	水平接收角	0.64mrad
输出光通量/[phs/（mA·s·0.1%BW）]	0.05～1.2keV　$1×10^{10}$ 1.2～1.5keV　$1×10^{9}$ 1.5～2.0keV　$1×10^{8}$	光斑尺寸/mm	5.4（H）×2.6（V）@0.05 keV 5.4（H）×0.9（V）@2.0keV
静态真空度	$<1×10^{-9}$ torr	传输效率	0.1%～2.0%

为了开展同步辐射软 X 射线偏振磁学方面的研究，2013 年，对 3W1B 光束线进行了升级改造，改造后束线的光子能量为 100～1000eV，谱分辨本领为 1800 @ 90 eV、1600 @ 250 eV、1000 @ 870 eV，实验站的光通量达到了 10^{8}～10^{9} [phs/（s·200mA·0.1%BW）]，超出了设计指标；使用偏振测量装置，将一块具有 40 个周期的 W/B$_4$C 多层膜作为检偏器，测量了光子能量为 704eV 时不同垂直观察角内同步光的线偏振度，结果显示在电子轨道平面上同步光的线偏振度达到了 99%以上。光束线的各项输出特性均已达到或超过应用要求。

2. 4B7A 中能光束线[3]

2005 年，借北京正负电子对撞机升级改造（BEPCII）之机，为充分利用 BEPCII 兼用光模式，3B3 中能光束线未做任何更改，搬迁至 BEPCII 储存环 IV 区 4B7 弯转磁铁，命名为 4B7A 光束线。此外，在其旁边又新建了一条软 X 射线光束线，与中能线共用 4B7 前端区，命名为 4B7B，图 8-2 给出 4B7A 和 4B7B 光束线实物照片。4B7A 光束线仍是中能光束线，能量范围为 1.2～6keV；4B7B 软 X 射线光束线能量范围为 0.05～1.5keV。

图 8-2　BSRF 4B7A 和 4B7B 光束线实物照片

4B7A 中能光束线的建造、调试、性能诊断等各方面的情况已在第 5～7 章进行了详细的介绍和讨论，在 7.3.2 小节提到的实验装置中，Ni 网作为光电发射入射光强检测器，后来又改用薄窗低压强稀有气体电离室。另外，第 7 章中指出 KTP（011）晶体的二次谐波成分很高，因此 4B7A 光束线上又增加了新研制的高次谐波抑制镜。

图 8-3 是 4B7A 光束线的抑制镜的结构简图，采用一组互相平行的平面镜，谐波抑制波段 1.2～2.1keV。平面镜衬底为晶体硅，镀层为碳，掠入射角为 0.84°，此时 2100eV 处的基波传输效率约为 50%，1200eV 处的传输效率约为 81%，二次谐波传输效率为 1.55%，抑制比为 1.9%，性能可以满足光源纯净度的要求。谐波抑制镜接收 1mm 高度的光斑，平面镜的最小长度为 68.3mm。此结构的出射光位置有 3mm 偏移，可由微调第二块平面镜或调节样品台高度解决。

图 8-3　4B7A 光束线高次谐波抑制镜的结构简图

3．4B7B 软 X 射线光束线[3,4]

4B7B 光束线的物理目标有两个方面：中国工程物理研究院是把它作为 ICF 诊断用软 X 射线光源，要求光谱纯度足够好，光束线在设计时需侧重于高次谐波抑制和对杂散光的处理；中国科学院高能物理研究所方面希望这条光束线能够用于轻元素吸收谱学研究，要求光束线的分辨能力足够高，聚焦光斑尽量小一些，以提高样品处的通量密度。设计时充分考虑到了上述两方面要求，提出了两种工作模式，分别适用于两种工况：一种是高次谐波抑制模式，用于探测器标定；另一种是高分辨模式，用于吸收谱学实验。图 8-4 所示为 4B7B 光束线光路布局。

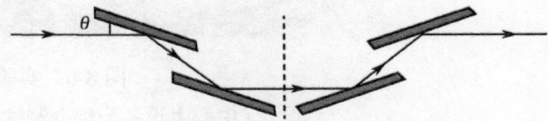

4B7B 软 X 射线光束线光路由前置聚焦镜（TM1）、入射狭缝（slit 1）、球面镜（SM）、平面镜（PM）、变线距平面光栅（VSPG）、出射狭缝（slit 2）和后聚焦镜（TM2）构成，样品距光源点约 30 m。由前置聚焦镜实现水平偏转及水平和垂直双向聚焦，垂直聚焦于入射狭缝。球面镜和光栅组成 Monk-Gillieson 型单色器系统的核心，单色器结构可以在固定包含角扫描和可变包含角扫描之间切换，既可以满足宽能量范围的要求，又比较容易满足高分辨率的需求。后聚焦镜的水平和垂直焦点均在样品处。

为满足计量工作高光谱纯度的要求，在出射狭缝和样品之间设置了高次谐波抑制单元，其结构如图 8-5 所示。4 组抑制镜安装在一个镜箱内，其机械机构可使每组抑制镜依次切换到光路中或退出光路。该系统保持了出射光与入射光方位的一致性，并具有高的基波反射率。

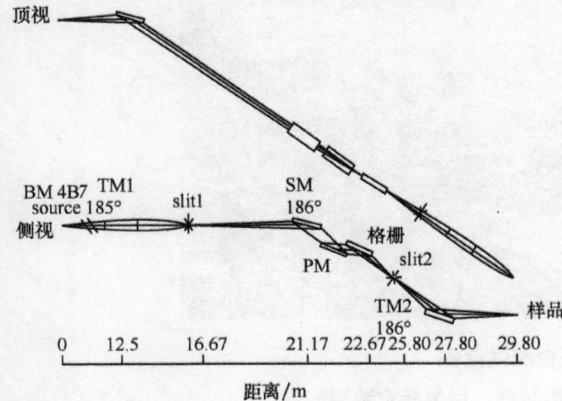

图 8-4　4B7B 光束线光路布局

图 8-5　4B7B 光束线高次谐波抑制镜的结构简图

分别在高次谐波抑制和高能量分辨两种模式下，对光束线进行了多项性能指标测量，结果[5]如表 8-2 所列。

表 8-2　专用模式下 4B7B 光束线性能指标

参数	高次谐波抑制模式	高分辨模式
能量范围	0.05～1.55keV	0.05～1.50keV
能量分辨率	820 @ Ar 的 L 吸收边	3600 @ Ar 的 L 吸收边
光通量（250mA、2.5GeV）	$> 1×10^9$ phs/s	$>8.7×10^8$ phs/s（$E/\Delta E$>3600）
二次谐波成分比例	< 2.5%	

美国 NSLS 有两条与 4B7A、4B7B 相似的光束线[6,7]，也主要是用于探测器标定。表 8-3 给出了 4 条束线的性能指标，BSRF 的两条光束线性能均优于它们。

表 8-3　4B7A&4B7B 光束线与 BNL-NSNL 相对应两条光束线的比较

光束线	BNL-NSNL X8A	BSRF 4B7A	BNL-NSNL U3C	BSRF 4B7B
能量/keV	0.8～5.9	1.2～6.0	0.05～1.6	0.05～1.5
能量分辨率	2060 @ 3.1keV	5000 @ 3.2keV	300 @ 0.45keV	3600 @ 0.25keV
输出光通量/（phs/s）	$1.7×10^{10}$ Si（111）	$7×10^{10}$ Si（111）	$5×10^9$ @ 0.15keV	$8.7×10^8$ @ 0.15keV
光斑尺寸/mm	2（H）×3（V）	1.7（H）× 0.7（V）	10（H）× 0.7（V）	6（H）×2（V）

8.1.2　高精度软 X 射线综合测试分析装置[4]

高精度软 X 射线综合测试分析装置是实验平台的主要测试设备，实际上是一套功能较多的反射率计装置，由入射狭缝、滤光片系统、样品台、探测器、步进电机控制系统及弱信号测量系统等组成。样品台和探测器具有高精度的旋转和平移功能，其特点是采用超高真空差分的高精度自动控制双馈入系统，确保了高精度的测量和高水平的研究工作。该装置可开展反射（衍射）、透射和散射等物理研究，可进行软 X 射线光学特性、光学元件测量和探测元器件性能标定等工作。图 8-6 给出包括软 X 射线综合测试分析装置和标定装置的平台测试设备。

图 8-6　实验平台测试设备

（中心主设备为综合测试分析装置，后为标定装置）

装置实现的主要功能与技术指标如下。

（1）样品和探测器均具有平移和旋转两种功能。样品和探测器平移距离均大于 70mm，平移零点定位精度优于 0.005mm；样品台转角分辨率为 0.0025°，探测器转角分辨率为 0.005°，定位精度优于 0.0025°。

（2）样品和探测器既可独立运动，又可在 $\theta\sim2\theta$ 内同步联动，同轴精度优于 8″。

（3）样品和探测器可工作在两种扫描范围：一种是样品 0°～90°，探测器 0°～180°；另一种是样品 90°～180°，探测器 0°～180°。

（4）样品和探测器均可退出光路，以方便用探测器标定装置进行测量工作。

（5）样品台一次可装载 4 块样品，可自动换样，样品转换定位精度优于 1′，具有反射及透射功能。

（6）样品和探测器差分馈入系统结构合理，可充分保证装置的超高真空使用要求，主真空室极限真空 4.7×10^{-6}Pa（3.5×10^{-8}torr）。

（7）探测器标定系统可拆换，满足实验要求。

（8）控制系统能满足和完成上述各项运动要求，并可提供精确可靠的定位装置。

（9）计算机控制软件功能齐全，界面友好，可自动完成数据采集、存取、绘图等功能。

8.1.3　软 X 射线绝对光强监测系统[4,8,9]

软 X 射线绝对光强监测系统[①]，是以大型电离室为主的同步辐射绝对光强测量装置，由流气式低压强薄窗稀有气体电离室与硅光电二极管联合构成。电离室作为一级标准，硅光电二极管安装在电离室中心位置的末端，可在真空中前后移动。绝对光强监测系统的作用有 4 个：一是可以实时在线监测入射 X 射线强度，以克服入射光的不稳定性，便于修正；二是可以与电离室结果相互对比；三是可以实时在线监测电离室内轴线上各点气体压强的均匀性；四是可以标定能量。

装置主要包括电离室主体、带传动装置的光电二极管系统、高真空系统、质量流量控制给排气系统以及多路弱信号测量及数据获取系统等。图 8-7 是软 X 射线绝对光强监测系统结构原理。

该装置在 NSLS 上进行了标定，能量范围为 80～1600eV。通过对所得结果的分析处理，标定结果是：装置系统偏差 10.8%，标定后总标准不确定度为 10.5%，标定结果与美国国家标准与技术研究院（National Institute of Standards and Technology，NIST）所标结果相比，最大偏差小于 20%。

2003 年，利用毛细管将该装置发展为无窗电离室，很好地克服了软 X 光的吸收问题。随着 3B3 中能 X 射线的投入使用，标定范围拓展到 6keV，图 8-8 给出在 3B3 光束线（2.1～6 keV）和德国 PTB 的标定结果（在 2 keV 以下）。虽然两次标定能区不同，但实验结果非常自洽。

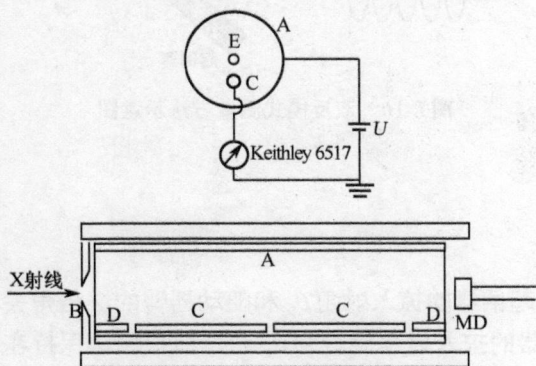

图 8-7　软 X 射线绝对光强监测系统结构原理
A—阳极；B—光阑；C—收集极；D—保护极；
U—电源；MD—监测/待标定探测器；E—电离区。

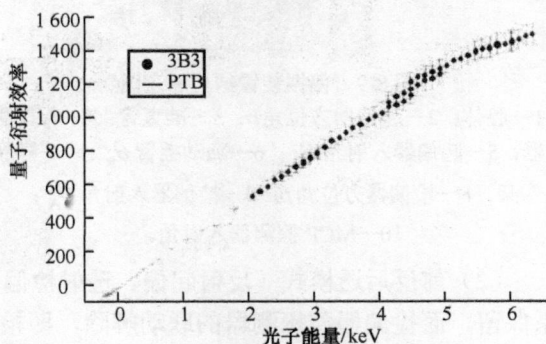

图 8-8　软 X 射线绝对光强监测系统标定结果

---

① 软 X 射线绝对光强监测系统的原理、结构设计详见本章附录。

8.1.4 同步辐射软 X 射线多层膜综合偏振测量装置[4,10]

图 8-9 是同步辐射软 X 射线多层膜综合偏振测量装置结构示意图。装置由二维方位角和双重二倍角复合机构构成，主要包括超高真空腔体、磁流体密封件、α 方位角旋转装置、高精度可变狭缝微动平台、I_0 探测器、起偏器、检偏器、随动摇臂、样品台、β 方位角旋转平台、主探测器系统、真空系统、数据获取和控制系统等。本装置与国际上其他已有的偏振装置相比，突出特点是集 4 种工作模式于一体，即在该装置上可以分别采用双反、双透、前反后透和前透后反 4 种工作模式。该装置可用于光束线偏振特性测量、偏振光学元件测试及偏振光应用等，也可作为多功能通用反射率计使用。

综合偏振测量 4 种工作模式简介如下。

（1）双反模式（起偏、检偏均为反射）。起偏器和检偏器方位角分别独立旋转的同时，存在两个 2 倍角关系，其中起偏器的掠入射角 θ_P 和随动摇臂（包括样品架和检偏平台、检偏器 A 和探测器 D 系统安装在检偏平台上）的转角 θ_R（$\theta_R = 2\theta_P$）构成第一个二倍角关系；另一个二倍角复合机构由检偏器的掠入射角 θ_A 和探测器转角 θ_D（$\theta_D = 2\theta_A$）构成。图 8-10 给出双反模式测量方法示意图。

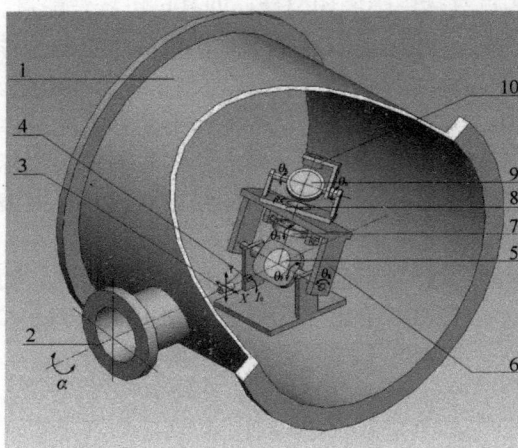

图 8-9　偏振装置结构示意图

1—腔体；2—起偏器方位角 α；3—准直管；4—I_0 探测器；5—起偏器入射角 θ_P；6—随动摇臂 θ_R；7—样品架；8—检偏器方位角 β；9—检偏器入射角 θ_A；10—MCP 探测器入射角。

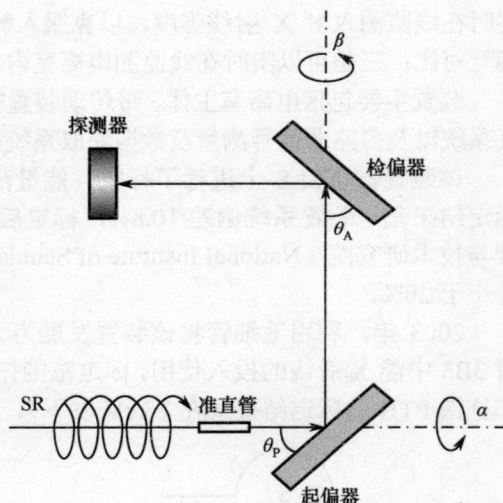

图 8-10　双反模式测量方法示意图

（2）前反后透模式（反射起偏、透射检偏）。起偏器的掠入射角 θ_P 和随动摇臂的 2 倍角关系保留，而检偏器和探测器的联动解除，即检偏器的掠入射角旋转到 θ_A 角，而探测器保持在 0° 位置。

（3）前透后反模式（透射起偏，反射检偏）。起偏器和摇臂的联动解除，即起偏器的掠入射角旋转到 θ_P 角，而摇臂保持在 0° 位置；第二个二倍角关系（检偏器和探测器的联动）保持。

（4）双透模式（起偏、检偏均为透射）。各维运动独立旋转，即当起偏器的掠入射角旋转 θ_P 角，随动摇臂保持在 0°，而另外的二倍角关系中，检偏器的掠入射角旋转 θ_A 角，而探测器保持在 0° 位置。

对于每种模式有 4 个扫描方式，分别是能量扫描（I—E）、二倍角扫描（I—θ）、起偏器方位角扫描（I—α）和检偏器方位角扫描（I—β）。

各功能部件设计参数和技术指标如下。

起偏器：　　方位角为 $0° \leqslant \alpha \leqslant 370°$，　　扫描精度为 0.05°

　　　　　　入射角为 $20° \leqslant \theta_P \leqslant 90°$，　　扫描精度为 0.015°

　　　　　　样品大小为 $\phi 25.5 \sim \phi 50mm$，　　厚度为 3.5mm

　　　　　　随动摇臂 $40° \leqslant 2\theta_P \leqslant 180°$，　　扫描精度为 0.03°

检偏器：　　方位角为 $0° \leqslant \beta \leqslant 370°$

　　　　　　入射角为 $20° \leqslant \theta_A \leqslant 90°$，　　扫描精度为 0.01°

　　　　　　样品大小为 $\phi 25.5 \sim \phi 50mm$，　　厚度为 3.5mm

探测器　　　扫描范围 $0° \leqslant 2\theta_A \leqslant 180°$，　　扫描精度为 0.02°

8.2　基于 BSRF 软 X 射线光学实验平台的研究方法

8.2.1　光束线输出特性诊断

3 条光束线建造的科学目标之一是为了惯性约束聚变诊断用探测元器件的性能标定。随着 ICF 诊断工作的深入，诊断精密化对探测元器件的标定精度有了更高的要求。光束线性能直接影响标定精度，所以精确的测量及改善光束线的输出特性，是一项非常重要的工作。软 X 射线光学组利用大型电离室、硅光电二极管标准探测器、透射光栅加 CCD 相机及分析晶体等探测元器件，结合不同的设备和测量装置，运用反射、衍射、散射、透射、吸收等不同方法，对每一条光束线的输出特性都进行了系统的测量与标定。3B3 光束线输出特性（能量标定、光谱能量范围、能量分辨率、光子通量、高次谐波、光斑大小及光斑均匀性等）的诊断方法及结果分析，在第 6 章已做了详细介绍，其他光束线输出特性的诊断也有详尽的介绍[2,11,12]。

8.2.2　光束线偏振特性的测量

文献[10]详细介绍了应用软 X 射线综合偏振测量装置，测量 3W1B 光束线偏振特性的实验过程及方法。根据能量的不同，研究人员与同济大学合作研制了不同参数、不同材料的多层膜偏振元件。利用偏振元件对光束线偏振特性进行测量之前，首先需要确定该偏振元件的工作角度——准布儒斯特角。确定方法是测量偏振元件入射光中的 S 和 P 偏振光分量相对于能量的反射率、S 和 P 分量相对于入射角的反射率及消光比（R_S/R_P），取消光比极大值对应的角度为准布儒斯特角。之后就可计算出入射光的线偏振度[①] P_L。测量结果列于表 8-4、表 8-5 中。

[①] 入射光的线偏振度定义为 $P_L = \dfrac{I_{max} - I_{min}}{I_{max} + I_{min}}$，其中 I_{max}、I_{min} 分别表示沿着和垂直于主偏振光轴方向的光强。线偏振度的测量方法见 8.3.2 小节。

结果表明，采用多层膜偏振元件构成的测量装置，可以很好地测量光束线的线偏振度，并且使用多层膜偏振元件起偏，可使出射光束的线偏振度得到极大改善。这对于线偏振度要求较高的实验有很大益处，也为 BSRF 拓宽研究领域提供了一个重要的研究手段。

表 8-4　多层膜偏振元件的测量结果

样品	能量/eV	膜层厚度/nm	R_S/R_P	工作角度/(°)
20050317-3	206	4.35	456	45.2
20050315-3	206	4.318	456	43.2
20060314-4/5	77.5	11.326	120	49.1
20050309-4/5	92.5	9.5	203.4	47.2
20050309-1/2	95	9.24	350.5	46.8
20050316-5/6	65	13.072	38.9	51.6

表 8-5　不同能量时线偏振度的测量结果

能量/eV	起偏前 P_L	起偏后 P_L
206	0.585	0.995
92.5	0.443	0.99
77.5	0.373	0.985
65	0.400	0.950

8.3　基于 BSRF 软 X 射线光学实验平台的应用研究介绍

8.3.1　ICF 诊断用探测元器件的标定

1．与惯性约束聚变相关的概念[11,13-17]

惯性约束聚变 ICF 是利用粒子的惯性作用来约束粒子本身，从而实现核聚变反应的一种方法。其基本思想：利用驱动器提供的能量使靶丸中的核聚变燃料（氘、氚）形成等离子体，在这些等离子体粒子由于自身惯性作用还来不及向四周飞散的极短时间内，通过向心爆聚，把核聚变燃料压缩到高温、高密度状态，从而发生核聚变反应。具体说来，压缩的氘、氚主燃料层达到每立方厘米几百克质量的极高密度，使局部氘、氚区域形成高温高密度热斑，达到点火条件；驱动脉冲宽度为 ns 级；聚变反应必须在等离子体以高速（约 10^8cm/s）从反应区飞散前的短暂时间（为 $10^{-11}\sim10^{-10}$s）内完成。

惯性约束聚变由驱动器、理论研究和数值模拟、物理实验、诊断技术和靶制备技术 5 个子领域组成。ICF 有直接驱动靶和 X 射线驱动靶（间接驱动）两类基本的靶设计模式[①]，间接驱动中软 X 射线是其主要驱动源。

在间接驱动惯性约束聚变实验研究中，激光与等离子体相互作用，大量的激光能量被等离子体吸收后转化为 X 射线辐射，可以通过诊断激光等离子体发射的 X 射线来研究激光与物质相互作用、等离子体中的原子物理过程和高温辐射物理特性等[30]。等离子体诊断技术就是测量高温、高密度辐射场 X 射线绝对光强、能谱分布、时间过程、空间分布等重要参数。在 ICF 实验研究中，需要用到大量的诊断测试设备，探测元器件主要包括 X 射线探测器 XRD（多种光阴极，如 Al、Au、Cr、C 等）、滤光片、平面镜、多层膜、X 射线胶片、光电导探测器、软 X 射线电荷耦合器件（CCD）、透射光栅谱仪、晶体谱仪及软 X 射线条纹相机等。

由于大多数靶等离子体空间尺度在几十微米至几毫米范围，时间尺度在皮秒至纳秒范围，所以，适于对其进行诊断的技术和设备必须具有高时间和高空间分辨能力。实验数据的精度直接依赖于诊断设备的精度，诊断设备的精度取决于诊断设备的精确标定。因此，测试系统的精

---

① 直接驱动靶：靶的外壳层在吸收了入射的激光或带电粒子束能量后，将直接驱动爆聚。
　X 射线驱动靶：靶在吸收了入射的激光或带电粒子束能量后，首先是将其转换成软 X 射线辐射，然后再利用内含在靶腔体中的辐射，对称地驱动置于腔体内的燃料球丸爆聚。

密标定是 ICF 实验研究中的重要一环。

靶等离子体发射的光谱范围为 $10^{-2}\sim10^2\text{keV}$，宽谱、绝对谱强度和高精度谱形测量是 X 射线谱学研究中需要发展的技术。同步辐射源是最理想的光源，世界上各大 ICF 研究实验室都在同步辐射源上建立了自己的专用标定光束线。例如，美国劳伦斯利弗莫尔国家实验室（Lawrence Livermore National Laboratory，LLNL）在斯坦福大学国家同步辐射装置上建立了 3 条专用标定束线；美国洛斯阿拉莫斯国家实验室（Los Alamos National Laboratory，LANL）在 NSLS 上建立了 4 条专用光束线用于探测器标定，并建立了相应的实验平台。我国在同步辐射装置北京 BSRF 和合肥 NSRL 上开展紫外、真空紫外及软 X 射线波段光辐射计量标准和各种探测器标定等也有 20 多年。NSRL 建立有两条计量线和 3 个实验站，开展标准光源标定（3~11eV）、标准探测器标定（12~248eV）、传递标准光源（氘灯）的光谱辐射亮度的标定和探测器量子效率的标定工作。BSRF 的 3 条计量光束线和实验站在此不再赘述。

2. 标定实验研究结果[4]

1）各种阴极 X 射线探测器（XRD）灵敏度标定[18]

XRD 在 ICF 辐射场的研究中是最重要的探测器，也是在 ICF 研究中最先进行定量测量 X 射线强度、辐射能谱、辐射温度和 X 射线角分布的探测器。美国的各大实验室也都一直在使用 XRD 探测器。由于 XRD 的灵敏度随光阴极加工精度、光阴极表面纯度的不同而有差异，并随时间的变化而变化，辐照对它也有损伤，所以每轮实验前都必须进行标定。图 8-11 给出实验布局，图 8-12 给出的是 4B7A 和 4B7B 光束线测量得到的 Al 阴极 XRD 灵敏度的标定结果，可见两段能区（中能 X 射线和软 X 射线）标定结果能够很好衔接，两次标定结果重复性很好。

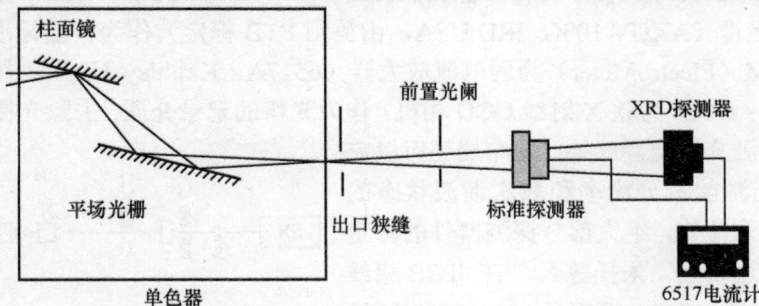

图 8-11　XRD 灵敏度标定在软 X 射线光束线的实验布局

2）透射光栅衍射效率的标定[19]

透射光栅在软 X 射线能谱测量中作为一种重要的色散元件得到了广泛的应用，但要用透射光栅进行软 X 射线能谱的定量测量，必须准确知道各级绝对衍射效率。对光栅的衍射效率的确定有两种方法：要么通过每个能点的标定来实现；要么利用有限的能点确定光栅的结构参数、周期、线空比、栅线厚度和栅线的形状，用理论方法进行计算，这里采用的是第二种方法。在国外发展的矩形和梯形栅线截面模型的基础上，假设透射光栅栅线截面为准梯形，建立了透射光栅衍射效率的准梯形截面计算模型，进行了编程计算。图 8-13 是标定实验与理论计算结果的比较。

3）软 X 射线 CCD 相机能量响应效率标定[20]

X 射线电荷耦合元件（CCD）是一种灵敏度高且使用方便的 X 射线记录设备。在惯性约束聚变 ICF 实验以及 X 射线激光实验中，X 射线电荷耦合元件搭配各种类型的色散元件组成的谱仪系统成为诊断等离子体参数的主要设备[31]。X射线CCD系统是一个光电转换系统，它能将X射线信号变成电信号，由计算机记录，灵敏度高，动态范围宽，常配合透射光栅测量X射线能谱和针孔相机测量光斑的空间分布，具有X射线胶片的各种功能。但胶片只能半定量，而CCD可以定量。

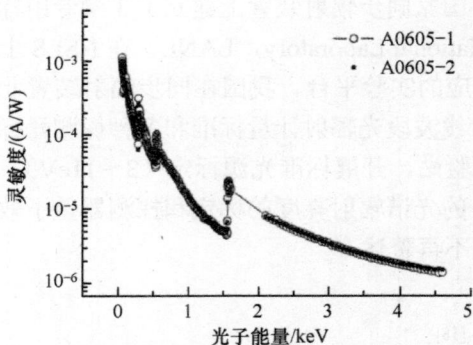

图8-12　Al阴极XRD灵敏度的标定结果　　　　图8-13　透射光栅各级衍射效率实验与理论结果

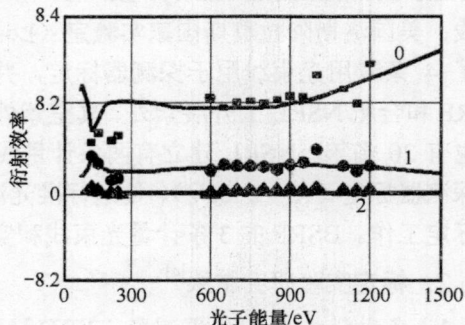

图8-14给出了透射光栅和CCD标定的实验布局，是ICF用探测元器件标定实验的一个较为典型的实验布局。SX（Soft X-ray）为同步辐射光束线出射的单色软X射线光源；S（shutter）为快门，用来控制CCD的曝光量；AP（Aperture）为光阑，以保证各探测元器件接收同样面积光斑；F（Filter）是滤光片，作用是阻挡杂散光和抑制高次谐波；G（Grating）为光栅，待标定器件，可移入移出光路，便于与标准探测器比对；SD（Standard Detector）为标准探测器，选用Si光电二极管（AXUV-100G. IRD.USA，由德国PTB标定）作为传输标准探测器，输出为电流模式；EM（ElectroMeter）为弱电流放大器（6517A，Keithley. USA），用以获取标准探测器的输出信号；CCD为软X射线CCD相机，作为光栅的记录介质，去除光栅，可进行CCD相机能量响应的独立标定。此外，该布局还可以完成光束线输出光源能量分辨率和高次谐波状态的测量。除了反射元件外，绝大部分探测器件的标定均可由该布局改进得到。朱托等人[20]在4B7B束线站上，标定了X射线CCD，获得了100~1500eV能区范围内X射线CCD的灵敏度。

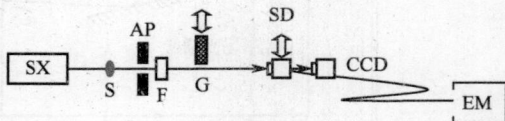

图8-14　探测器标定实验布局

4）软X射线光学多层膜的反射率测量[21]

软X射线光学多层膜在ICF实验研究中是一个很重要的分光元件，尤其是在X射线激光研究中应用很广泛。利用同步辐射软X射线实验平台高精度综合测量分析装置进行了各种多层膜反射率的测量。典型的结果如图8-15所示。

5）利用中能X射线光束线的标定

在ICF实验研究中使用了多种中能X射线探测系统，主要包括晶体谱仪、X射线成像板系统、X射线能谱仪、透射光栅谱仪和X射线CCD系统等。这些探测系统都要应用于1.5~6.0keV能区的绝对测量。自2005年中能光束线建成后，在其上对多种探测元器件与设备进行了标定[22-24]，主要包括金属阴极XRD的灵敏度标定、晶体衍射效率标定、成像板能量响应标定、滤光片膜厚标定、透射光栅谱仪衍射效率标定及X射线CCD能量响应标定，取得了很好的结果。图8-16是X射线成像板响应曲线的标定结果。

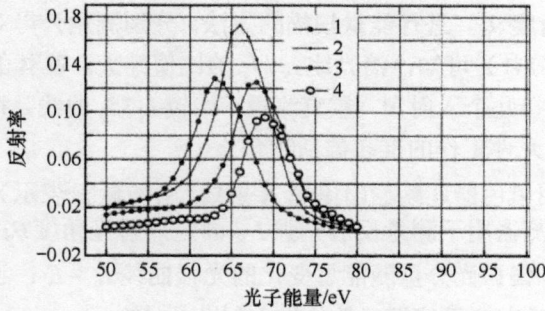

图 8-15　多层膜反射率的测量结果

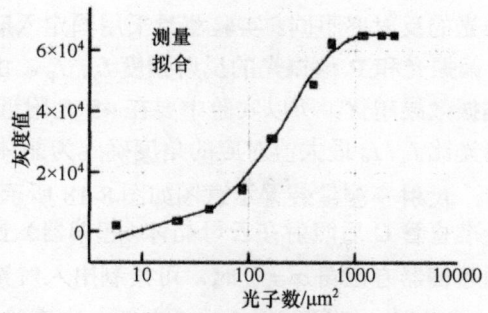

图 8-16　X 射线成像板响应曲线（4.6keV）

8.3.2　偏振光学元件及材料研究

1. 人工晶体作为反射式宽带偏振光学元件[25,26]

在极紫外/软 X 射线能区，通常选择多层膜作为偏振元件，主要是利用多层膜的相干叠加作用，有效增加非掠入射条件下光的反射率。该能区有窄带周期性多层膜和宽带多层膜两大类。前者在设计和制备等方面相对成熟，其特点是反射率高，但带宽很窄，通常只是针对特定波长或特定角度才能达到较好的偏振效果，不适于做应用性研究的偏振元件。宽带多层膜起偏器主要有阶梯多层膜、可调角度的双多层膜起偏器和非周期宽带多层膜等类型，虽然在一定能区范围内光的偏振度和反射率都较高，但能区范围仍比较窄，同时要根据具体的实验目的和要求对多层膜进行膜系设计，制备和应用过程比较复杂，增加了实验的难度和复杂性。此外，也有人利用薄膜和晶体对光的反射特性，将薄膜和晶体作为该能区的偏振光学元件[27-29]。

人工晶体具有结构精确、完整、对称性高、缺陷少的特点，可将人工晶体用作极紫外/软 X 射线能区反射式宽带偏振光学元件。笔者对人工合成云母晶体的性能进行了理论计算和实验研究，能量范围在 12～25nm（103.8～49.7eV）。

1）人工合成云母的偏振特性

（1）理论计算。人工合成云母属层状硅酸盐晶体，层状解理良好。晶体结构为单斜晶系，晶格常数为 $a=0.5308$nm，$b=0.9183$nm，$c=2.0278$nm，$\beta=100.07°$。人工合成云母的化学分子式 $KMg_3（AlSi_3O_{10}）F_2$，具有极高的热稳定性和化学稳定性。根据其化学分子式，利用 Henke 的散射因子数据，从菲涅耳方程出发，可以计算出云母对入射 X 射线中 S 偏振光和 P 偏振光分量的反射率 R_S 和 R_P。光学元件的偏振度定义为

$$P_{LM}=\frac{R_S-R_P}{R_S+R_P}=\frac{C_M-1}{C_M+1} \tag{8-1}$$

式中：$C_M=R_S/R_P$。

计算结果如图 8-17 所示，由图可知，在 12～25nm 波长范围内，S 偏振光的反射率为 6.4×10^{-4}～1.4×10^{-2}，而 P 偏振光的反射率更低，在 10^{-6}～10^{-5} 量级。尽管云母晶体的反射率很低，但其偏振度却均大于 98.5%，在 20nm 处达到最大值 99.3%。在有弱信号测量技术的支撑下，并不影响其作为同步辐射光的偏振元件。

（2）实验测量。实验测量是在 3W1B 光束线上，利用软 X 射线综合偏振测量装置进行的，人工合成云母样品的厚度约 100μm。

① 准布儒斯特角的确定。在不同掠入射角度和不同能点条件下，晶体对 S 偏振光和 P 偏

振光的反射率不同。实验测量采用固定入射光角度 θ_P，进行能量扫描的方法，分别测量云母对 S 偏振光和 P 偏振光的反射强度 I_S、I_P。由式（8-1）可知，消光比 I_S/I_P 的比值越大，晶体的偏振效果越优，所以实验中要在 45° 角附近多选择几个入射角，重复测量，比较 I_S/I_P 曲线，将消光比 I_S/I_P 最大值对应的角度确定为晶体偏振元件工作的准布儒斯特角[①]。

反射率测量装置示意图如图 8-18 所示。利用单色器连续输出单色 X 射线（用能量 E 表示），经准直管 C 后照射在云母晶体（起偏器）上，探测器用于测量反射光强 I。固定入射光角度 θ_P，当起偏器方位角 $\alpha=0°$ 时，可绘制出入射光中 S 偏振光分量随能量变化的光强曲线 I_S-E；当 $\alpha=90°$ 时，则可获得 I_P-E 曲线。由实验数据确定云母偏振元件的掠入射角为 48°。

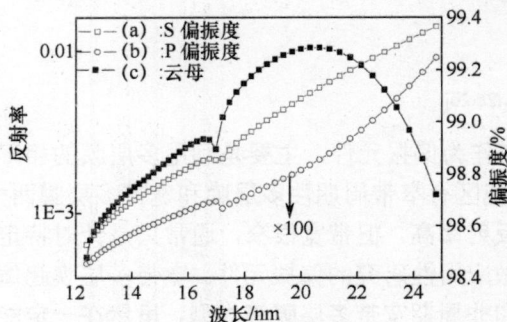

图 8-17 云母反射率及偏振度的计算结果

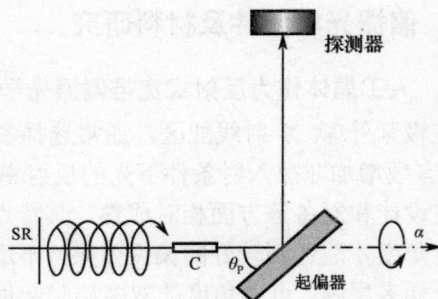

图 8-18 反射率测量示意图

② 人工合成云母的偏振特性。测量得到的入射光中 S 偏振光和 P 偏振光反射率随波长变化曲线以及由此推出的合成云母的偏振度随波长变化曲线如图 8-19 所示。显然，在 12～25nm 范围内，偏振度的测量结果远远低于理论计算值，其主要原因在于从扭摆器光源发出的同步光的线偏振度不够理想。

（3）实验结果讨论——入射光（光源）偏振度 P_L。设入射光强为 I_0，$I_0=I_{0S}+I_{0P}$，I_{0S}、I_{0P} 分别为入射光中 S 偏振光和 P 偏振光的强度。入射光的线偏振度的定义为

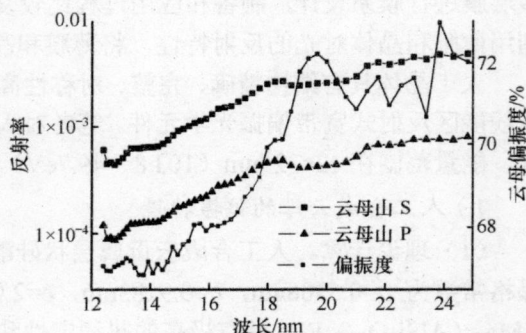

图 8-19 S 偏振光和 P 偏振光反射率的测量结果和人工合成云母的偏振度

$$P_L=\frac{I_{0S}-I_{0P}}{I_{0S}+I_{0P}}=\frac{C_0-1}{C_0+1} \tag{8-2}$$

式中：C_0 为消光比 $C_0=I_{0S}/I_{0P}$。

式（8-1）中的 S 偏振光和 P 偏振光的反射率可用光强表示为 $R_S=I_{0S}/I_0$、$R_P=I_{0P}/I_0$。但实验中测量的数据并不意味着可以直接代入式（8-1）中进行计算，不妨用 R_S'、R_P'、P_{LM}' 表示测量结果。由于光源的偏振性不够理想，实验中测得的 S 偏振光和 P 偏振光的反射强度分别应包含两部分，即

---

① 由式(3-53)知，布儒斯特角 $\phi_B\approx\dfrac{\pi}{4}-\dfrac{\delta}{2}$，所以在软 X 射线能区，近似认为布儒斯特角为 45°。由于材料有吸收，P 偏振光反射率等于 0 的布儒斯特角不存在，因而取 S 偏振光的反射率极大而 P 偏振光的反射率极小所对应的角度作为准布儒斯特角。

$$\begin{cases} I_{\mathrm{S}} = I_{0\mathrm{S}}R_{\mathrm{S}} + I_{0\mathrm{P}}R_{\mathrm{P}} \\ I_{\mathrm{P}} = I_{0\mathrm{S}}R_{\mathrm{P}} + I_{0\mathrm{P}}R_{\mathrm{S}} \end{cases} \tag{8-3}$$

所以按照式（8-1），合成云母的偏振度实测值的计算方法应为

$$P'_{\mathrm{LM}} = \frac{(I_{0\mathrm{S}}R_{\mathrm{S}} + I_{0\mathrm{P}}R_{\mathrm{P}}) - (I_{0\mathrm{S}}R_{\mathrm{P}} + I_{0\mathrm{P}}R_{\mathrm{S}})}{(I_{0\mathrm{S}}R_{\mathrm{S}} + I_{0\mathrm{P}}R_{\mathrm{P}}) + (I_{0\mathrm{S}}R_{\mathrm{P}} + I_{0\mathrm{P}}R_{\mathrm{S}})} = \frac{C_0 C_{\mathrm{M}} + 1 - C_0 - C_{\mathrm{M}}}{C_0 C_{\mathrm{M}} + 1 + C_0 + C_{\mathrm{M}}} \tag{8-4}$$

所以有

$$P'_{\mathrm{LM}} = \frac{C_0 - 1}{C_0 + 1} \times \frac{C_{\mathrm{M}} - 1}{C_{\mathrm{M}} + 1} = P_{\mathrm{L}} \times P_{\mathrm{LM}} \tag{8-5}$$

可见，所有的测量结果都与光源的偏振特性密切相关，由此导致合成云母的偏振度的测量值减小。

2）经人工合成云母起偏后入射光的偏振度

由表 8-5 可知，起偏前 3W1B 光源的偏振度很低，不能满足磁光效应实验对光源性能的要求。但把云母晶体作为起偏器，起偏后入射光的偏振度获得极大提高。测量方法是利用检偏器测量经晶体起偏后的偏振光性能，实验装置如图 8-10 所示。起偏器方位角置于 0°，θ_{P}、θ_{A} 分别由各自的准布儒斯特角数值决定。 旋转检偏器的方位角 β，探测光强相对于检偏器的方位角变化的曲线，即马吕斯曲线[①]。实验中检偏器选用的是 Mo/Si 非周期宽带反射式多层膜偏振元件，探测器为微通道板（MCP）探测器[10]。图 8-20 是波长为 19nm 时起偏前后入射光的马吕斯曲线的测量结果。

入射光的线偏振度 P_{L} 的定义为

$$P_{\mathrm{L}} = \frac{I_{\max} - I_{\min}}{I_{\max} + I_{\min}} \tag{8-6}$$

式中：$I_{\max}$、$I_{\min}$ 分别为沿着和垂直主偏振光轴方向的光强。

把马吕斯曲线中得到的光强的极大值和极小值代入式（8-6），得到从晶体起偏器出射光的线偏振度 P'_{L}。测量结果是：在 19nm 处光源的线偏振度从 79.8% 提高到 96.6%。

3）偏振度提高的理论分析

根据式（8-2），经云母反射后入射光的偏振度可表示为

$$P'_{\mathrm{L}} = \frac{I_{0\mathrm{S}}R_{\mathrm{S}} - I_{0\mathrm{P}}R_{\mathrm{P}}}{I_{0\mathrm{S}}R_{\mathrm{S}} + I_{0\mathrm{P}}R_{\mathrm{P}}} = \frac{C_0 C_{\mathrm{M}} - 1}{C_0 C_{\mathrm{M}} + 1} \tag{8-7}$$

则

$$\frac{P'_{\mathrm{L}}}{P_{\mathrm{L}}} = \frac{C_0 C_{\mathrm{M}} - 1}{C_0 C_{\mathrm{M}} + 1} \times \frac{C_0 + 1}{C_0 - 1} = \frac{C_0^2 C_{\mathrm{M}} - 1 + C_0(C_{\mathrm{M}} - 1)}{C_0^2 C_{\mathrm{M}} - 1 + C_0(1 - C_{\mathrm{M}})} \tag{8-8}$$

$$\text{因为 } C_{\mathrm{M}} = \frac{R_{\mathrm{S}}}{R_{\mathrm{P}}} > 1 \quad \text{所以 } \frac{P'_{\mathrm{L}}}{P_{\mathrm{L}}} > 1 \tag{8-9}$$

即经云母晶体反射后，入射光（光源）的偏振度提高了。

由于实验中检偏器所用的 Mo/Si 多层膜工作带宽较窄（60～70eV），所以，只测量了 18nm、19nm、20nm 这 3 个能点，经云母晶体反射后，入射光的偏振度分别为 96.3%、96.6% 和 96.8%。将式（8-1）、式（8-2）、式（8-5）代入式（8-7），可得 P'_{L} 的另一种表达形式，即

---

① 当线偏振光以光强 I_0 入射一检偏器时，其出射光强 I 满足 $I = I_0 \cos^2 \alpha$，其中 α 为线偏振光振动方向与检（起）偏器偏振化方向的夹角，此式称为马吕斯定律。

$$P_{\rm L}' = \frac{P_{\rm L}^2 + P_{\rm LM}'}{P_{\rm L} + P_{\rm L} P_{\rm LM}'} \qquad\qquad (8\text{-}10)$$

$P_{\rm LM}'$ 的数据用图 8-19 中的测量结果，光源的偏振度分别取 75%、80%、85% 和 90% 代入式（8-10），可以得到经云母起偏后入射光偏振度在 12～25nm 范围内的模拟结果，如图 8-21 所示。图 8-20 中的测量结果比模拟计算结果偏低，主要是计算中没有考虑检偏器偏振度的影响。此外，用人工合成云母作反射式偏振元件的范围还可以进一步扩展到波长大于 25nm 的范围，因为其反射率 $R_{\rm S}$ 随波长增加。

由上述分析可以得出结论，利用结构完整的人工合成云母晶体作为极紫外/软 X 射线能区反射式偏振元件的方法，避免了用宽带多层膜作偏振元件时所必须进行的膜系设计和复杂的工艺制备过程，简化了实验操作过程。晶体反射式偏振元件满足进行磁光光谱学应用研究对光源偏振度的要求，达到了提高 X 射线光源偏振度的目的，为进行 X 射线偏振特性分析和应用研究提供了前提保证。

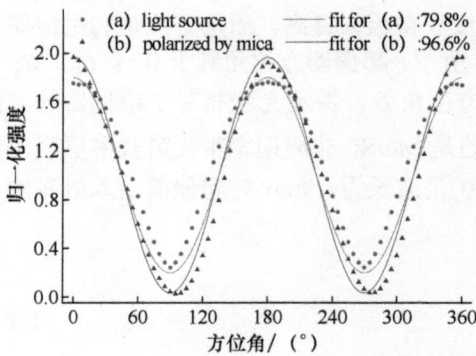

图 8-20　在 19nm 能点起偏前后入射光马吕斯曲线测量结果　　图 8-21　起偏后光源偏振度的模拟结果

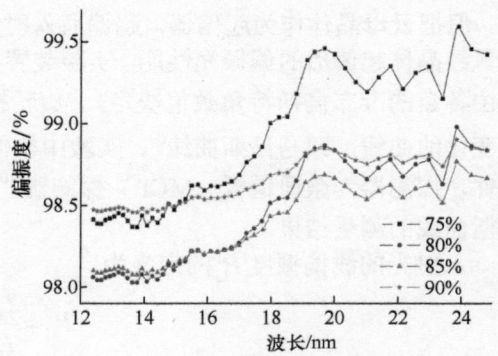

2. 磁光法拉第效应研究[4]

实验在 3W1B 光束线站上进行，在综合偏振装置的基础上加入了附着于样品架上的圆形钕铁硼永磁铁，组成了一套用于法拉第效应偏转角测量的实验装置，其原理如图 8-22 所示。装置前端安装 150nm 厚度的金属 Al 滤片抑制光束线高次谐波。图中 C 是一个用来限制光源大小和发散度的 0.4mm 的狭缝。起偏位置和检偏位置安装的是一对 Mo/Si 宽带多层膜，起偏角和检偏角都是 49.5°，抑制比 $I_{\rm S}/I_{\rm P} \approx 30$，在起偏器和检偏器中间放置的样品是厚度为 31nm 的 Ni 金属自支撑薄膜，附着于透射比为 32% 的 Cu 网上。样品中心处磁场为 1400Gs。

X 射线经起偏器起偏后，线偏振度达到 98.5%。起偏器旋转角度 α 和检偏器旋转角度 β 的旋转范围为 $-180^\circ \sim 180^\circ$。实验中，首先设置起偏器旋转角度 α 在 0° 位置，在不加磁场和样品的情况下，探测器信号 I_0 随检偏器角度 β 的变化遵循马吕斯定律，呈余弦曲线，检偏角位于 -180°、0° 和 180° 时信号最大。当加入磁场和样品后，随着加入磁场方向的不同（平行或反向平行于入射光方向），上述余弦曲线便会正向或反向移动。在不同能点下（60～70eV），分别测量正反磁场方向条件下，探测器信号随检偏器角度 β 变化曲线，相互比较便可以得到样品在不同能量下的法拉第偏转角度。

利用上述装置和实验方法，研究了 Ni 的 $M_{2,3}$ 边附近的法拉第偏转效应。实验结果如图 8-23 所示：在能量为 65.5eV 处，法拉第偏转角最大，为 1.85°±0.19°；在 68 eV 时，法拉第偏转角达到反向最大，为 -0.75°±0.09°。

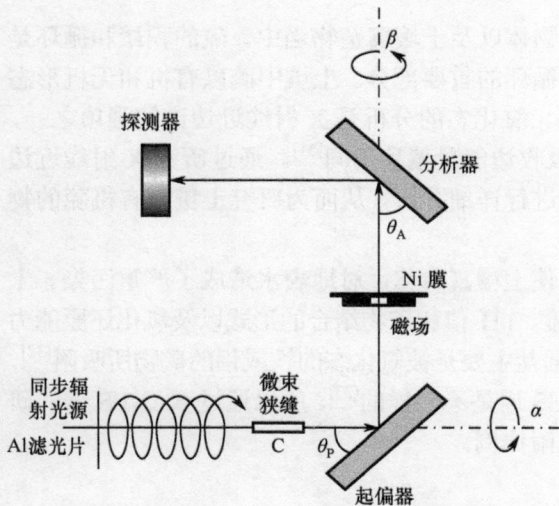

图 8-22　法拉第效应偏转角测量装置示意图　　　图 8-23　Ni 的 $M_{2,3}$ 边附近的法拉第偏转效应测量结果

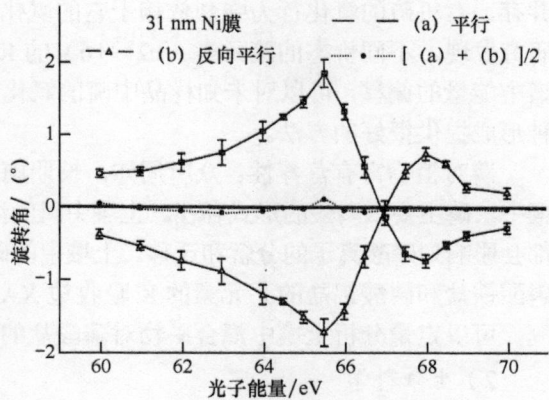

8.3.3　基于中能 X 射线吸收谱学的应用研究

1．X 射线吸收谱[4]

X 射线吸收谱 XAS 是一种同步辐射特有的结构分析方法，是由样品中待测元素化学、物理状态对 X 射线吸收概率的调制而形成。X 射线吸收谱可以分为两部分，即 X 射线近边吸收结构（X-ray Absorption Near Edge Structure，XANES）和扩展 X 射线吸收精细结构 EXAFS。XANES 是边前到吸收边 50eV 以内的谱结构，也称为近边 X 射线精细结构（Near Edge X-ray Absorption Fine Structure，NEXAFS）；EXAFS 是吸收边在 50～1000eV 的谱结构。两部分物理起源相同，但强调的信息有所区别。XANES 谱对于吸收原子的氧化态及配位化学（如四面体、八面体的配位）敏感，而 EXAFS 谱则用于获得吸收原子的近邻几何结构信息，如配位距离、配位数及近邻原子种类等。

2．开展中能吸收谱研究的意义[17,30]

由于物质对软 X 射线的吸收长度很短，使同步辐射软 X 射线光束线、实验站的建设都更为复杂和困难，但在软 X 射线波段包含了大量原子的共振吸收线（表 8-6 列举了覆盖吸收边的主要元素），使得软 X 射线又成为元素和化学鉴定的一种非常灵敏的工具，可以为科学和技术创造很多机遇。

由于 X 射线吸收谱与长程有序无关，样品的选择范围非常广泛，可以是晶体也可以是非晶；可以用固体也可以是液体甚至是气体；可以是单一的物相，也可以是混合物等。这一可用样品的广泛性决定了其广阔的适用范围。从物理到化学、生物、材料、地质环境等多种学科都可以利用这种方法来进行结构分析。

1）地球科学和环境科学

硫是一种高反应活性元素。不同氧化

表 8-6　软 X 波段覆盖吸收边的主要元素

原子序数 Z	吸收边	元素
11<Z<25	K	Mg、Al、P、S、Cl、Ar、K、Ca、Ti、V、Cr 等
31<Z<57	L	Ge、As、Sr、Y、Pd、Ag、Mo、Cd、In、Xe、Ba、La 等
更高 Z 元素	M 或 N	Nd、Sm、Gd、Dy、Pt、Au、Hg、Pb、Bi 等

态的硫广泛存在于石油、煤炭、海滩沉积物、生物体以及土壤腐殖物当中。硫的积聚和循环是许多生物学过程的中心环节，土壤环境是全球硫循环的首要部分。土壤中硫以有机和无机形态并存，有机硫的氧化行为强烈依赖于它的氧化态。氧化态的分析是 X 射线近边谱的强项之一，研究发现，不同价态的硫元素（-2～+6）的 K 吸收边能量偏移不同[31]。通过研究 X 射线近边谱中能量的偏移，可以对未知样品中硫的氧化态进行详细分析，从而为研究土壤中有机硫的物种形成提供很好的方法。

磷对植物富有营养性。众所周知，长期施肥使土壤富磷化，对地表水造成了严重污染。土壤中，磷主要以磷酸的形式存在。土壤中磷的浓度、pH 值和矿物结合的形式以及氧化还原能力都会影响到磷酸离子的分解和迁移。土壤中的磷酸盐主要是被氧化态的铁或铝的矿物所吸附[32]，磷酸铁盐和磷酸铝盐的 P 元素的 K 吸收边 XANES 谱是不一样的[33]，所以通过 XANES 谱的研究，可以定量分析土壤中混合矿物对磷酸盐的吸附比例。

2）生命科学

无机元素及其盐在生命体中含量很低，但作用却不可低估。这些和生理相关的化合物及元素包括 $S^{2-}/SO^-/PO_4^{3-}/CO_3^{2-}/H_2O/Cl^-$、碱金属（$Na^+$、$K^+$）、碱土金属（$Mg^{2+}$、$Ca^{2+}$）以及过渡金属（Mn、Fe、Co、Ni、Cu、Zn、Mo）等。例如，金属硫蛋白（MetalloThionein，MT），是人体内、动物、植物以及微生物均含的一种蛋白质。金属硫蛋白分子中含有 20 个游离的巯基（—SH）基因以及由它们组成的多个巯基簇，在生物体中同时具有很多功能，如清除体内自由基、解除重金属的毒性、参与体内微量元素的代谢及储存锌元素等。

早期利用核磁共振和 X 射线衍射方法对金属硫蛋白结构进行分析。但对于不易结晶的金属硫蛋白，就必须利用 EXAFS 进行分析。通过硫 K 边 EXAFS 除了可以得到 M—S 键长，还可以直接得到硫的配位情况。另外，在金属 K 吸收边 XANES 中观察不到的某些微小改变，也可以从分辨更高的硫元素的 K 吸收边 XANES 中分析得出[34]。

在生物体内存在着很多种有机磷化合物，其中最为重要的是磷酸核苷类、生物膜和磷脂、核酸等 3 类有机磷化合物。核酸通过碱基的配对形成了密码，进而形成了基因，由此便产生了在生命活动中具有特别重要作用的信息保护、复制和传递。但对磷元素的 K 吸收边 XAS 研究还很欠缺，因此利用 X 射线吸收谱对生物体内的磷进行结构功能分析是一个值得重视的方向。

生物体内不同的金属离子担负着不同的生物学功能。例如，镁离子具有生物活性，还是叶绿素的组成部分，但由于镁是一种非谱学响应的元素，所以目前对它的理解也不充分。利用同步辐射 X 射线吸收谱实验方法，可以对生物体中镁的配位情况进行详细研究，从而对理解镁离子的生物效应提供更多的帮助。

3）材料科学

过渡金属硫化物广泛应用于工业技术中。层状的过渡金属硫化物（如 MoS_2 和 WS_2）可用作工业中去硫催化剂[35]，TiS_2、$LixTiS_2$、MoS_2 可用作锂电池的阳极材料[36]。过渡金属硫化物（如 NiS_2、$NiS_{2-x}Se_x$ 和 $FeCr_2S_4$ 等）还是很好的半导体材料。研究发现，纳米相的金属硫化物如纳米线、纳米带由于其独特的结构特性，表征出非常好的光学、电学和磁学特性[37,38]。另外，在水泥和陶瓷工业中，K、Ca、S 等元素均具有重要的作用。对这些材料中相关元素的研究，尤其是新颖功能材料的结构研究，正是软 X 射线吸收谱的用武之地。

4）石油化工

在石油裂解和煤转化等过程中，需要催化剂参与反应，而硫对催化剂的毒性很强，很容易使催化剂失活，提高成本。在我国以煤制甲醇行业中，甲醇催化剂的使用寿命偏短，最主要的原因就是气体净化工作的问题，硫和氯使催化剂中毒。因此，在脱硫和催化剂再生过程中，搞清楚硫物种的迁移规律，其经济意义重大[39]。

由于硫的同位素 ^{33}S 自然界丰度很低，加上其核磁矩很弱而电四极矩很强，核磁共振方法用于硫的研究作用就很有限，X 射线吸收谱成为针对硫结构研究无法替代的手段。

3. 中能 X 射线吸收谱测量装置

X 射线吸收谱测量方法主要有 3 种，即透射法、荧光法（Fluorescence Yield，FY）和全电子产额法（Total Electron Yield，TEY）。在软 X 射线能区（小于 5000eV），通常采用荧光法和全电子产额法。因为软 X 光穿透能力的限制，透射法一般情况下用在硬 X 射线能区的吸收谱测量；全电子产额法仅适用于导电样品。荧光法是通过测量被激发样品发射的荧光谱，提取感兴趣元素的荧光强度实现的。例如，土壤中磷的含量通常较低，而且不导电，所以通常选用荧光法测量磷元素的 K 吸收边 XANES 谱。

BSRF-3B3 光束线建成后，软 X 射线光学组首先搭建了进行吸收谱学研究的简易实验装置，用 S、P 等低 Z 元素的化合物，分别对上述 3 种常规测量方法进行了实验调试和方法研究。验证了开展 XAS 研究的可行性[30]。之后，设计出一套具有 3 种测量方法的精密实验谱仪设备。

中能吸收谱实验测量装置[40,41]是一套包括 3 种测量方法、低温高温环境、氦气（He）环境和超高真空易于转换等集多种功能于一体的中能 X 射线吸收谱仪。实验装置如图 8-24 所示，厚度为 100 μm 的铍窗用于隔离真空段和低压气体环境；第一个电离室用于测量入射光强 I_0，第二个电离室用于测量透射光强 I，S_0 处放置标准样品，与第三个电离室组合，可在测量时同步进行 X 射线能量标定。

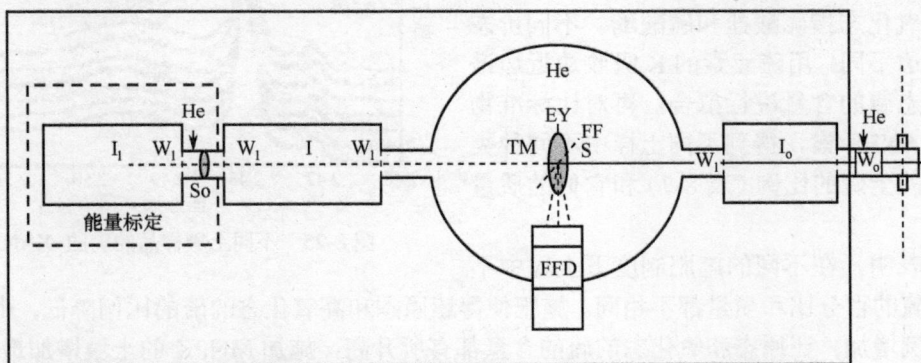

图 8-24　吸收谱测量实验装置示意图（俯视）

W$_0$—铍窗；W$_1$—聚丙烯有机膜；I，I$_0$；I$_1$—气体电离室；S—样品盘；EY—电子产额；FF—荧光；

FFD—荧光探测器；TM—透射。

3 个电离室长度分别为 5.5 cm、6.5 cm 和 17 cm，可充 N_2、N_2/CH_4 混合气体、或 N_2/He 混合气体，压强为 $10^2 \sim 10^5 Pa$；样品腔体内也充 He；除 3 个电离室外，铍窗后部分都处于流动 He 气环境下，且压强保持恒定；电离室的窗材均选用 6.5μm 的聚丙烯膜，因其透过率高，对中能 X 射线吸收较少；样品台 S 可三维平动，且可绕 z 轴（垂直束线平面向上方向）逆时针转动（0°～90°），以便于荧光测量时调节入射角度。

透射法测量时，入射光垂直样品表面入射；荧光法测量时，入射光与样品表面法线间夹角

45°，荧光探测器（充满 N_2 的 Lytle 大面积探测器或 Si（Li）探测器）则垂直置于入射光光路放置；电子产额测量模式下，入射光与样品表面法线间夹角仍为 45°，样品用导电胶带固定于 Al 样品盘上，直接测量样品的漏电流。可在样品腔体的顶端加液氮或液氦低温保持器来改变探测环境。

4．研究成果介绍

软 X 射线光学组利用中能 X 射线光束线实验平台展开吸收谱学的应用研究，取得了一系列的研究成果，下面举几个实例。

1）不同施肥制度对土壤中硫形态的影响[42]

我国土壤中硫肥应用基本处于盲目施用、用量不足、投向不合理的被动状态。化学法是测量土壤硫的主要方法，但化学法不能得到中间价态的硫的含量，且误差较大，X 射线近边吸收谱 XANES 可直接确定硫的种类。软 X 射线光学组在中能 X 射线光束线实验站上，研究了不同施肥制度对土壤中硫的价态和含量的影响。

样品取自定位实验的郑州潮土，7 种样品分别是不施肥的对照样品（CK）、施用氮磷钾肥（NPK）的样品、施用有机肥加 NPK 肥（MNPK）的样品、施用氮磷（NP）的样品、施用氮肥（N）的样品、不同作物轮作（Rotation）的土壤样品及休闲（Fallow）的土壤样品。每种样品的制备都是在施肥制度下的土地上任意 5 个不同位置取样，混合后风干，过 2.0mm 的筛子。图 8-25 给出了实测结果。

一般将不同价态的硫分为 3 类，即还原态、中间价态、高氧化态。还原态包括硫化物、二硫化物、硫醇、噻吩等；中间价态包括氧化硫、磺酸盐；氧化态指硫酸盐和硫酸酯。不同价态硫的吸收边不同，用硫元素的 K 吸收边近边谱对不同价态硫的含量进行拟合，再对比标准物质硫的 XANES 谱，得到不同土样中不同种类的硫所占的全硫的比例（表 8-7）和它们的质量（表 8-8）。

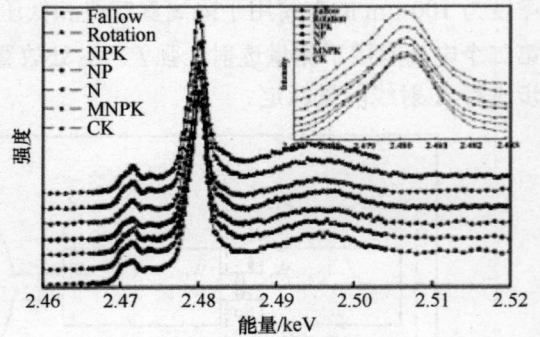

图 8-25　不同土壤样品的硫的 XANES

结果表明，在不同的施肥制度下土壤中不同种类的硫的百分比和质量都不相同。施肥使得还原态和高氧化态的硫的比例降低，中间价态的硫的比例增加；还原态和氧化态的硫的含量都有所升高，施加 MNPK 的土壤增加最多。

表 8-7　不同土样中不同种类的硫所占全硫的比例

样品	还原态	中间态	氧化态
CK	27.7	16.1	56.2
MNPK	26.5	27.4	46.1
N	28.7	25.1	46.1
NP	22.8	18.8	58.4
NPK	22	26.3	51.7
Fallow	25.6	20	54.5
Rotation	25.6	21.9	52.5

表 8-8　拟合硫元素的 K 吸收边 XANES 得到的不同土样中不同种类硫的质量　单位：mg/kg

样品	全硫	还原态	中间态	氧化态
CK	140	38.8	22.5	78.7
MNPK	220	58.3	60.3	101.4
N	160	45.9	40.2	73.9
NP	120	27.3	22.5	70.1
NPK	140	30.8	36.9	72.4
Fallow	180	46.0	35.9	98.0
Rotation	220	51.3	43.8	105.0

2）煤热解过程中硫和钙的形态转化[43]

煤在使用过程（燃烧、热解和气化等）中释放的含硫气体（如硫化氢、二氧化硫、三氧化硫、羟基硫等），是造成环境污染的重要因素。煤化工常用的一些方法能减少含硫气体释放量，但这些方法仅能给出全硫含量、黄铁矿含量、硫酸盐含量以及有机硫含量，不能得到有机硫形态以及不同形态硫含量。

软 X 射线光学组详细研究了原煤和在煤热解过程中生成的煤焦中硫的形态、在热解和碳酸钾催化气化过程中钙基添加剂对硫形态转化的影响以及在这些过程中钙的形态变化和钙与硫的协和作用等，并得到许多重要结论。例如，利用硫元素的 K 吸收边 XANES 谱，发现对高硫褐煤（延石台煤）在热解过程中，氢氧化钙添加剂有利于更多的硫以硫化钙的形式固定在煤焦中。在低温下热解时，氢氧化钙可以促进黄铁矿的分解，同时将所有的硫固定在煤焦中，没有含硫气体释放；在高温下热解时，氢氧化钙可以促进磁黄铁矿、硫醚和噻吩的分解，部分转化为硫化钙，含硫气体的释放速率比原煤热解过程中含硫气体的释放速率高。不过，氢氧化钙的添加使得整个热解过程含硫气体的释放总量减少。

仅以图 8-26 作为结果展示。图 8-26 给出了在 1000℃下制得的煤焦中硫的 XANES。通过图可以明显看出煤焦中的无机硫主要是磁黄铁矿，而没有硫酸盐存在。有机硫还主要是硫醚和噻吩，其中噻吩硫的含量仍然很高，占到全硫含量的 68%。

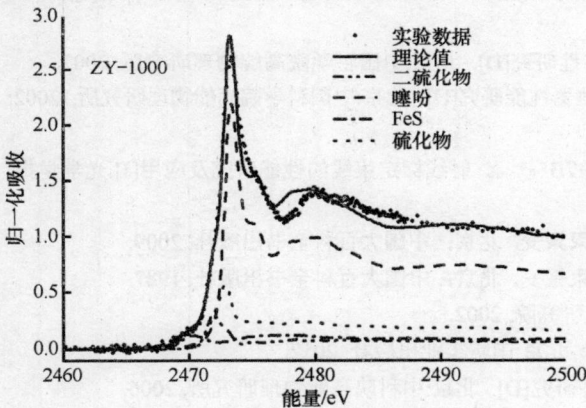

图 8-26　在 1000℃下制得的煤焦中硫的 XANES

3）两种无灰型含磷/硫润滑添加剂在菜籽油中的摩擦学性能及膜分析

机械工业中对润滑剂的需求日益增加，传统润滑剂，大都以从石油中提炼的矿物油作为基础油，但矿物基础油在自然环境中降解能力很差。可生物降解润滑剂是以合成酯、植物油等基础油为主。例如：菜籽油是环境友好型润滑剂，它具有良好的润滑性、高度的生物降解性和可再生性。添加剂是润滑剂中不可或缺的主要成分，磷作为活性元素在润滑添加剂的良好性能中发挥着极其重要的作用。

文献[30]对合成的两种含磷/硫化合物作为菜籽油无灰抗磨减摩添加剂的摩擦学性能进行了研究。XPS 和 XANES 分析结果表明，两种添加剂与摩擦副作用而产生的润滑膜主要由吸附层和反应层组成，在吸附层中，活性元素氮主要以有机氮的形态存在，在反应层中活性元素硫和磷主要以磷酸盐或焦磷酸盐等 5 价磷和硫酸盐等形式存在，它们对于润滑剂良好的润滑效果的产生发挥着重要的作用；通过 XANES 对摩擦膜和热膜的分析结果表明，在不同结构的润滑添加剂分子的润滑过程中，摩擦热所起作用的大小程度是不同的。

自 4B7A 实验站对外开放以来，接待了大量的实验用户，研究涉及土壤、大气、工业等众多领域，取得了一系列的研究成果。例如，利用近边吸收谱研究土壤有机碳官能团的组成特征，不仅有助于阐明农田生态系统中土壤有机碳的变化机理和作用机制，对控制大气 CO_2 浓度起着关键的作用[44]；通过对大气颗粒物中占比很大的硫元素[45]、毒性较大的有机氯[46]污染物的形态、含量及分布的测量，可以对大气污染防治及其影响评估提供依据。

参 考 文 献

[1] 崔明启,赵屹东,郑雷,等. 同步辐射软 X 射线光学实验平台的建立及其应用[J]. 中国激光（特刊）, 2010, 9: 2271-2276.

[2] 杨栋亮. 北京同步辐射装置（BSRF）3W1B 光束线的升级改造及应用[D]. 北京:中国科学院高能物理研究所, 2013.

[3] 郑雷, 赵屹东, 崔明启. 北京同步辐射装置 4B7A_4B7B 光束线高次谐波抑制系统初步设计[J].核技术, 2007, 30(9): 720-724.

[4] 冼鼎昌. 北京同步辐射装置及其应用[M]. 南宁：广西科学技术出版社, 2016: 347-370.

[5] 易荣清,赵屹东,王秋平,等. 北京同步辐射装置4B7B 软 X 射线标定束线的性能研究及应用[J].光学学报, 2014, 34(10): 1034002.

[6] National Synchrotron Light Source. Beamline X8A [EB/OL]. http ://www.nsls.bnl.gov/beam lines/ beamline.asp ? blid = X8A.

[7] National Synchrotron Light Source. Beamline U3C [EB/OL]. http ://www.nsls.bnl.gov/beam lines/ beamline.asp ? blid = U3C.

[8] 郑雷. 基于 SR 的气体和薄膜光吸收截面的测量研究[D]. 北京:中国科学院高能物理研究所, 2005:108.

[9] 郑雷,崔明启,赵屹东,等. VUV/EUV 标准探测器装置和传输标准探测器的标定, 高能物理与核物理[J], 2005, 29(4): 430-434.

[10] 孙立娟. 基于多层膜的同步辐射软 X 射线偏振特性研究[D]. 北京:中国科学院高能物理研究所, 2007.

[11] 赵屹东. SR 软 X 射线光束线输出特性研究及探测器性能研究[D]. 北京:中国科学院高能物理研究所, 2002: 96-115.

[12] 易荣清,赵屹东,王秋平,等. 北京同步辐射装置 4B7B 软 X 射线标定束线的性能研究及应用[J].光学学报, 2014, 34(10):1034002.

[13] 中国大百科全书 74 卷[M]. 2 版//张焕乔. 惯性约束聚变. 北京：中国大百科全书出版社, 2009.

[14] 中国大百科全书 74 卷[M]. 1 版//徐志展. 惯性约束聚变. 北京：中国大百科全书出版社, 1987.

[15] 刘红. 惯性约束核聚变[D]. 北京：中国工程物理研究院, 2002.

[16] 温树槐,丁永坤,等. 激光惯性约束聚变诊断学[M]. 北京:国防工业出版社, 2012.

[17] 赵佳.BSRF-3B3 光束线光学传输特性及分光元件研究[D]. 北京:中科院高能物理研究所, 2006.

[18] 孙可煦,易荣清,黄天暄,等. 同步辐射应用于软 X 射线探测器的标定[J]. 中国物理 C, 2001, 25:563.

[19] 杨家敏,易荣清,陈正林,等. 透射光栅对软 X 射线衍射效率的研究[J]. 物理学报, 1998, 47(4): 613-618.

[20] 朱托,张文海,杨家敏. X 射线 CCD 标定及模拟[J]. 强激光与粒子束, 2011, 23(10): 2663-2667.

[21] 孙可煦,易荣清,江少恩,等. 同步辐射应用于软 X 射线探测器的标定[J]. 中国物理 C, 2004, 28(2): 205-209.

[22] 甘新式,杨家敏,易荣清,等. RAP 晶体积分衍射效率的实验研究, 光子学报[J], 2009, 38(4):943-950.

[23] 崔延莉,易荣清,杜华冰,等. XRD 探测器和滤片在北京同步辐射 3B3 中能束线上的标定[J]. 高能物理与核物理, 2006, 30(9): 912-915.

[24] 易荣清,杨国洪,崔延莉,等. 北京同步辐射 3B3 中能束线 X 射线探测系统性能研究[J].物理学报, 2006, 55(12): 6258.

[25] Cui M Q, Chen K, Zhao J, et al. Performance of a polarizer using synthetic mica crystal in the 12-25 nm wavelength range[J]. HEP & NP, 2011, 35(5):1-5.

[26] 赵佳. 一种用于提高软 X 射线偏振度的反射式偏振元件和方法: 中国, ZL 2010 1 0232543.8[P]. 20112-09-05.

[27] Yang M, Cobet C, Esser N. Tunable thin film polarizer for the VUV and soft x-ray spectral regions [J]. J. Appl. Phys., 2007, 111: 072705.

［28］ Imazono T, Hirono T, Kimura H, et.al. Performance of a reflection-type polarizer by use of muscovite mica crystal in the soft x-ray region of 1 keV [J]. Rev. Sci. Instrum., 2005, 76: 126106.

［29］ Imazono T, Ishino M, Koike M, et.al. Polarizance of a synthetic mica crystal polarizer and the degree of linear polarization of an undulator beamline at 880 eV evaluated by the rotating-analyzer method [J]. Rev. Sci. Instrum., 2005, 76: 023104.

［30］ 马陈燕. BSRF 中能 X 射线吸收谱学方法及其应用研究[D]. 北京:中国科学院高能物理研究所, 2008.

［31］ George G N, Gorbaty M L. Sulfur K-edge x-ray absorption spectroscopy of petroleum asphaltenes and model compounds [J]. J. Am. Chem. Soc., 1989, 111: 3182-3186.

［32］ Beauchemin S, Simard R R. Soil phosphorus saturation degree: review of some indices and their suitability for P management in Québec, Canada [J]. Can. J. Soil Sci., 1999, 79: 615-625.

［33］ Hesterberg D L, Zhou W, Hutchison K J, et.al. XAFS study of adsorbed and mineral forms of phosphate [J]. J. Synchrotron Rad., 1999, 6: 636-638.

［34］ Ziqi Gui, Anna Rae Green, Masoud Kasrai, et.al. Sulfur K-Edge EXAFS Studies of Cadmium-, Zinc-, Copper-, and Silver-Rabbit Liver Metallothioneins [J].Inorg. Chem., 1996, 35: 6520-6529.

［35］ Chianelli R R, Daage M, Ledoux M J, et.al. Fundamental studies of transition metal sulfide catalytic materials[J]. Advances in Catalysis, 1994, 40: 177-232.

［36］ Whittingham　M S. Electrical energy storage and intercalation chemistry[J]. Science, 1976, 192: 1126.

［37］ Xiao Lin Lin, Ya Dong Li. Formation of MoS2 Inorganic Fullerenes （IFs） by the Reaction of MoO3 Nanobelts and S [J]. Chem. Eur. J., 2003, 9: 2726-2731.

［38］ Jian-Ping Ge, Jin Wang, Hao-Xu Zhang, et.al. A General Atmospheric Pressure Chemical Vapor Deposition Synthesis and Crystallographic Study of Transition-Metal Sulfide One-Dimensional Nanostructures　[J]. Chem. Eur. J., 2004, 10: 3525-3530.

［39］ Frank E, Huggins, Naresh Shah, et al. XAFS spectroscopy characterization of elements in combustion ash and fine particulate matter [J]. Fuel Processing Technology, 2000, 65-66:203-218.

［40］ 马陈燕,崔明启,赵屹东,等. 北京同步辐射装置 3B3 光束线吸收谱测量及装置设计[J].核技术, 2008, 31(6):405-409.

［41］ Zheng L, Zhao Y-D, Tang K, et al. Total electron yield mode for XANES measurements in the energy region of 2.1-6.0 keV [J]. Chinese Physics C （HEP & NP）, 2011, 35(2): 199-202.

［42］ 刘利娟,崔明启,赵佳,等. 同步辐射中能 X 射线近边吸收谱方法研究不同施肥制度对土壤中硫形态的影响[J]. 核技术, 2010, 33(1):5-9.

［43］ 刘利娟, X 射线吸收谱研究煤热解过程中硫和钙的形态转化[D]. 北京:中国科学院高能物理研究所, 2012.

［44］ 王楠,王帅,王青贺,等. 同步辐射软 X 射线近边吸收谱方法研究长期施肥对黑土有机碳官能团的影响[J].光谱学与光谱分析, 2012, 32(1): 2853-2857.

［45］ 曾建荣,包良满,龙时磊,等. 结合 XANES 和 IC 技术测量大气颗粒物中硫的形态分布及其含量[J]. 核技术, 2011, 34(1): 65-69.

［46］ 张博,郎春燕,马玲玲,等. 应用同步辐射 X 近边吸收谱法研究大气超细颗粒物中氯形态[J]. 分析化学研究报告, 2013, 41(4):580-584.

附 录

基于同步辐射计量标准的软 X 射线绝对光强监测系统的原理及结构

1. 光辐射计量的基本概念[1-3]

光辐射计量是光学计量最重要的组成部分，是对各种辐射源的辐射特性如辐射功率、光谱辐射亮度、光谱辐照度及光谱辐射强度等进行计量测试；也是对辐射探测器的探测特性如光谱响应度、线性、均匀性及探测器灵敏度等进行计量测试。

在辐射计量学中，辐射计量标准包括两个方面，即光源标准和探测器标准。各自又分为初级标准（Primary Standards）、次级（或传输）标准（Secondary/transfer Standards）。初级标准也称绝对标准或一级标准，它是建立在一些基本的物理规律或现象基础上的。次级标准也称传输标准或二级标准，对它的基本要求是可以移动，从一个地方移动到另一个地方而不发生显著的稳定性、可靠性和灵敏度方面的变化。次级标准通过与初级标准对比被标定，然后可以作为传输标准为不同的用户标定同类型或不同类型的光源和探测器。

从理论上讲，实现绝对光辐射测量的途径有两个：一是基于辐射源；二是基于辐射探测器。初级标准光源的条件：光源的光谱辐射分布可由几个易于获得的参数由理论公式计算得到；光源具有较高的稳定性和重复性。基于辐射源的的标准包括 3 个方面，即黑体辐射源、壁稳弧等离子体辐射源、同步辐射源。

20 世纪 90 年代以前，光辐射计量一直是把金属凝固点黑体作为最高标准①。标准黑体限制温度大约 3000K，因此波长被局限在从远红外、红外、可见光到近紫外波段，其不确定度小于 1%。黑体辐射不适合于波长短于 300nm 的光谱。用壁稳弧等离子体源作为初级标准源虽然能使波长降低到 53nm，但在这个范围内壁稳弧不能获得更小的不确定度。

目前，光谱辐射计量已从红外、紫外波段延伸到真空紫外（VUV）、软 X 射线光波段和高光子能量的 X 射线波段，如极紫外深度光刻、农作物软 X 射线辐照、惯性约束聚变探测器的灵敏度标定、半导体材料改性辐照、类生物材料吸收测量等，都需对入射光的绝对强度进行精确计量和测量，因此必须建立紫外—软 X 波段光辐射计量标准。

2. 基于同步辐射的辐射计量标准

1）光源标准[4,5]

电子储存环产生的同步辐射具有诸多优点，使得电子储存环成为真空紫外和软 X 射线范围最好的初级标准源。但由于同步辐射装置规模大、造价高、数量有限、机时宝贵、储存环与待标定设备工作条件的不匹配等因素，用与电子储存环比对过的次级标准源（传递标准源）更为方便。

传递标准光源的辐射特性需要在传递过程中保持长期、稳定、可靠，标定方法是让同步辐射和传递标准光源在同一辐射计上比较测量，然后用同步辐射的理论值修正②，得到待测光源

---

① 金属凝固点黑体是把纯度很高的金属熔化，在降温过程中，从液体向固体转换的过渡温度是确定的，当黑体的温度 T 确定后，它的光谱辐射曲线就唯一确定了。

② 同步辐射是高度偏振的，而待测光源是非偏振或偏振度不一，修正偏振是比较关键的问题。

的辐射值，不需要绝对的测量，因为绝对值是从探测器信号和原级标准的绝对值的比值得来的。

2）探测器标准

（1）探测器标准 I （低温辐射计）[6-8]。低温辐射计①是到目前为止可行的最精确的基于探测器的初级标准，与同步辐射的完美结合，使之成为目前国际上唯一能实现最高精度、最佳相对不确定度的一级探测器标准。低温辐射计在红外到紫外波段作为计量标准已具备非常成熟的技术，已有商品出售。近年来德国 PTB 和美国 NIST 先后在各自的同步辐射装置上建造了高精度低温辐射计一级探测器标准标定装置，能谱范围从真空紫外（VUV）、软 X 射线，拓宽到 X 射线。所有标定能区相对不确定度均小于 1%。真空紫外到 X 射线波段目前仅有德国 PTB 一家，美国也仅到软 X 射线波段。

（2）探测器标准 II （低压强稀有气体电离室）[9]。在探测器方面，可以用于软 X 射线光强测量的有光电倍增管、气体电离室（IC）、正比计数器、盖革计数器、闪烁计数器、热释片探测器，各种固体探测器如 Si（Li）、Ge（Li）、NaI、Al_2O_3、Si 光电二极管等。这些探测器中可能作为一级标准探测器的有正比计数器和电离室。目前，正比计数器的计数率最高约为 10^4/s，而同步辐射的光子通量远高于这个计数率，同时在低通量条件下进行传输标准的探测器标定也会使信噪比降低、误差增大。而气体电离室原理和结构都比较简单，便于设计和对测量结果进行修正，而且工作在积分模式下，可以较好地解决这些问题[3,9]。稀有气体电离室成为公认的进行软 X 射线绝对光强测量的初级标准探测器。

（3）传输标准探测器（Si 光电二极管）[10-14]。一般的光电二极管在制作过程中不可避免地在表面生成一个氧化层（SiO_2），称为光电二极管的"死层"（Dead layer）。在软 X 射线区，量子效率②的损失主要是由表面死层引起，表面氧化层只有几纳米，作了掺磷处理后，消除了死层，达到 100%的内部量子效率。

硅光电二极管探测器（AXUV-100G③）由美国 IRD 公司生产，具有 100%的内部量子效率、抗辐照能力强（1Grad）、暗电流小（小于 0.1pA，新品）、测量时不需外加偏压、对外磁场不敏感等优异特性，被美国 NIST、德国 PTB 等计量单位用作真空紫外、软 X 射线到 X 射线能区（30～6000eV）的传输标准探测器。附图 1 所示为硅光电二极管探测器结构示意图。

在室温条件下，硅材料产生一个电子–空穴对所需要的平均电离能 ω=3.63eV[15]，只要 SiO_2 层厚度能够精确测量，就可用自标定方法建立绝对标准探测器。但最简单、最直接的办法是将其与初级标准探测器在可调单色光源上比对，作为传输标准探测器供用户使用。

3．电离室工作原理[9,15-19]

气体电离室是灵敏体积内含有适当气体的电离探测器。探测器电极间加有电场。在外加电压的作用下，电子和正离子分别向正、负电极漂移而被电极所收集。附图 2 给出收集到的离子对数与外加电压的关系曲线。图中 I、II、III、IV、V 等 5 个区间分别表示复合区、饱和区、正比区、有限正比区和盖革—弥勒区。不同工作区域的探测器，电离粒子数与气体作用机制不同，输出信号性质也不同。稀有气体电离室工作在饱和区，入射光子电离气体产生的离子被电极全部收集，而且既无离子复合，也无气体放大作用。

---

① 工作在2～4K的液氦制冷环境的电热探测器（Electrically calibrated thermal detector），称低温电置换辐射计（Cryogenic-electrical-substitution-radiometer），简称低温辐射计（Cryogenic radiometer），彻底解决了常温下物质热性能问题，属绝对测量，但每次开机需几天时间。由硅光电二极管自校准技术发展起来的陷阱探测器目前已经成为低温辐射计的传递探测器。
② 量子效率是指以外部光电流表现的平均一个电子所产生的载流子对数，理论上可表示为入射光子的能量（$h\nu$）与产生电子—空穴对平均能量 ω 之比，即 $\eta=h\nu/\omega$。
③ 若探测器型号一样而缺少后级"G"，说明没有在一氧化氮或氨气环境中做氮化处理，只可作一般探测器使用，不能作为传输标准探测器。

171

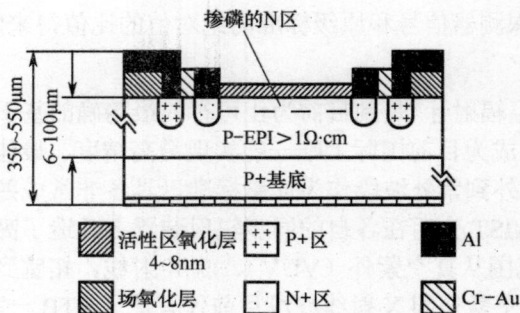

附图1　AXUV-100G 结构示意图　　　　附图2　收集到的离子对数与外加电压的关系曲线

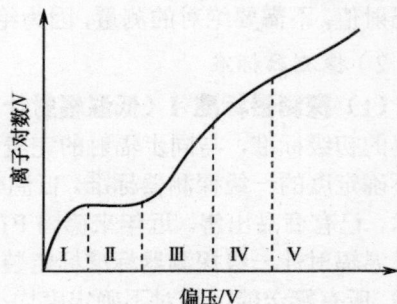

入射光通过电离室内的气体时，光子被气体原子吸收，气体原子被电离，产生离子—电子对，通过测量光电离离子电流就可以得到入射光的辐射通量，并由此得到光谱辐射强度。入射到电离室中的绝对光通量 I_0（光子数/s）与电离离子流 i 之间通过光电离产生率（也称为光电离产额）γ 联系起来，即

$$\gamma = \frac{\text{产生的总电荷数}}{\text{被吸收的光子总数}} \tag{1}$$

不同能段的光子与气体原子作用的特点不同，电离室的形式也不尽相同。

1）硬 X 射线波段（光子能量远大于电离能）

当光子能量 E_p 远大于电离能时，产生一个离子对所需的平均能量 $\bar{\omega}$ 与 E_p 无关，光电离产额 γ 只与 E_p 有关，即 $\gamma = N_e/N_p = E_p/\bar{\omega}$。设理想情况下，入射辐射被全部吸收，则电离电流 $i = \gamma I_0 e$，e 为电子电荷电量，则绝对光通量 I_0 可表示为

$$I_0 = \frac{i}{e} \cdot \frac{\bar{\omega}}{E_p} \tag{2}$$

因此，在硬 X 射线波段，可以用全吸收电离室，对式（2）进行必要的修正（如窗口透过率、荧光逃逸损失、光电子损失和光电子污染等），实现对硬 X 射线强度的绝对测量。

2）VUV 和极软 X 波段（光子能量小于 30eV）

在真空紫外到极软 X 射线波段，光子能量较低，与气体原子的第一电离能接近，发生多重电离的概率很小，这时的光电转换产额 γ 基本接近于 1，可以用双电离室来测量真空紫外的绝对强度。双电离室结构原理图仍如图 8-7 所示。

设保护极长度为 l，第 1 和第 2 收集极长度相等，均为 L，电离室内充满一定压强 p 的工作气体，一束单色光入射到电离室内，设保护极前的光强为 I_0，测得收集极电流分别为 i_1 和 i_2。绝对光通量 I_0 可以由式（3）、式（4）得到[1]

---

[1] 此式推导的依据是：薄膜对 X 射线的吸收还可以通过原子吸收截面 σ 和原子数密度 n_a 来表达，类似于式(3-37)，X 射线透射强度为 $I = I_0 e^{-\sigma n_a d}$，$d$ 为穿透深度，则光电离产额可以表示为 $\gamma = \frac{i/e}{I_0\left(1 - e^{-\sigma nd}\right)}$；代入图 8-8 中参数，分别用 i_1、i_2 表示 γ，得到

$I_0 \gamma = \frac{i_1/e}{e^{-\sigma nl}\left(1 - e^{-\sigma nL}\right)}$，$I_0 \gamma = \frac{i_2/e}{e^{-\sigma n(l+L)}\left(1 - e^{-\sigma nL}\right)}$，则 $e^{-\sigma nL} = i_2/i_1$；根据理想气体的状态方程 $p = nkT$，其中 k 为玻耳兹曼常数，T

为工作气体的热力学温度。由上式得到 σ 的计算式 $\sigma = \frac{1}{nL}\ln\left(\frac{i_1}{i_2}\right) = \frac{kT}{pL}\ln\left(\frac{i_1}{i_2}\right)$，此式代入式(3)得到式(4)。

$$I_0\gamma = \frac{i_1^2}{(i_1-i_2)e} \cdot e^{\frac{p\sigma l}{kT}} \tag{3}$$

$$I_0\gamma = \frac{i_1^2}{(i_1-i_2)e} \cdot \left(\frac{i_1}{i_2}\right)^{\frac{l}{L}} \tag{4}$$

式（3）或式（4）表明，只需测得第一和第二收集极的电流，并在$\gamma=1$的情况下，就可以计算出入射光绝对光通量。此两式大大减小了参数个数，简化了计算，同时也降低了多个参数测量不确定度对总的测量不确定度的影响。

3）软 X 射线波段（50~1000eV）

在软 X 射线波段，气体原子在 X 射线作用下电离的情况很复杂。这时，光电离产额不再单一，而是随着 X 射线的能量改变，发生多重电离的概率也随能量改变，因此平均电离能ϖ也随之改变。因此，软 X 波段用电离室做绝对光强的测量就存在两种途径：一是测量出在气体所有能点的平均电离能，用和在硬 X 波段相同的方法来测量；二是研究气体的多重电离情况，用真空紫外波段的外推气压方法。

由于不能得到足够的关于平均电离能的数据，第二种方法比较可行，即改变工作气体压强，将压强外推至零，以消除二次和多次电离的影响[16]。

又由于工作气体在该能区的透过率较高，致使两个收集极电流的差值在低压强处有很大的测量不确定度，将导致由式（3）或式（4）得到的绝对光通量在低压强时（小于 10Pa）不可信，因此需采用单电离室工作模式，即将两个收集极作为一个长为$2L$的收集极使用，测得的电离信号$i=i_1+i_2$。初次电离形成的电流为

$$i_0 = eI_0\gamma_0 e^{-\frac{p\sigma l}{kT}}(1-e^{\frac{-2p\sigma L}{kT}}) \tag{5}$$

式中：γ_0为多重电离产额[18]，即不含二次（多次）电离影响的真实的光电离产额。考虑二次（多次）电离影响后，绝对光强为[19]

$$I_0\gamma = \frac{ie^{\frac{p\sigma l}{kT}}}{e(1-e^{\frac{-2p\sigma L}{kT}})} \tag{6}$$

根据实验测得的收集极电流i、工作气体压强和温度等量，得到$I_0\gamma - p$的关系曲线，将压强外推至零取截距，得到$I_0\gamma_0$。多重电离产额γ_0可从文献[16,18]中查到，进而求得光强I_0。

4. 软 X 射线绝对光强监测系统的结构[20,21]

装置结构示意图如图 8-7 所示，该装置由真空系统、真空差分系统、电离室和内置被标定探测器系统组成。真空系统保持电离室内工作气体的纯度和气体的循环；真空差分系统保持光束线高真空度与系统低真空度之间的平衡，维持系统的正常工作；系统的主体是无窗流气式稀有气体电离室。

电离室采用双电离室结构，电离室内包含偏压电极筒、两个收集极和两个保护极。收集极为一细铜管，位于偏离圆筒轴线位置。这套测量系统可以方便地用于多种实验设想。实验时，可根据具体情况，通过连接或断开两收集极连线，来决定采用单电离室还是双电离室。保护极的作用是使收集极电场保持均匀，电离室工作时，保护极直接接地，收集极经电流表接地。为避免窗口材料对该能区光子的强烈吸收，电离室采用无窗工作模式，由玻璃毛细管阵列[35]替代传统的薄膜窗，实现真空差分的同时增加光强的透过比[41]。内置被标定探测器可直接测量气体

的吸收，避免了由于气压不稳、窗膜吸收和窗口尺寸不确定引起的误差。

电离室内充惰性气体，工作压强范围为 1～133Pa，惰性气体的选择与所需标定的波长有关。以单色同步辐射光为光源，要求光子能量至少大于该惰性气体的第一电离能。

参 考 文 献

[1] 周洪军. 光谱辐射标准和计量线站高次谐波抑制研究和关键部件研制[D]. 合肥: 中国科学技术大学, 2006:1.

[2] 杨照金,于帅,解琪. 迈入 21 世纪的光辐射计量测试技术[J]. 激光与光电子学进展, 2010, 47: 031201.

[3] 斯廷森 A. 工程光度学与辐射度学[M]. 北京: 科学出版社, 1987.

[4] 卢启鹏,唐玉国,薛松,等. 紫外—真空紫外光谱辐射计量线站[J]. 核技术, 2003, 26(9): 649-653.

[5] 唐玉国,王兆岚,卢启鹏,等. 同步辐射光源用于光谱辐射标准[J]. 核技术, 2001, 24(7): 567-570.

[6] Gentile T R, Houston J M, Hardis J E, et al. National Institute of Standards and Technology high-accuracy cryogenic radiometer [J]. Applied Optics, 1996, 35(7): 1056-1068.

[7] Gentile T R. Realization of a scale of absolute spectral response using the nationalinstitute of standards and technology high-accuracy cryogenic radiometer [J]. Applied Optics, 1996, 35(22): 4392- 4403.

[8] 范纪红,杨照金,秦艳,等. 以低温辐射计为基础的光辐射量传体系[J]. 应用光学, 2007,28（增刊）: 163-166.

[9] 郑雷. 基于 SR 的气体和薄膜光吸收截面的测量研究[D]. 北京: 中国科学院高能物理研究所, 2005.

[10] Korde R, Cable J S, Canfield L R. One Gigarad Passivating Nitrided Oxides for 100% Internal Quantum Efficiency Silicon Photodiodes [J]. IEEE Trans. on Nucl. Sci., 1993, 40(6): 1655-1659.

[11] Canfield L R, Kerner J, Korde R. Stability and Quantum Efficiency Performance of Silicon Photodiode Detectors in the Far Ultrsviolet [J]. Appl. Opt., 1989, 28: 3940-3843.

[12] Funsten H O, Suzcynsky D M, Ritzau S M, et al. Response of 100% Internal Quantum Efficiency Silicon Photodiodes to 200eV-40keV Electrons [J]. IEEE Trans. on Nucl. Sci., 1997, 44(6): 2561-2565.

[13] 张东清,崔明启,朱佩平,等. 在同步辐射软 X 射线能区硅光电二极管的自标定[J]. 高能物理与核物理, 2000, 24(6): 578-583.

[14] Korde R, Geist J. Quantum Efficiency Stability of Silicon Photodiodes [J]. Appl. Opt., 1989, 26: 5248-5290.

[15] Samson J A R. Absolute Intersity Measurements in the Vacuum Ultraviolet [J]. J. Opt. Soc. Am., 1964, 54: 6-14.

[16] Samson J A R, Haddad G N. Absolute photon flux measurement in the vacuum ultraviolet [J]. J. Opt. Soc. Am., 1974, 64: 47-54.

[17] Saito T, Onuki. Detector calibration in the wavelength region 10nm to 100nm based on a windowless rare gas ionization chamber [J]. Metrologia, 1995, 32(6): 525-529.

[18] Suzuki I H, Saito N. γ-Value in Rare Gases for Soft X-Ray Absolute Measurement [J]. Electrotechnical Laboratory Report, 1992, 6: 688-711.

[19] 郑雷,崔明启, 赵屹东,等. VUV/EUV 标准探测器装置和传输标准探测器的标定[J]. 高能物理与核物理, 2005, 29(4): 430-434.

[20] Saito T, Onuki. A Beamline for VUV Detector Calibration [J]. Electrotechnical Laboratory Report, 1992, 11: 1305-1329.